Bohner
Ihlenburg
Ott

Mathematik im Berufskolleg

Prüfungsaufgaben zur Fachhochschulreife

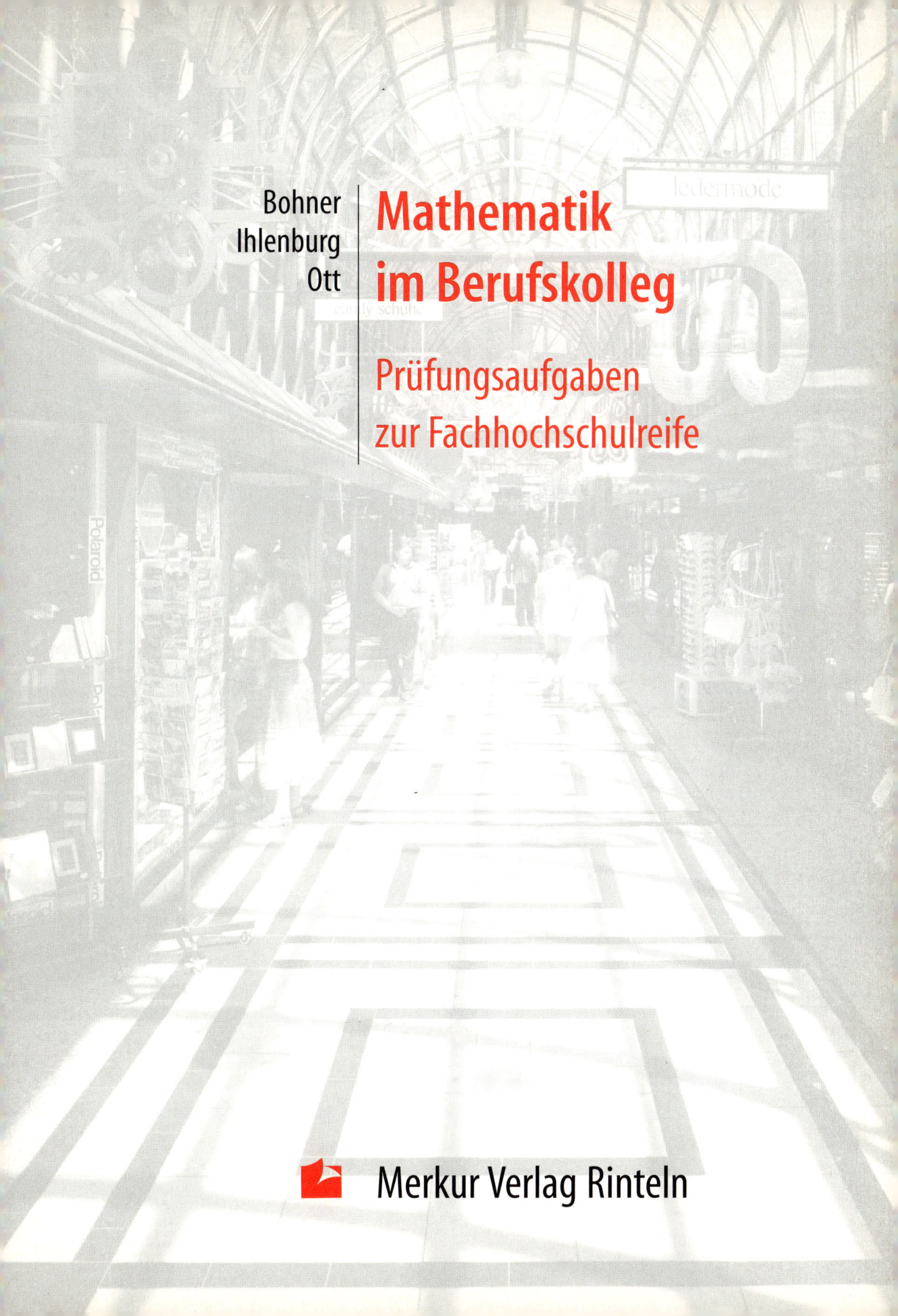

Bohner
Ihlenburg
Ott

Mathematik im Berufskolleg

Prüfungsaufgaben zur Fachhochschulreife

Merkur Verlag Rinteln

Wirtschaftswissenschaftliche Bücherei für Schule und Praxis
Begründet von Handelsschul-Direktor Dipl.-Hdl. Friedrich Hutkap †

Die Verfasser:

Dipl.-Phys. Dr. Peter Ihlenburg
Oberstudienrat

Roland Ott
Oberstudienrat

Kurt Bohner
Oberstudienrat

Technische Beratung:

Jörn Ihlenburg

2. Auflage 2002

Gesamtherstellung:
Merkur Verlag Rinteln Hutkap GmbH & Co. KG, 31735 Rinteln

E-Mail: info@merkur-verlag.de
Internet: www.merkur-verlag.de

ISBN 3-8120-**0459-3**

Inhaltsverzeichnis

Stoffübersicht

Analysis

Wahlthema: Lineare Gleichungssysteme und Matrizen

Wahlthema: Vektorielle Geometrie

Wahlthema: Stochastik

Prüfungsaufgaben mit Lösungen

Analysis

Ganzrationale Funktionen

Exponentialfunktionen

Trigonometrische Funktionen

Kostenfunktionen

1 Funktionstypen

1.1 Ganzrationale Funktionen

I) **Ganzrationale Funktion 1. Grades**
(Lineare Funktion)
Das **Schaubild K** einer linearen Funktion f ist eine **Gerade.**
(Geraden werden z. B. mit g, h, l... bezeichnet)

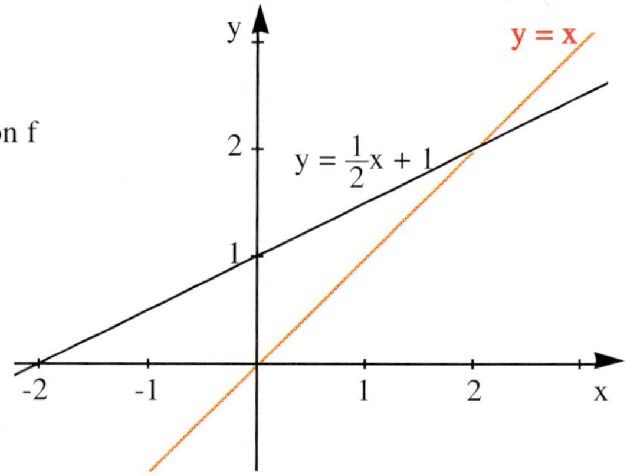

Gleichung einer Geraden
in **Hauptform** $\mathbf{y = m\,x + b}$

b: y-Achsenabschnitt
m: Steigung der Geraden

$$m = \frac{y_2 - y_1}{x_2 - x_1}$$

in Punkt-Steigungs-Form (PSF)

$$y = m(x - x_1) + y_1$$

x_1, y_1: Koordinaten des **festen Punktes** $Q\,(x_1 \mid y_1)$ auf der Geraden

in Zwei-Punkte-Form

$$\frac{y - y_1}{x - x_1} = \frac{y_2 - y_1}{x_2 - x_1}$$

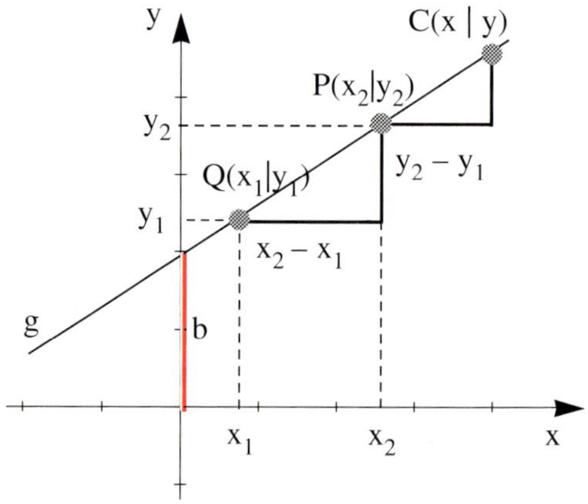

Bemerkungen:

a) Die **1. Winkelhalbierende** hat die Gleichung $\mathbf{y = x}$,
die **2. Winkelhalbierende** hat die Gleichung $\mathbf{y = -x}$.

b) Zwei Geraden g (Steigung m_g) und h (Steigung m_h) sind **parallel**, wenn sie die **gleiche Steigung** haben: $\mathbf{m_g = m_h}$

c) Zwei Geraden g und h stehen **senkrecht** aufeinander (sind **orthogonal**), wenn die Steigung von g der **negative Kehrwert** der Steigung von h ist.

$$m_g = -\frac{1}{m_h} \iff m_g \cdot m_h = -1$$

d) **Punktprobe: P (u|v) liegt auf dem Schaubild K der Funktion f, wenn f(u) = v erfüllt ist.**

$$P\,(u|v) \in K \iff v = f(u)$$

Ganzrationale Funktionen höheren Grades

n = 2

Der **Graph** P einer quadratischen Funktion **p**: **x** $\mapsto$ **p(x); D_p = R;**
$p(x) = ax^2 + bx + c$, $a \neq 0$
ist eine **Parabel 2. Ordnung.**

Öffnung der Parabel:

Für **a > 0** ist die Parabel nach oben offen,
für **a < 0** ist die Parabel nach unten offen,
für **a = ±1** lässt sich die Parabel mit der Schablone zeichnen (bei 1 LE ≙ 1 cm).

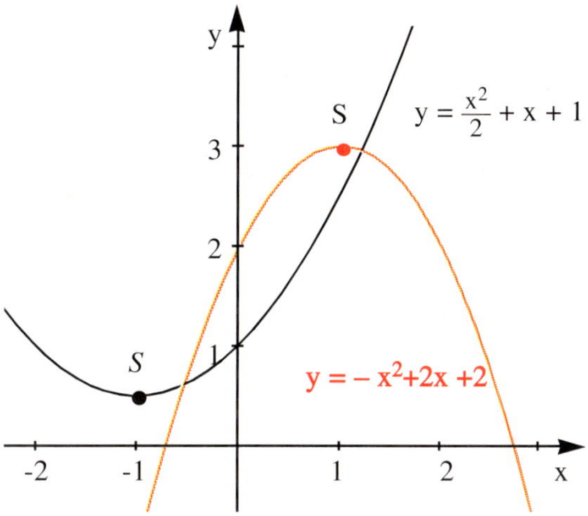

Bemerkung:

Eine Parabel 2. Ordnung ist **symmetrisch** zur Geraden mit der Gleichung $x = x_S$ (x_S ist die Abszisse des Scheitels).
Scheitelpunkt S: Punkt mit extremaler Ordinate (Minimum oder Maximum)

n = 3

Der **Graph** **K_p** einer **ganzrationalen Funktion 3. Grades** **p**: **x** $\mapsto$ **p(x); D_p = R;**
$p(x) = ax^3 + bx^2 + cx + d$; $a \neq 0$
ist eine **Parabel 3. Ordnung.**
Für **D_p = R** gilt: **Wertebereich W_p = R.**

Den Term
$ax^3 + bx^2 + cx + d$
nennt man **Polynom 3. Grades**.

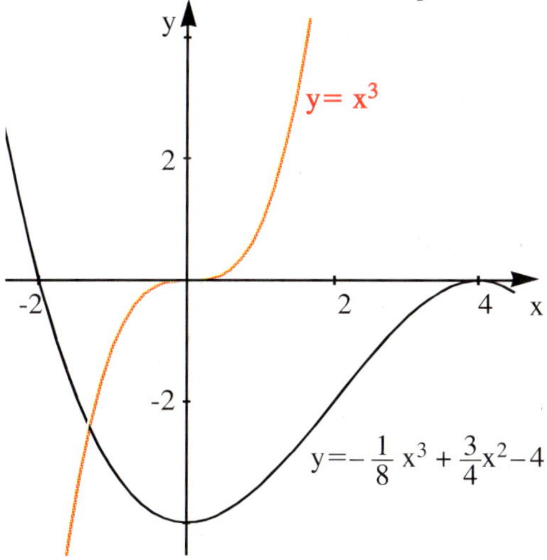

Beachten Sie: Jede Parabel 3. Ordnung hat genau einen **Wendepunkt**.
Eine ganzrationale Funktion 3. Grades hat **mindestens eine und höchstens drei Nullstellen**. Zur Berechnung ist eine Gleichung 3. Grades zu lösen.

n = 4

Das **Schaubild** K_f einer **ganzrationalen Funktion 4. Grades** f: $x \mapsto f(x)$; $D_f = \mathbb{R}$; **$f(x) = ax^4 + bx^3 + cx^2 + dx + e$; $a \neq 0$** ist eine **Parabel 4. Ordnung.**

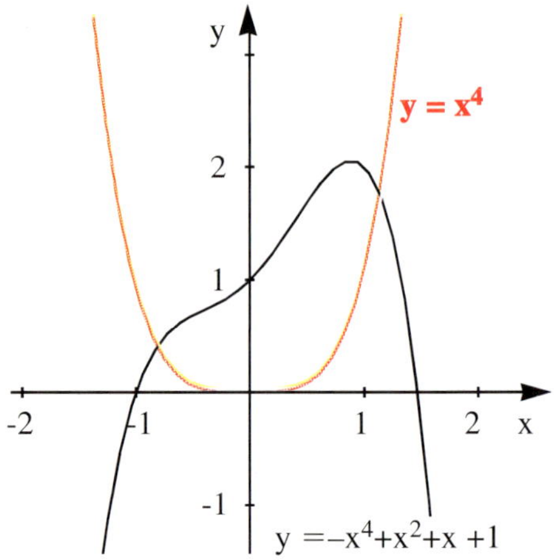

Den Term $ax^4 + bx^3 + cx^2 + dx + e$ nennt man **Polynom 4. Grades**.

Satz: Eine **ganzrationale Funktion f 4. Grades** hat **höchstens vier** Nullstellen! Zur Berechnung ist eine Gleichung 4. Grades zu lösen.

Symmetrie bei ganzrationalen Funktionen

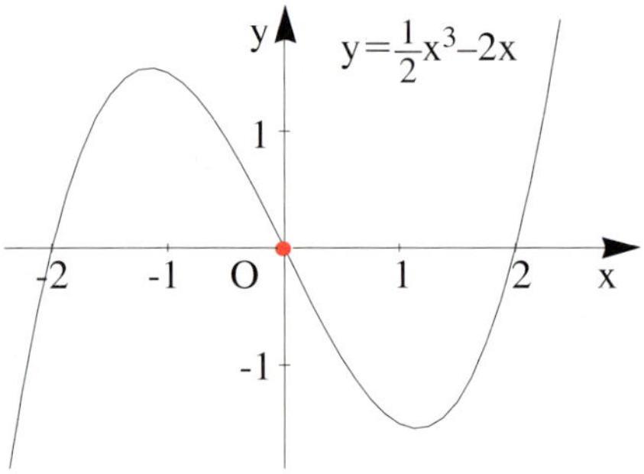

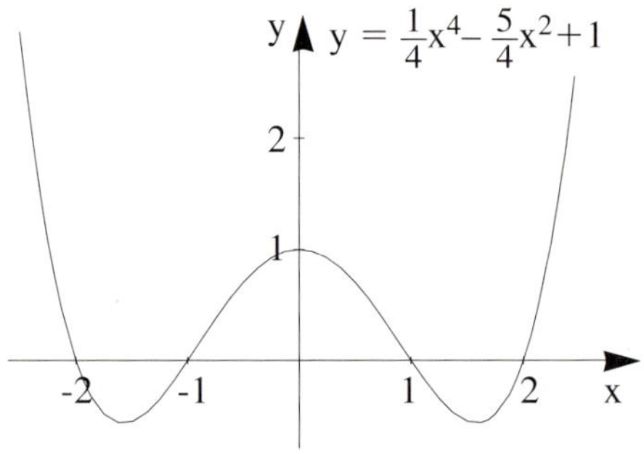

Symmetrie zum Ursprung O(0; 0)
Bedingung: $p(x) = -p(-x)$)
Funktionsterm **$p(x) = ax^3 + cx$**
(nur **ungerade Hochzahlen** von **x**)

Symmetrie zur y-Achse
Bedingung: $p(x) = p(-x)$)
Funktionsterm **$p(x) = ax^2 + c$**
bzw. **$p(x) = ax^4 + cx^2 + e$**
(nur **gerade Hochzahlen** von **x**)

Nullstellen von ganzrationalen Funktionen

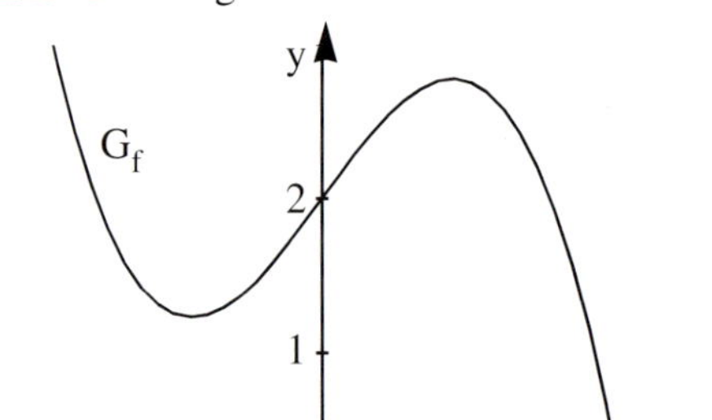

$x_1 = 2{,}6$ ist **einfache Nullstelle von f.**

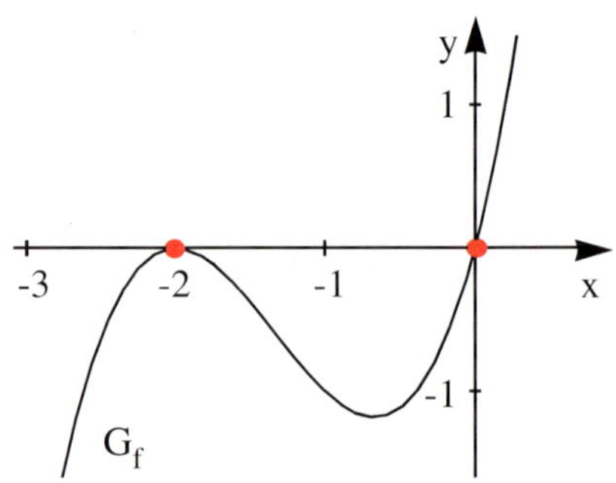

f hat eine doppelte ($x_{1|2} = -2$) **und eine einfache Nullstelle** ($x_3 = 0$).

1.1.1 Berechnung von Nullstellen ganzrationaler Funktionen

Die Bedingung f(x) = 0 ergibt eine	**Lösungsverfahren**			
lineare Gleichung	auflösen nach x $\frac{1}{2}x - 4 = 0$			
quadratische Gleichung	auflösen nach x und **2. Wurzel ziehen** $\frac{1}{2}x^2 - 4 = 0$	**x ausklammern** **Satz vom Nullprodukt** $\frac{1}{2}x^2 - 4x = 0$		**Formel** $x_{1\|2} = \frac{-b \pm \sqrt{b^2 - 4ac}}{2a}$ $\frac{1}{2}x^2 - 4x + 1 = 0$
Gleichung 3. Grades	auflösen nach x und **3. Wurzel ziehen** $\frac{1}{2}x^3 - 4 = 0$	**höchste gemeinsame Potenz von x ausklammern** **Satz vom Nullprodukt** $\frac{1}{2}x^3 - 4x^2 = 0$	1. Lösung durch Probieren **Polynomdivision** oder **Horner-Schema** $\frac{1}{2}x^3 - 4x + 4 = 0$	
Gleichung 4. Grades	auflösen nach x und **4. Wurzel ziehen** $\frac{1}{2}x^4 - 4 = 0$	**höchste gemeinsame Potenz von x ausklammern** **Satz vom Nullprodukt** $\frac{1}{2}x^4 - 4x^3 + x^2 = 0$	1. Lösung durch Probieren **Polynomdivision** oder **Horner–Schema** $x^4 - x^3 - x + 1 = 0$	**Substitution $x^2 = z$** (biquadratische Gleichung) $\frac{1}{2}x^4 - x^2 + 4 = 0$

Satz vom Nullprodukt: Ein **Produkt** wird **Null**, wenn einer der **Faktoren Null** ist: $a \cdot b = 0 \Leftrightarrow a = 0 \lor b = 0$

1.2 Exponentialfunktionen

Definition:

Die Funktion f mit $f(x) = a^x$, $x \in \mathbf{R}$ ist für positive a eine **Exponentialfunktion**.

Die Basis e (e = 2,71828...) spielt eine herausragende Rolle.
Die Funktion f mit
$f(x) = e^x$, $x \in \mathbf{R}$
heißt natürliche **Exponentialfunktion**.

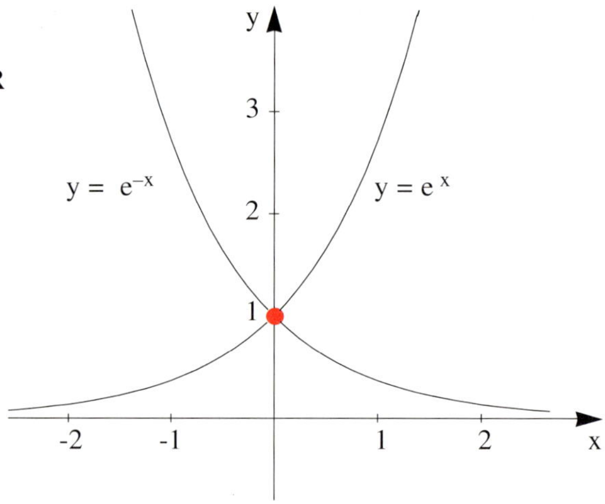

Beachten Sie:

$e^0 = 1$

$e^{-1} = \frac{1}{e}$

$e^{-x} = \frac{1}{e^x}$

$e^{\square} > 0$

$e^x = y$	<=>	$x = \ln y$
Exponentialgleichung		Logarithmusgleichung

Mögliche Wege zur Lösung von Exponentialgleichungen

Lösung durch Logarithmieren

$-\frac{1}{2}e^{-x} + 2 = 0$

$e^{-x} = 4$

$-x = \ln 4$

$x = -\ln 4$

Lösung durch Ausklammern

$2e^x - e^{2x} = 0$

$e^x(2 - e^x) = 0$

$e^x \neq 0\ ;\ 2 - e^x = 0$

$x = \ln 2$

Lösung durch Substitution

$e^{2x} - 8e^x + 15 = 0$

$e^x = z$ führt auf eine quadratische Gleichung
$z^2 - 8z + 15 = 0$
Auflösen nach z
Rücksubstitution ergibt die gesuchten x-Werte.

Asymptoten bei Schaubildern von Exponentialfunktionen

Bemerkung: Eine **Asymptote** ist eine **Näherungsgerade** für $x \to \infty$ bzw. $x \to -\infty$.

Beachten Sie:

Eine **Asymptote** für $x \to \infty$ bzw. $x \to -\infty$ kann nur vorliegen, wenn $e^{\square} \to 0$.

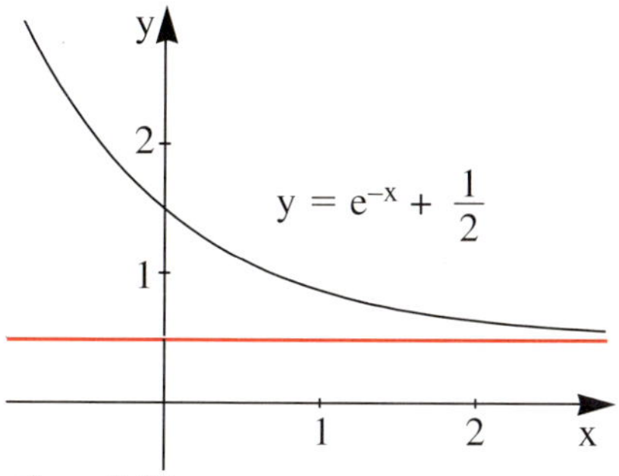

$e^{-x} \to 0$ für $x \to \infty$

waagrechte Asymptote: $\mathbf{y = \frac{1}{2}}$

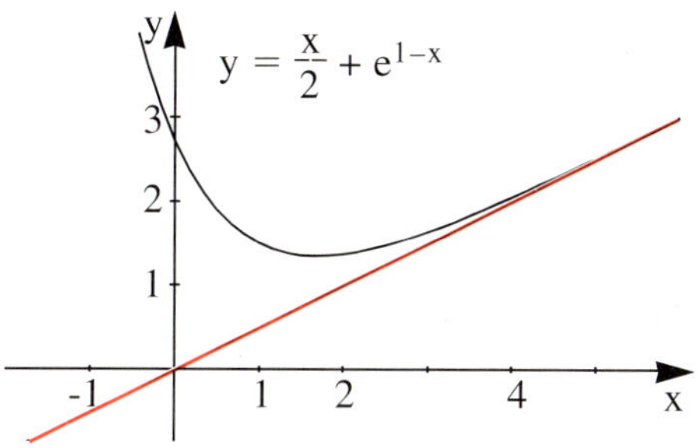

$e^{1-x} \to 0$ für $x \to \infty$

schiefe Asymptote: $\mathbf{y = \frac{x}{2}}$

Das Schaubild K von f mit

$\mathbf{f(x) = ax + c + be^{\boxed{-0,2x}}}$	$\mathbf{f(x) = a + be^{\boxed{1+x}}}$; $b \neq 0$

hat eine **Asymptote** mit der Gleichung

$\mathbf{y = ax + c}$	$\mathbf{y = a}$
(schiefe Asymptote)	(waagrechte Asymptote)

Ableitung von Exponentialfunktionen

Grundregel der Ableitung $\quad (e^x)' = e^x$

Kettenregel

Kurzform: $\quad (e^u)' = e^u \cdot u'$, wobei $u = u(x)$

Beispiel: $f(x) = e^{2x} \Rightarrow f'(x) = 2e^{2x}$

Integration bei Exponentialfunktionen

Grundintegral $\quad \int e^x\,dx = e^x + c$

Lineare Substitution: $\quad \int e^{ax+b}\,dx = \frac{1}{a}e^{ax+b} + c;\ a \neq 0$

Beispiel: $\int 3e^{-2x+5}dx = -\frac{3}{2}e^{-2x+5} + c$

1.3 Trigonometrische Funktionen

Definition: Die Funktion $f : x \mapsto \mathbf{\sin x}$; $x \in \mathbf{R}$ heißt **Sinusfunktion**,
die Funktion $g: x \mapsto \mathbf{\cos x}$; $x \in \mathbf{R}$ heißt **Kosinusfunktion**.

Periode: $\mathbf{p = 2\pi}$

Wertemenge : $-1 \leqslant \sin(x) \leqslant 1$; $-1 \leqslant \cos(x) \leqslant 1$ => $W = [-1; 1]$

Bedingung für die **Nullstellen von f bzw. g:** $f(x) = 0$ bzw. $g(x) = 0$

$\sin(x) = 0$ für $x \in \{ \dots, -\pi, 0, \pi, 2\pi, \dots \}$

$\cos(x) = 0$ für $x \in \{ \dots, -\frac{\pi}{2}, \frac{\pi}{2}, \frac{3}{2}\pi, \frac{5}{2}\pi, \dots \}$

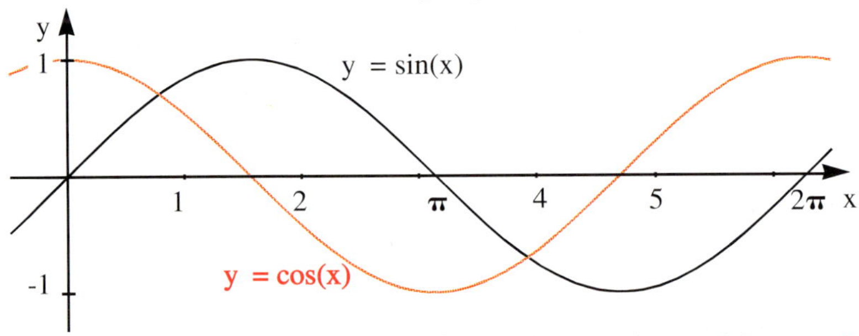

Trigonometrische Funktionen der Form $f(x) = \sin(ax)$ bzw. $g(x) = \cos(ax)$; $a \neq 0$

Periode: $p = \frac{2\pi}{a}$

Wertemenge: $-1 \leqslant \sin(ax) \leqslant 1$; $-1 \leqslant \cos(ax) \leqslant 1$ => $W = [-1; 1]$

Nullstellen:

$\sin(ax) = 0$ für $x = \frac{1}{a} \cdot k\pi$; $k \in \mathbf{Z}$

$\cos(ax) = 0$ für $ax = \frac{1}{a} \cdot \frac{2k+1}{2} \pi$; $k \in \mathbf{Z}$

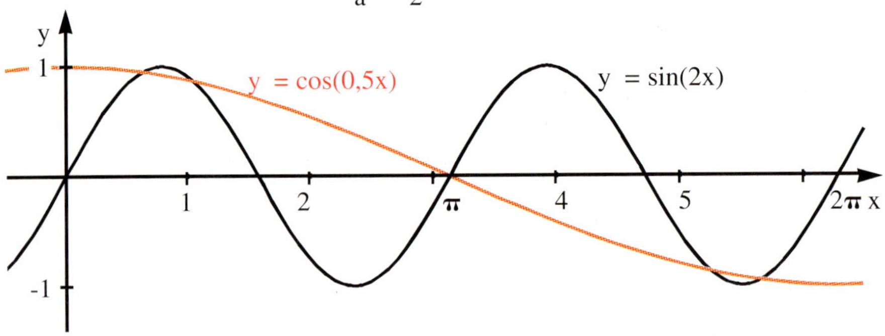

Beachten Sie :

$\mathbf{\sin^2 x + \cos^2 x = 1}$

$\mathbf{\tan x = \frac{\sin x}{\cos x}}$

$\sin(2x) = 2 \sin x \cos x$

$\cos(2x) = \cos^2 x - \sin^2 x = 2\cos^2 x - 1 = 1 - 2\sin^2 x$

Lösung von goniometrischen (trigonometrischen) Gleichungen

der Form $a \cdot \sin x + b \cdot \cos x = 0;\ a, b \neq 0$

Dividieren mit cos x ergibt: $a \cdot \tan x + b = 0$

Auflösen nach x $x = \arctan(-\frac{b}{a})$

Beachten Sie: $\tan x = \tan (x + k\,\pi);\ k \in \mathbb{Z}$ (Periode $p = \pi$)

Bemerkung: Der ETR liefert immer **nur eine Lösung** einer trigonometrischen Gleichung; weitere Lösungen sind mittels der Sinus-(Kosinus-) Kurve oder durch Überlegungen am **Einheitskreis** zu bestimmen.

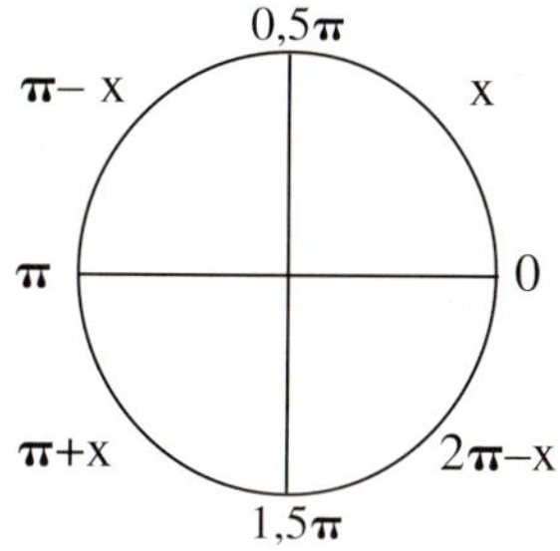

Vorzeichentabelle von

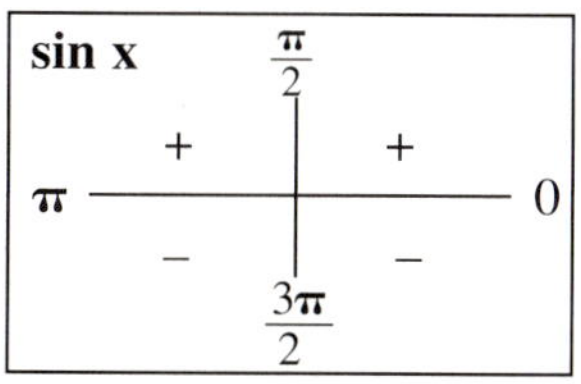

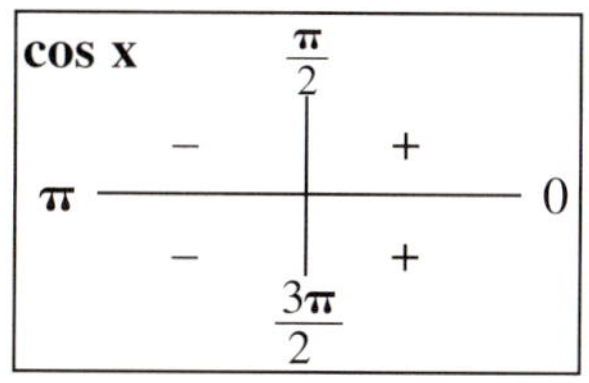

Beachten Sie: $\sin x = \sin (\pi - x)$ $\cos x = \cos (2\pi - x)$

Bemerkung: Weitere Hilfsmittel zum Lösen von Gleichungen

Ausklammern $\sin x - 3 \sin(2x) = 0$

$\sin(2x) = 2\sin(x) \cos(x)$ $\sin x(1 - 6 \cos(x)) = 0$

Satz vom Nullprodukt $\sin x = 0 \vee 1 - 6 \cos(x) = 0$

Besondere Sinus- und Kosinuswerte

x	0	$\frac{\pi}{6}$	$\frac{\pi}{4}$	$\frac{\pi}{3}$	$\frac{\pi}{2}$
sin x	0	$\frac{1}{2}$	$\frac{1}{2}\sqrt{2}$	$\frac{1}{2}\sqrt{3}$	1
cos x	1	$\frac{1}{2}\sqrt{3}$	$\frac{1}{2}\sqrt{2}$	$\frac{1}{2}$	0

Ableitung

Grundregel der Ableitung von trigonometrischen Funktionen

$(\sin x)' = \cos x$ $(\cos x)' = -\sin x$

Kettenregel $(\sin (kx))' = k \cos(kx)$ $(\cos (kx))' = -k \sin(kx)$

Integration $\int \sin(kx)\,dx = -\frac{1}{k}\cos(kx) + C;$ $\int \cos(kx)\,dx = \frac{1}{k}\sin(kx) + C$

2 Tangente und Normale

Beachten Sie: Die Tangente an das Schaubild K von f im Punkt P ist eine **Gerade durch** den **Kurvenpunkt P**(u | f(u)) mit der **Steigung** f '(u).
Einsetzen in die **Punkt-Steigungs-Form (PSF)** liefert die Tangentengleichung.
Die Tangente berührt K in P.

Gleichung der Tangente an das Schaubild K von f im Kurvenpunkt P(u | f(u)):

$$\mathbf{y = \underbrace{f'(u)}_{\text{Steigung}}\,(x - u) + f(u)}$$

(x – u) + f(u): Koordinaten des Kurvenpunktes

Tangentengleichung aufstellen heißt, die Koordinaten des Kurvenpunktes P und die Steigung f'(u) im Kurvenpunkt P in die **PSF** einsetzen.

Bemerkung: Gleichung der Tangente aus der **Hauptform y = mx + b**:
Einsetzen von Steigung m und der Koordinaten des Berührpunktes ergibt b.

Beachten Sie: Die Normale von K im Kurvenpunkt P ist die **Gerade**, die zur Tangente in P senkrecht (**orthogonal**) steht.

Gleichung der Normalen im Kurvenpunkt P(u | f(u)):

$$\mathbf{y = \underbrace{-\frac{1}{f'(u)}}_{\text{Steigung der Normalen}}\,(x - u) + f(u)} \quad \text{mit } f'(u) \neq 0$$

(x – u) + f(u): Koordinaten des Kurvenpunktes

Bemerkung: Die **Normale** schneidet das Schaubild K von f im Punkt P **senkrecht**.

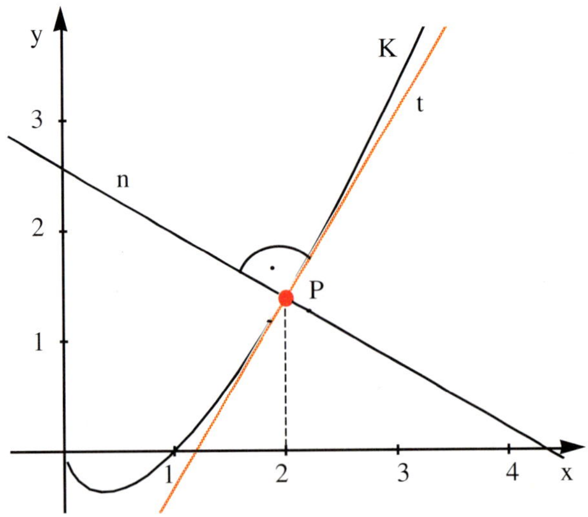

3 Schnittpunkte

3.1 Schnittpunkte einer Kurve K von f mit der x-Achse

Berechnung der Schnittstellen mit der x-Achse durch die Bedingung: $f(x) = 0$

Bemerkung: Die Schnittstellen der Kurve K von f mit der x-Achse sind die Nullstellen von f.

Einfache Nullstellen:

$f(x) = 0$ liefert $x_1, x_2, \ldots$

mit $x_1 \neq x_2$

Das Schaubild K von f schneidet die x-Achse (**Vorzeichenwechsel** von f(x)).

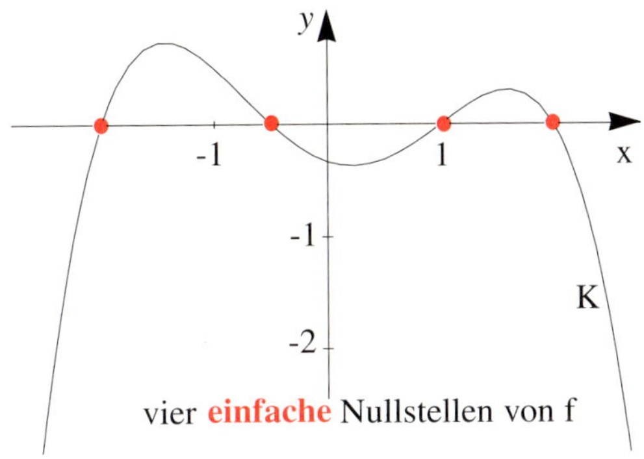

Doppelte Nullstellen:

$f(x) = 0$ liefert $x_1, x_2, \ldots$

mit $x_1 = x_2$

Ist x_1 doppelte Nullstelle, so ist x_1 Berührstelle.

K berührt die x-Achse (**kein Vorzeichenwechsel** von f(x)).

Beachten Sie:

Ist x_1 **doppelte Nullstelle** von f, so ist x_1 **Extremstelle** von f.

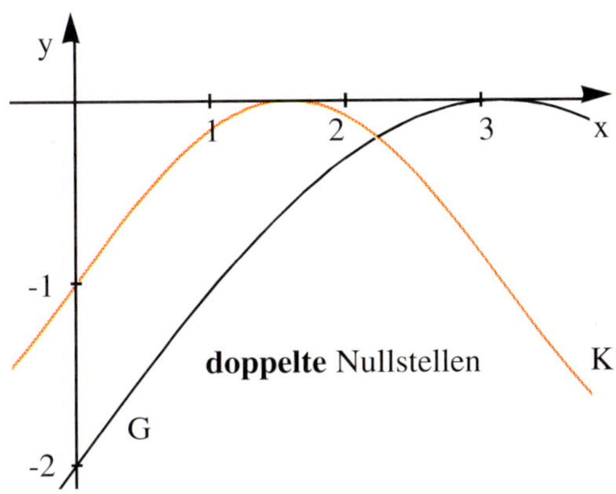

Dreifache Nullstelle:

$f(x) = 0$ liefert $x_1, x_2, x_3, \ldots$

mit $x_1 = x_2 = x_3$

K berührt und (durch)schneidet die x-Achse (**Vorzeichenwechsel** von f(x)).

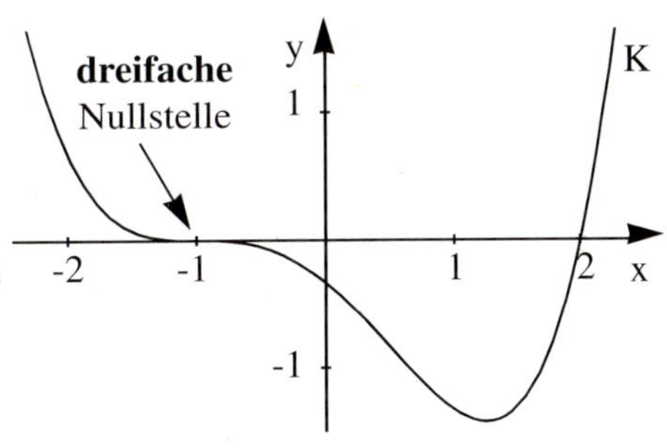

Beachten Sie:

Ist x_1 **dreifache Nullstelle** von f, so ist x_1 **Wendestelle** von f.

Bemerkung: Die y-Koordinate des **Schnittpunktes von K mit der y-Achse** erhält man durch Einsetzen von $x = 0$ in $f(x)$: $S_y(0 \mid f(0))$

2 Bohner/Ihlenburg/Ott – ISBN 3-8120-0459-3

3.2 Gegenseitige Lage der Kurven K von f und G von g

K und G schneiden sich

Berechnung der Schnittstellen durch Gleichsetzen der Funktionsterme
Bedingung: f (x) = g(x)
Einsetzen der Schnittstelle in **f (x)** oder **g(x)** ergibt den **y-Wert.**

Einfache Schnittstellen:
f(x) = g(x) liefert x_1, x_2, ...
mit $x_1 \neq x_2$
Die Schaubilder K und G schneiden sich.

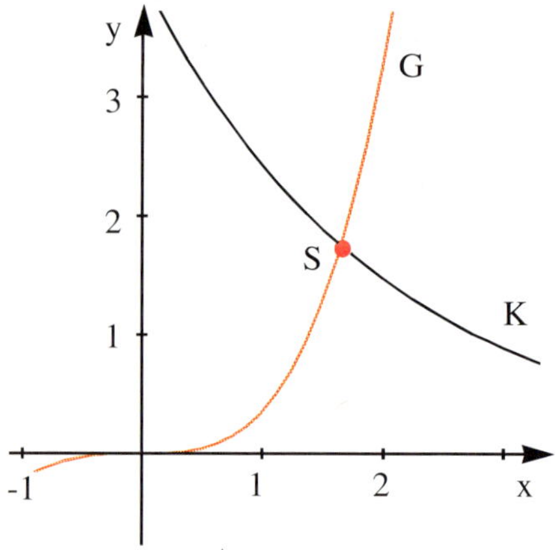

Senkrecht schneiden
K von f und G von g
schneiden sich in S **senkrecht**, wenn die **Tangenten** an K und G in S **senkrecht** aufeinander stehen.

Bedingungen für senkrechtes Schneiden
an der Stelle x_S:

$$\mathbf{f(x_S) = g(x_S)}$$

und $\mathbf{f'(x_S) \cdot g'(x_S) = -1}$

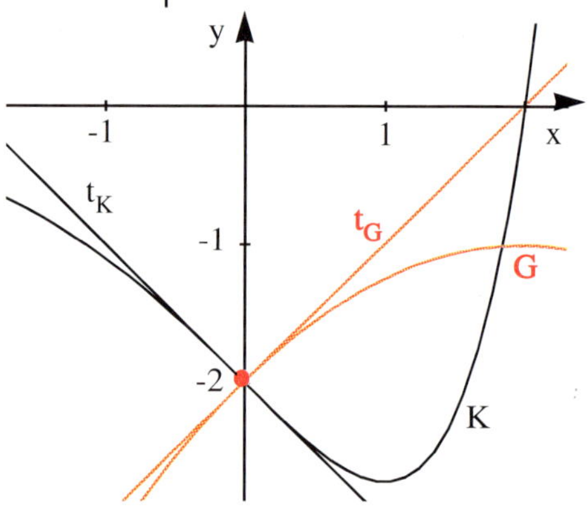

Schneidet K von f die x-Achse unter **45°**, so gilt für die Schnittstelle $\mathbf{x_S}$:

$$\mathbf{f'(x_S) = 1}$$

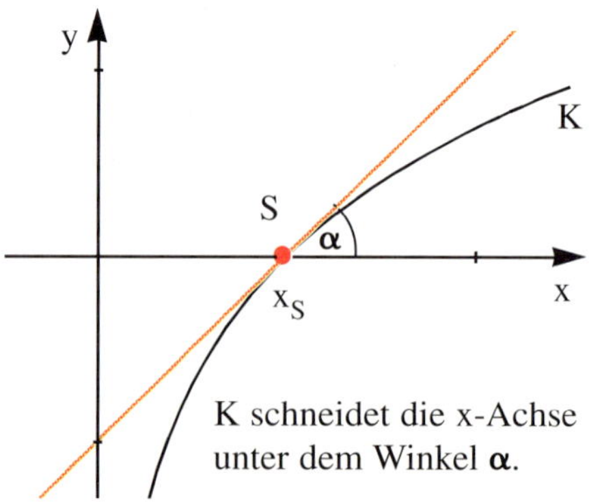

K schneidet die x-Achse unter dem Winkel **α**.

K und G berühren sich

K und G berühren sich,
wenn sie im **gemeinsamen Punkt B**
die **gleiche Tangente**
(**gleiche Steigung**) haben, d.h.
Berührbedingungen:

$f(x) = g(x)$

und

$f'(x) = g'(x)$

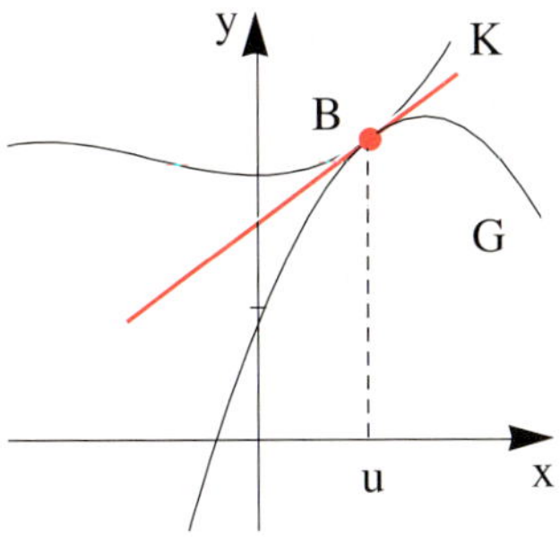

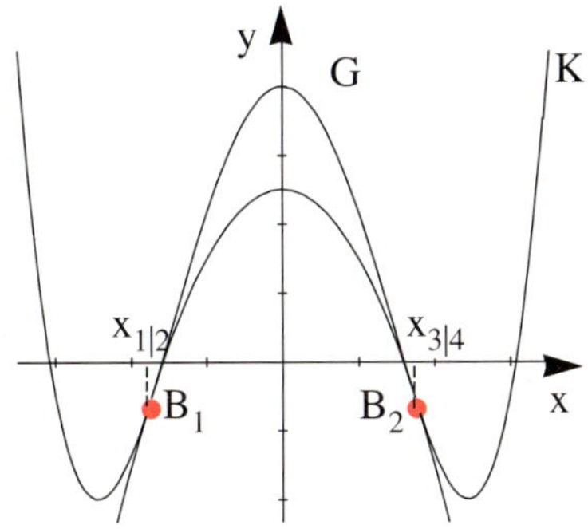

Bemerkung:

Liefert das Gleichsetzen der Funktionsterme
$f(x) = g(x)$
eine **doppelte** Schnittstelle $x_1 = x_2$,
so ist x_1 eine **Berührstelle**.

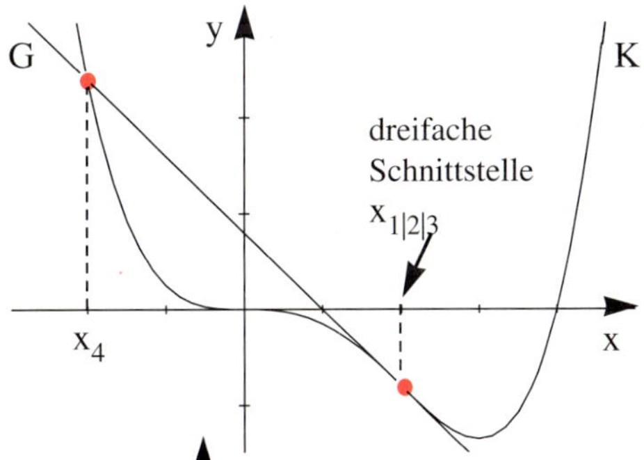

Dreifache Schnittstelle:

$f(x) = g(x)$ liefert $x_1, x_2, ...$
mit $x_1 = x_2 = x_3$
K und G berühren und schneiden sich.

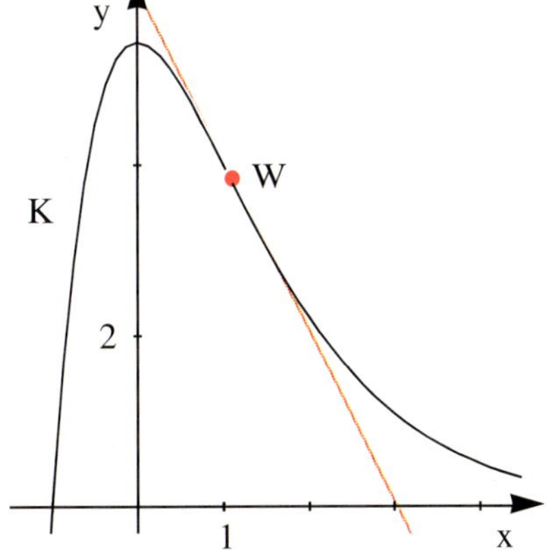

Bemerkung:

Kurve und zugehörige **Wendetangente**
haben eine dreifache Schnittstelle.

4 Kurvendiskussion – Ablaufplan

Symmetrie:

Das Schaubild K der Funktion f ist symmetrisch

I) **zur y-Achse**: **Bed.: $f(x) = f(-x)$**

II) **zum Ursprung**: **Bed.: $f(x) = -f(-x)$**

Schnittpunkte mit den Koordinatenachsen

a) **mit der x-Achse**:
Bed.: $f(x) = 0$ liefert die Schnittstellen mit der x-Achse (**Nullstellen**)

Bemerkung: x_0 ist **doppelte** Nullstelle von f => x_0 ist **Extremstelle** von f
(K **berührt** die x-Achse in x_0)
x_0 ist **dreifache** Nullstelle von f => x_0 ist **Wendestelle** von f
(K hat einen **Sattelpunkt** auf der x-Achse)

b) **mit der y–Achse**:
Bed.: $x = 0$ liefert den **y-Wert** des Schnittpunktes

Ableitungen $f'(x)$; $f''(x)$; $f'''(x)$

Extrempunkte

Notwendige Bedingung für Extremstellen: $f'(x_0) = 0$

Hinreichende Bedingung (Nachweis):

$f''(x_0) < 0$ => f besitzt in x_0 ein relatives (lokales) Maximum: **Hochpunkt** $H(x_0 \mid f(x_0))$

$f''(x_0) > 0$ => f besitzt in x_0 ein relatives (lokales) Minimum: **Tiefpunkt** $T(x_0 \mid f(x_0))$

Wendepunkte

Notwendige Bedingung: $f''(x_0) = 0$

Hinreichende Bedingung (Nachweis): $f'''(x_0) \neq 0$

Bemerkung: Im **Wendepunkt** hat das Schaubild K_f von f die **größte bzw. kleinste Steigung**.
Vergleichen Sie die Bedingungen : $(f')'(x_0) = 0 \wedge f'''(x_0) \neq 0$

Schaubild

Bemerkung: Funktionswerte der Randstellen des Intervalls berechnen, auf dem gezeichnet werden soll

Bemerkung:

Sattelpunkt $W(x_0 \mid f(x_0))$: **Wendepunkt mit waagrechter Tangente**
Dann gilt: $f'(x_0) = 0$; $f''(x_0) = 0$; $f'''(x_0) \neq 0$

Wendetangente: Tangente an das Schaubild K der Funktion f **im Wendepunkt**

Monotonie

Beachten Sie:

Bedeutung der 1. Ableitung

Einsetzen eines x-Wertes x_0 in $f'(x)$ liefert die **Steigung** des Graphen G_f (die **Steigung der Tangente** an G_f) an der festen Stelle x_0.

Beachten Sie:

f ist in $]a; b[$ genau dann **monoton steigend**, wenn für alle $x \in\ ]a; b[$ gilt: $\mathbf{f'(x) \geq 0}$.

f ist in $]a; b[$ genau dann **monoton fallend**, wenn für alle $x \in\ ]a; b[$ gilt: $\mathbf{f'(x) \leq 0}$.

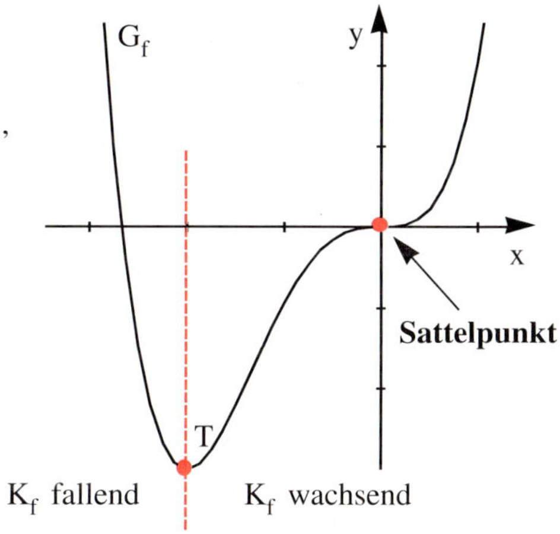

Krümmung

Beachten Sie:

Der Graph K_f der Funktion f ist **rechtsgekrümmt** auf $[a; b]$, wenn für $x \in\ ]a; b[$ gilt: $\mathbf{f''(x) < 0}$

Der Graph K_f der Funktion f ist **linksgekrümmt** auf $[a; b]$, wenn für $x \in\ ]a; b[$ gilt: $\mathbf{f''(x) > 0}$

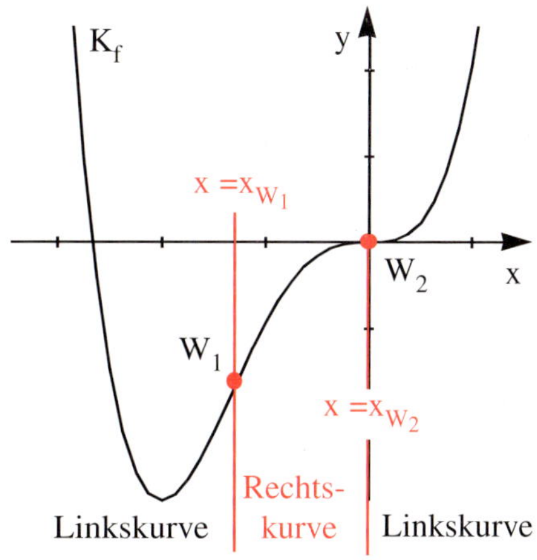

5 Aufstellen von Kurvengleichungen (Funktionstermen) aus gegebenen Bedingungen

K ist das **Schaubild** der Funktion f.

Häufig auftretende **Formulierungen** und die entsprechenden **Bedingungen** beim Aufstellen von Kurvengleichungen:

Formulierung in der Aufgabe	Bedingungen
K verläuft durch P(u | v)	$f(u) = v$
K berührt die x-Achse in x = u	$f(u) = 0$ $f'(u) = 0$
K hat in x = u die **Steigung** 5	$f'(u) = 5$
K hat in P(u | v) eine Tangente mit Steigung – 2	$f(u) = v$ $f'(u) = -2$
K hat den **Extrempunkt** T(u | v)	$f(u) = v$ $f'(u) = 0$
K hat den **Wendepunkt** W(u | v)	$f(u) = v$ $f''(u) = 0$
Die Wendetangente in W(u | v) hat die Steigung 0,5	$f(u) = v$ $f''(u) = 0$ $f'(u) = 0{,}5$
W(u | v) ist **Sattelpunkt** (W ist Wendepunkt mit waagrechter Tangente)	$f(u) = v$ $f''(u) = 0$ $f'(u) = 0$
Das Schaubild K von f **berührt** das Schaubild G von g in x = u	$f(u) = g(u)$ $f'(u) = g'(u)$
Das Schaubild K von f schneidet das Schaubild G von g in P(u | v) **senkrecht**	$f(u) = g(u)$ $f'(u) \cdot g'(u) = -1$

Aufstellen einer Geradengleichung:

Bestimmung der **Steigung** aus 2 Punkten: $m = \frac{y_2 - y_1}{x_2 - x_1}$

Einsetzen von m und der Koordinaten eines Geradenpunktes in die **Punkt-Steigungsform**: $y = m(x - x_1) + y_1$

oder die **Hauptform**: $y = mx + b$

6 Extremwertaufgaben

Lösung von Extremwertaufgaben

a) Aufstellen der **Zielfunktion** (mit Definitionsmenge $D = [a; b]$)
b) Untersuchung der Zielfunktion auf **relatives (lokales) Extremum**
c) Berechnung der **Randwerte**
d) Der **Vergleich** der Randwerte mit dem relativen Extremum ergibt das **absolute Extremum**

Bemerkungen: Verlangt die Aufgabe **nur das relative Extremum**, so **entfällt** die **Randwertuntersuchung.**

Das absolute Maximum ist der größte y-Wert der Zielfunktion auf D.

Beachten Sie: Hat die Zielfunktion auf ihrem Definitionsbereich nur eine **einzige Stelle mit waagrechter Tangente** u_0, so ergibt der **Vergleich mit den Randwerten**: Die Zielfunktion nimmt in u_0 ihr absolutes **Maximum** bzw. **Minimum** an.

Bestimmung von Zielfunktionen anhand einiger Beispiele:

1) Die Gerade **x = u** schneidet das Schaubild K von f im Punkt P und die x-Achse in Q.

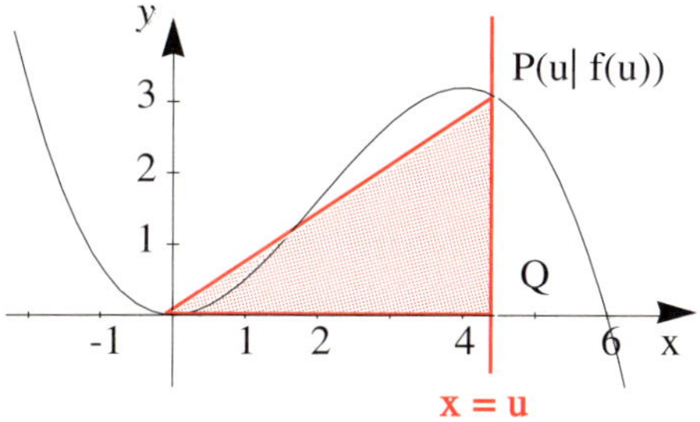

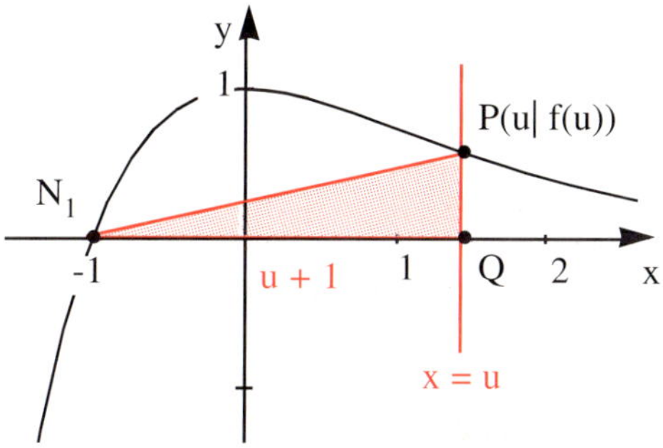

Flächeninhalt des Dreiecks OQP:

$A(u) = \frac{1}{2}\, u\, f(u) \;;\; 0 \le u \le 6$

Flächeninhalt des Dreiecks N_1QP:

$A(u) = \frac{1}{2}(u + 1)\, f(u) \;;\; u \geqslant -1$

Bemerkung: $u + 1 = u - (-1)$
großer x-Wert minus kleiner x-Wert

Beachten Sie: In einem Dreieck stehen **Grundseite und Höhe senkrecht aufeinander**. Wählt man **Grundseite und Höhe in x-Richtung bzw. in y-Richtung**, so ist diese Bedingung erfüllt.

Merke: Verläuft die Strecke **PQ** im Achsenkreuz **parallel zur x-Achse**, so gilt für die Länge l :
$l = x_Q - x_P > 0$
(großer x-Wert minus kleiner x-Wert)

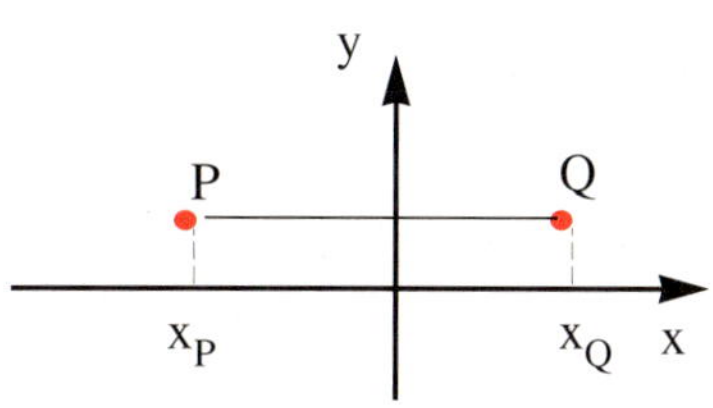

2) Die Gerade **x = u** schneidet das Schaubild K von f im Punkt P und die x-Achse in Q.

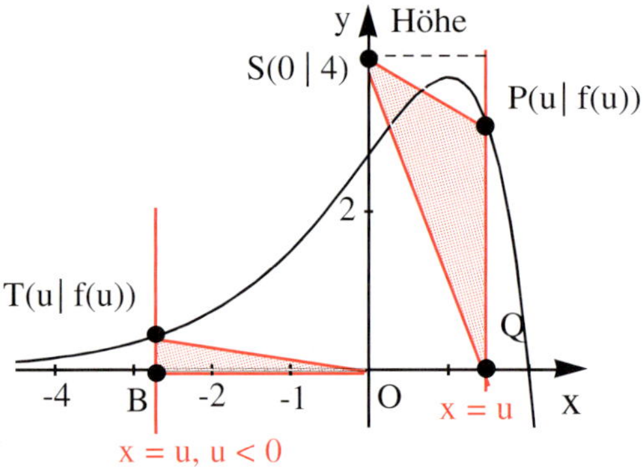

Flächeninhalt des Dreiecks QPS:

$A(u) = \frac{1}{2}\, u\, f(u)\ ;\ \ 0 \le u \le 2$

Beachten Sie: **PQ ist Grundseite**

Flächeninhalt des Dreiecks OTB:

$A(u) = \frac{1}{2}\,(-u)\, f(u)\ ;\ \ u < 0$

Beachten Sie: $u < 0$, daher gilt für die **Grundseite**: $g = -u$ $(g > 0)$

3) Die Gerade **x = u** schneidet das Schaubild K von f im Punkt Q und die Parallele zur x-Achse mit der Gleichung $y = 4$ in P.

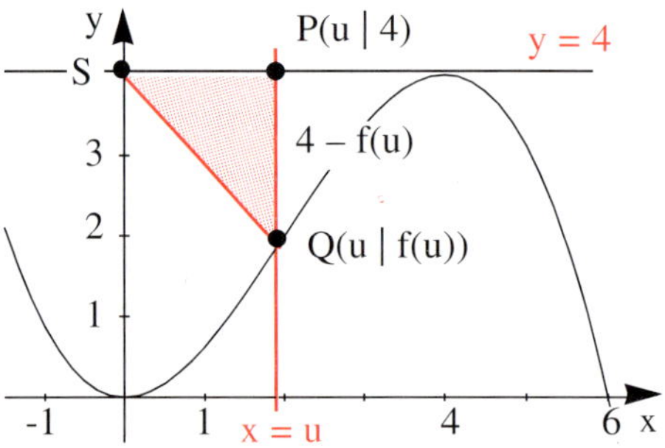

Flächeninhalt des Dreiecks QPS:

$A(u) = \frac{1}{2}\, u\,(4 - f(u))\ ;\ \ 0 \le u \le 4$

Bemerkung:

Für die Differenz $(4 - f(u)) > 0$:

großer y-Wert minus kleiner y-Wert

Merke: Verläuft die Strecke **PQ** im Achsenkreuz **parallel zur y-Achse**,
so gilt für die Länge l :
$l = y_P - y_Q\ \mathbf{> 0}$
$l = f(u) - g(u)$
(**großer y-Wert minus kleiner y-Wert**)

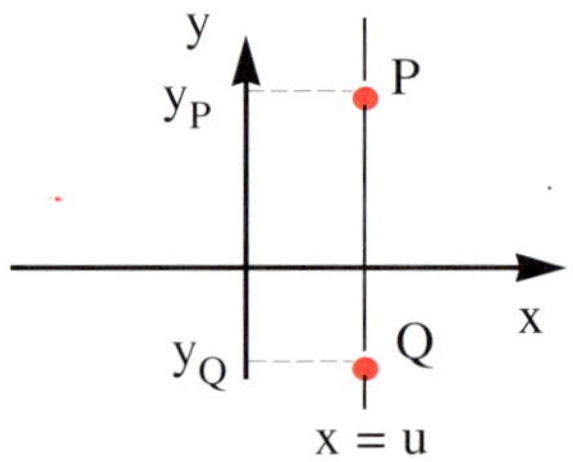

4) Die Gerade **x = u** schneidet das Schaubild K von f im Punkt P und das Schaubild G von g in Q.

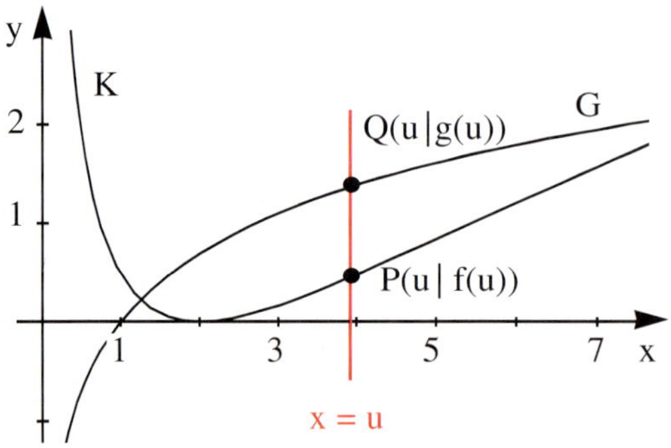

Länge der Strecke PQ:

$l(u) = g(u) - f(u)\ ;\ 1{,}5 \le u \le 8$

Bemerkung:

Für die Differenz $g(u) - f(u) > 0$:

großer y-Wert minus kleiner y-Wert

5) Die Geraden mit den Gleichungen **x = u** und **x = 3u** schneiden das Schaubild K von f in den Punkten P und Q.
Die Geraden bilden mit der x-Achse und der Strecke PQ ein Trapez.

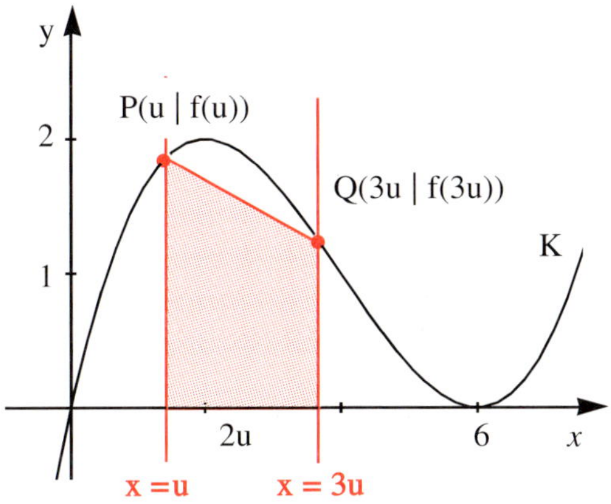

Flächeninhalt des Trapezes:

$A(u) = \frac{1}{2} \cdot 2u \cdot (f(u) + f(3u)); 0 \leq u \leq 2$

Bemerkung:
Formel für den Flächeninhalt eines Trapezes: $A = \frac{1}{2} \cdot m \cdot h = \frac{1}{2}(a + c)\, h$, die Seiten a **und** c verlaufen parallel.

6) Der Punkt P(u | v) liegt für $0 \leq u \leq \sqrt{3}$ auf K. Die Parallelen zu den Koordinatenachsen durch P(u | v) und die Koordinatenachsen bilden ein Rechteck.

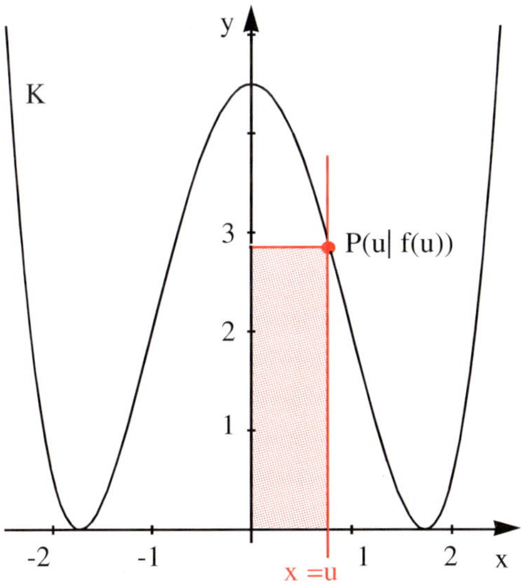

Flächeninhalt des Rechtecks :
$A(u) = u\, f(u)\,;\; 0 \leq u \leq \sqrt{3}$

Umfang des Rechtecks :
$U(u) = 2u + 2\, f(u);\; 0 \leq u \leq \sqrt{3}$

Beachten Sie beim Aufstellen der Zielfunktion:
Wählen Sie die zur Berechnung des Flächeninhalts einer geometrischen Figur verwendeten Strecken
- Grundseite und Höhe im Dreieck
- die Seiten im Rechteck
- 2 parallele Seiten und die Höhe im Trapez

in **Richtung der Koordinatenachsen**.

7 Näherungsverfahren zur Lösung von Gleichungen

Vorgehensweise:

Gleichung in Nullform bringen: ☐ = 0

Aufstellen der Funktion h mit h (x) = ☐

Näherungsweise Lösung der Gleichung h(x) = 0
Die Gleichung h(x) = 0 besitzt eine Lösung auf dem Intervall $[a; b]$.

Bemerkung: Die **Existenz einer Nullstelle** auf dem Intervall $[a; b]$ wird gezeigt durch Einsetzen: h(a) und h(b) haben **verschiedene** Vorzeichen.

Näherungsweise Lösung mit dem **Newton-Verfahren**:

Funktion h ableiten

Festlegen eines **Startwertes** $\mathbf{x_0}$ aus Wertetabelle von h, Zeichnung oder Aufgabe
z. B. $\mathbf{x_0} = \frac{1}{2}(a + b)$ Intervallmitte

Bemerkung: Der Startwert sollte möglichst nahe bei der vermuteten Nullstelle von h liegen.

Anwendung der Rekursionsformel, bis die verlangte Genauigkeit erreicht ist.

$$\mathbf{x_{n+1} = x_n - \frac{h(x_n)}{h'(x_n)} \qquad n = 0, 1, 2, 3, ...}$$

Bemerkungen:

Ein **linear programmierbarer Taschenrechner** (TR) verkürzt die Rechenzeit. Dabei kann die Taste „ANS“ verwendet werden. ANS ist der Platzhalter für die letzte Anzeige im Display nach dem Bestätigen der EXE–Taste.

Verwendung von Speicherplätzen bei nicht programmierbaren TR:
Bei Belegung von Speicherplatz A mit x_n, B mit $h(x_n)$ und C mit $h'(x_n)$ berechnen wir

$$\mathbf{x_{n+1} = A - \frac{B}{C}}$$

Bemerkung:

Ist die Genauigkeit auf 2 Dezimalen **genau** verlangt, so wird die Lösung nach der 2. Dezimale abgebrochen.
Ist die Genauigkeit auf 2 Dezimalen **gerundet** verlangt, so wird die Lösung auf die 2. Dezimale gerundet.

Näherungsverfahren bezeichnet man auch als **Iterationsverfahren**.

8 Tangenten an das Schaubild K von f von einem Punkt P aus

Vorgehensweise:

a) Gleichung der Tangente **in** einem **Kurvenpunkt B(u | f(u))** aufstellen.

Tangentengleichung: $y = f'(u)(x - u) + f(u)$

b) **Punktprobe** mit den Koordinaten von P ergibt eine **Gleichung in u.**

c) **Auflösen der Gleichung in u.**

d) **Einsetzen der u-Werte in f(x)** ergibt die y-Werte der Berührpunkte.

e) **Einsetzen der u-Werte in die Punkt-Steigungsform** liefert die Tangentengleichungen.

Dabei kann die **Lage des Punktes P zur Kurve K** unterschiedlich sein

a) P liegt nicht auf K
Die **Berührstelle** ist **nicht** gegeben.

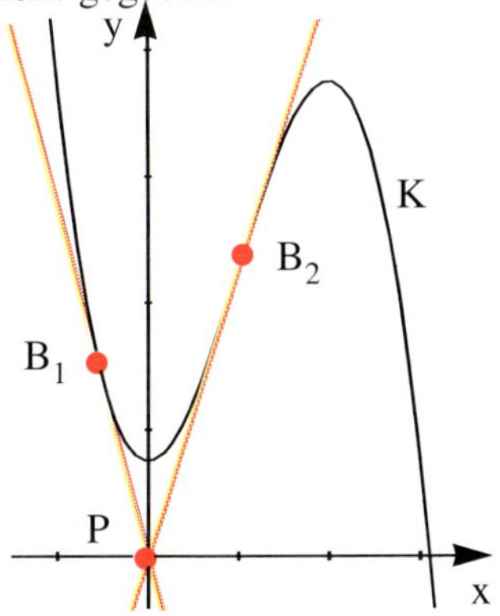

b) P liegt auf K
Die **Berührstellen** sind **nicht alle** gegeben.

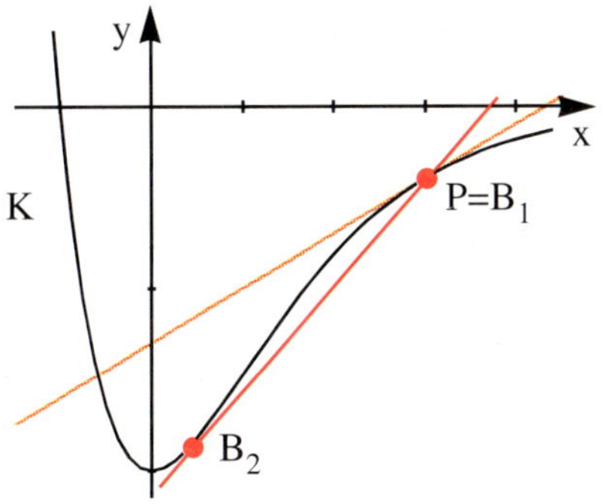

Achtung: Unterscheiden Sie die Fragestellungen:

Legen Sie **von P aus** Tangenten an K.
(Die **Berührstellen** sind **nicht alle gegeben.**)

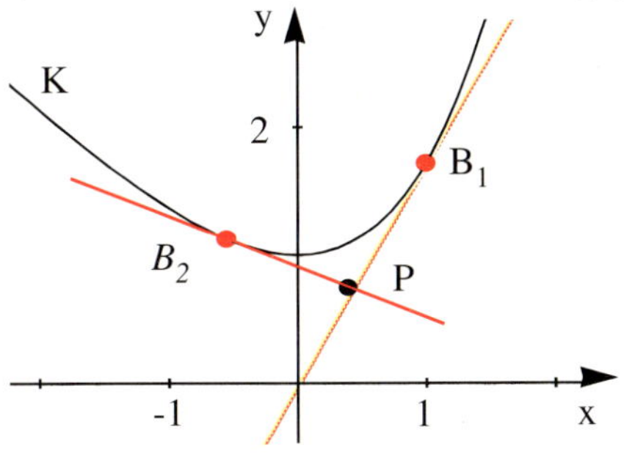

Die **Berührpunkte** B_1 und B_2 **sind gesucht**.

Bestimmen Sie die Gleichung der Tangente an K **im Punkt P.**
(Die **Berührstelle** ist **gegeben.**)

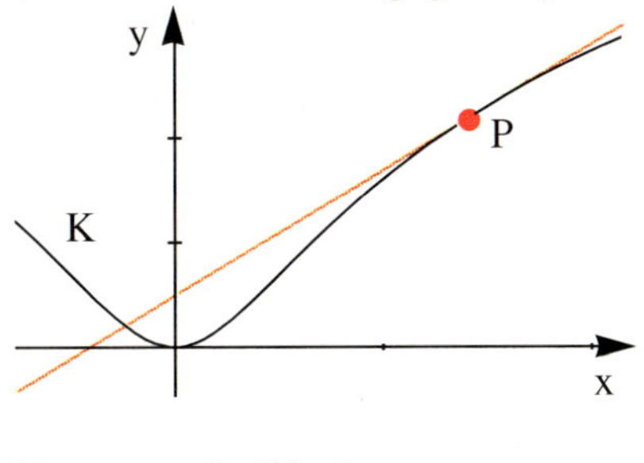

Tangente in P bedeutet:
P ist der **gegebene Berührpunkt** und **es gibt genau eine Tangente**.

9 Integration und Stammfunktion

Definition: Die Funktion F ist eine **Stammfunktion** von f, wenn gilt: $\mathbf{F'(x) = f(x)}$

Schreibweise für den Funktionsterm: $\mathbf{F(x) = \int f(x)\,dx}$

Integral über f von x dx

Beachten Sie: Die **Integration**(Aufleitung) ist die **Umkehrung** der **Differentiation** (Ableitung)**.**

Berechnung des bestimmten Integrals $\int_a^b f(x)\,dx$ in folgenden Schritten:

1) eine Stammfunktion F von f bilden (ohne die Konstante c)
2) obere Grenze x = b in F(x) einsetzen
   untere Grenze x = a in F(x) einsetzen
3) Differenz bilden: F(b) – F(a)

Schreibweise: $\mathbf{\int_a^b f(x)\,dx = \left[F(x) \right]_a^b = F(b) - F(a)}$

gelesen: Integral von a bis b über f von x dx

Integrationsregeln

Faktorregel: $\mathbf{\int c \cdot f(x)\,dx = c \cdot \int f(x)\,dx}$

Beispiel: $\int (\frac{1}{12}x^2 - \frac{1}{4}x)dx = \frac{1}{12}\int (x^2 - 3x)dx$

Vertauschen der Intervallgrenzen: $\mathbf{\int_a^b f(x)\,dx = - \int_b^a f(x)\,dx}$

Beispiel: $\int_0^1 (e^x - 2x)dx = e - 2; \quad \int_1^0 (e^x - 2x)dx = 2 - e$

Stammfunktionen ($a \neq 0$)

von ganzrationalen Funktionen $\int a \cdot x^n\,dx = \frac{a}{n+1} x^{n+1}$ (+ C) ; $C \in \mathbb{R}$

von Exponentialfunktionen $\int a \cdot e^x\,dx = a \cdot e^x + C$

$\int e^{ax+b}\,dx = \frac{1}{a} \cdot e^{ax+b} + C$

von trigonometrischen Funktionen $\int \sin(x)\,dx = -\cos(x) + C; \quad \int \cos(x)\,dx = \sin(x) + C$

$\int \sin(ax)\,dx = -\frac{1}{a} \cdot \cos(ax) + C$;

$\int \cos(ax)\,dx = \frac{1}{a} \cdot \sin(ax) + C$

10 Flächenberechnung mit Hilfe der Integralrechnung

10.1 Die Fläche liegt zwischen dem Schaubild K von f und der x-Achse

Berechnung des Inhalts der Fläche zwischen K_f und der x-Achse über $[a\,;\,b]$

a) **Berechnung der Nullstellen** von f auf $[a\,;\,b]$
$f(x) = 0$ liefert $x_1, x_2, x_3, \ldots$

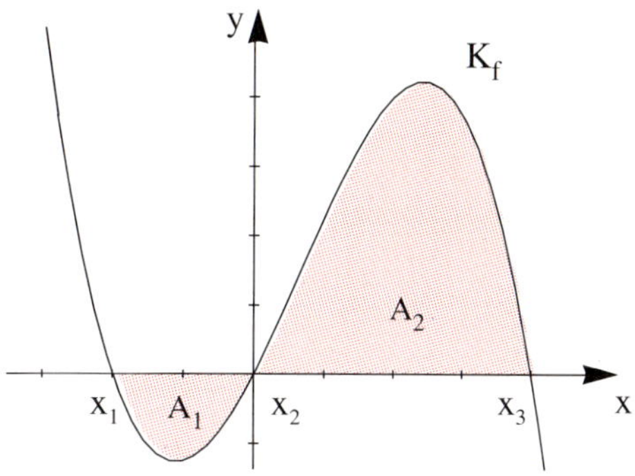

b) **Berechnung der Teilflächen:**

$$\int_{x_1}^{x_2} f(x)\,dx < 0$$

Fläche liegt unterhalb der x-Achse.

$$A_1 = \left| \int_{x_1}^{x_2} f(x)\,dx \right|$$

$$A_2 = \int_{x_2}^{x_3} f(x)\,dx > 0$$

Fläche liegt **oberhalb** der x-Achse

c) **Addition der Inhalte der Teilflächen** ergibt den Gesamtflächeninhalt:
$A = A_1 + A_2$

Beachten Sie:

1) Nicht über eine **Nullstelle** hinweg integrieren.
Ausnahme: Die Nullstelle im Intervall $]a\,;\,b[$ ist eine **doppelte** Nullstelle.

2) Gilt $f(x) > 0$ auf $[x_1\,;\,x_2]$ (K verläuft oberhalb der x-Achse auf $[x_1\,;\,x_2]$ **)**, dann gilt für den Inhalt der von K und der x-Achse eingeschlossenen Fläche: $A = \int_{x_1}^{x_2} f(x)dx$

Beispiele: **Fläche zwischen K_f, den Achsen und der Geraden mit** $x = 1$

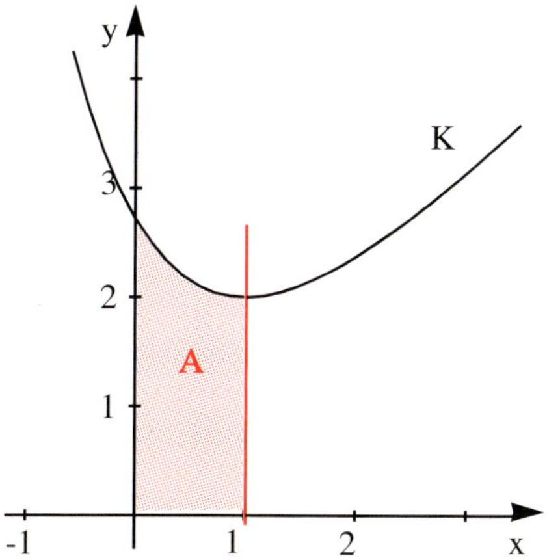

keine Nullstellen von f

Integration $\int_0^1 (e^{1-x} + x)dx$

Flächeninhalt $A = \int_0^1 (e^{1-x} + x)dx$

Die Fläche liegt oberhalb der x-Achse.

Fläche zwischen K_f von f und der x-Achse

Beispiele

1) **Fläche zwischen K_f und der x-Achse**
(ist K_f das Schaubild von f)
$f(x) = \frac{1}{3}x^3 - x$
Nullstellen von f: $x_1 = 0$; $x_{2|3} = \pm\sqrt{3}$
Integration $\int_{-\sqrt{3}}^{0} (\frac{1}{3}x^3 - x)\,dx$
Flächeninhalt $A = 2\int_{-\sqrt{3}}^{0} (\frac{1}{3}x^3 - x)\,dx$
wegen Symmetrie

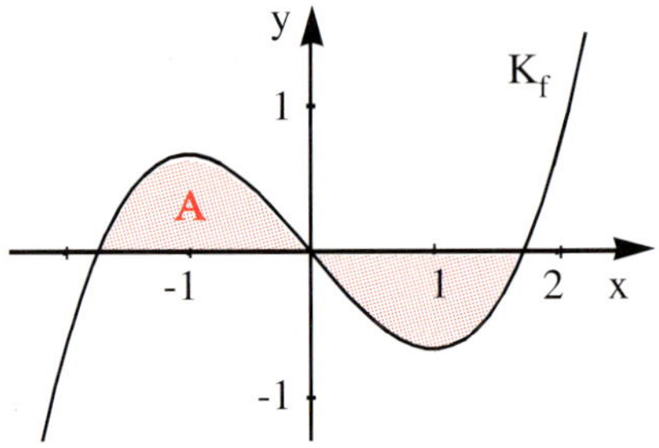

2) **Fläche zwischen K_f, den Achsen und der Geraden mit $x = z$ $(z < 0)$:**
f hat keine Nullstelle
Integration $\int_{z}^{0} (1 + e^x)\,dx$
Flächeninhalt $A(z) = \int_{0}^{z} (1 + e^x)\,dx$

$A(z) > 0$ wegen:
Fläche liegt oberhalb der x-Achse,
Integration von links nach rechts, $z < 0$.

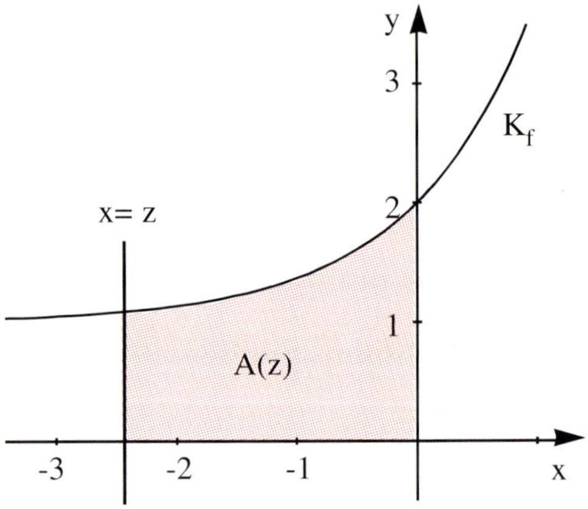

3) **Fläche zwischen K_f und den Koordinatenachsen im 1. Feld**

Nullstelle von f: $x_1 = \pi$
Integration $\int_{0}^{\pi} (-\frac{1}{2}x + 2\sin(x) + \frac{\pi}{2})\,dx$
Flächeninhalt $A = \int_{0}^{z} (f(x))\,dx$

Fläche liegt oberhalb der x-Achse

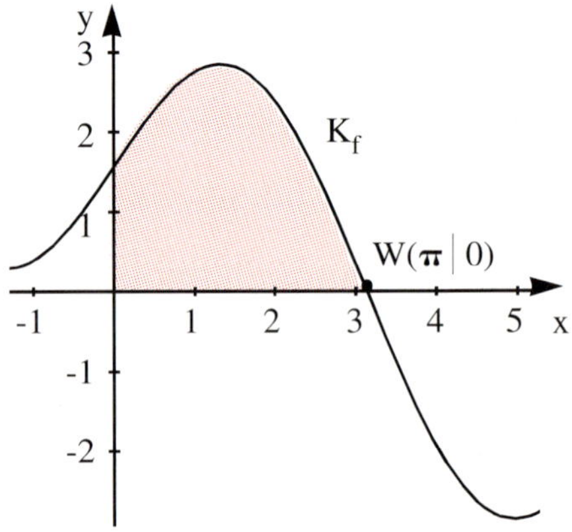

10.2 Fläche zwischen zwei Kurven

Berechnung des Inhalts der Fläche, die von den Kurven K und G umschlossen wird.

a) Berechnung der Schnittstellen

Bed.: $f(x) = g(x)$ => $f(x) - g(x) = 0$ liefert die Schnittstellen x_1, x_2

b) Integration der Differenzfunktion mit $f(x) - g(x)$ von Schnittstelle zu Schnittstelle

$$\int_{x_1}^{x_2} (f(x) - g(x))dx$$

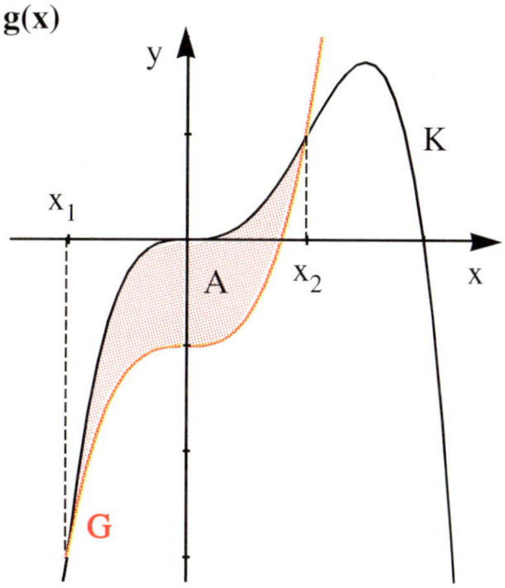

c) Inhalt der Gesamtfläche:

Für $f(x) \geqslant g(x)$ für $x_1 < x < x_2$

(K verläuft oberhalb von G)

$$A = \int_{x_1}^{x_2} (f(x) - g(x))dx$$

Für $f(x) \leqslant g(x)$ für $x_1 < x < x_2$

(K verläuft unterhalb von G)

$$A = -\int_{x_1}^{x_2} (f(x) - g(x))dx$$

Berechnung des Inhalts der Fläche, die von den Kurven K und G in den Grenzen $x = a$ und $x = b$ eingeschlossen wird.

(f und g haben auf $[a ; b]$ keine Schnittstellen)

Integration der Differenzfunktion mit $f(x) - g(x)$ von Grenze zu Grenze

$$\int_{a}^{b} (f(x) - g(x))dx$$

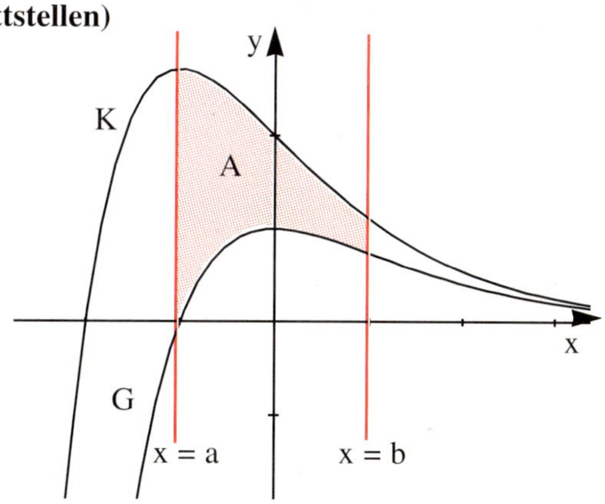

Inhalt der Gesamtfläche

Für $f(x) \geqslant g(x)$ für $a < x < b$

(K verläuft oberhalb von G)

$$A = \int_{a}^{b} (f(x) - g(x))dx$$

Beachten Sie:

1) **Vor dem Integrieren** wird der Funktionsterm $f(x) - g(x)$ **vereinfacht** (wenn möglich)
2) **Nicht über eine Schnittstelle hinweg** integrieren.
   Ausnahme: Die Schnittstelle im Intervall $]a ; b[$ ist eine **doppelte**.

Fläche zwischen zwei Kurven

Beispiele

1) K ist das Schaubild von f,
G ist das Schaubild von g

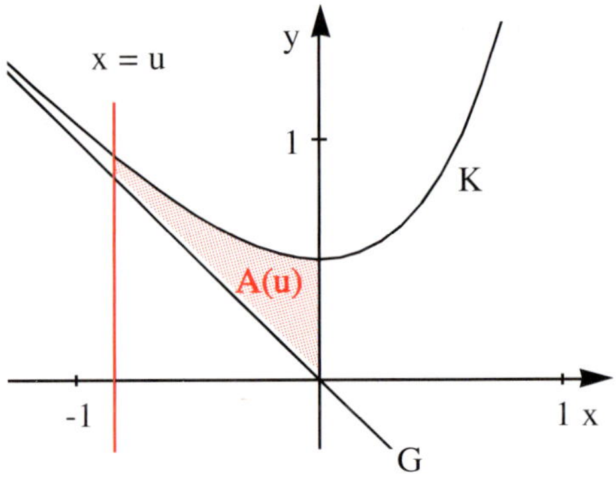

keine Schnittstellen von K und G

Integration $\int_u^0 (f(x) - g(x))dx$

Inhalt der Gesamtfläche

$f(x) > g(x)$ auf $[u; 0]$

K verläuft oberhalb von G auf $[u; 0]$

$A(u) = \int_u^0 (f(x) - g(x))dx > 0$

2) **Schnittstellen** von K_g und K_f:

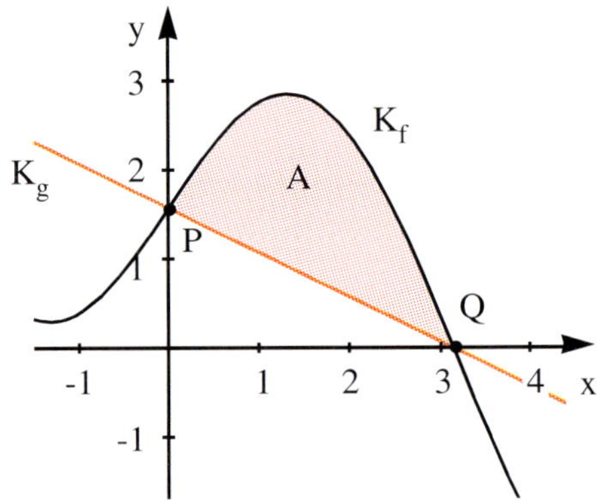

$x_1 = 0$; $x_2 = \pi$;

Integration $\int_0^{\pi} (f(x) - g(x))dx$

Inhalt der Gesamtfläche

$f(x) \geqslant g(x)$ auf $[0; \pi]$

K_f verläuft oberhalb von K_g auf $[0; \pi]$

$A = \int_0^{\pi} (f(x) - g(x))dx$

3) K ist das Schaubild von f,
G ist das Schaubild von g

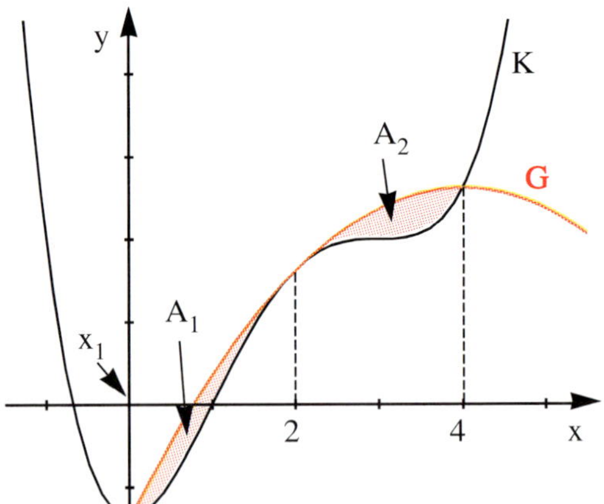

Schnittstellen von K und G:

$x_1 = 0$; $x_{2|3} = 2$; $x_4 = 4$

Integration $\int_0^4 (g(x) - f(x))dx$

Inhalt der Gesamtfläche

$g(x) \geqslant f(x)$ auf $[0; 4]$

G verläuft oberhalb von K auf $[0; 4]$

$A = \int_0^4 (g(x) - f(x))dx$

Bemerkung: Integration **über** die Schnittstelle $x_{2|3} = 2$ hinweg ist sinnvoll, da bei
$x_{2|3} = 2$ **kein Vorzeichenwechsel von** $f(x) - g(x)$;
$x_{2|3} = 2$ ist doppelte Schnittstelle von $f - g$.

Kostentheorie

Funktionen in der Kostentheorie

Gesamtkostenfunktion K mit $K(x) = K_{fix} + K_v(x)$

$$K(x) = ax^3 + bx^2 + cx + d$$

Stückkosten k	variable Stückkosten k_v	Differentialkosten K'
$k(x) = \frac{K(x)}{x}$	$k_v(x) = \frac{K_v(x)}{x}$	$K'(x)$
$k(x) = ax^2 + bx + c + \frac{d}{x}$	$k_v(x) = ax^2 + bx + c$	$K'(x) = 3ax^2 + 2bx + c$

Kostenminimierung

Minimum der Stückkosten im Betriebsoptimum x_{opt}	**Minimum der variablen Stückkosten im Betriebsminimum x_{min}**	**Minimum der Differentialkosten**
Bedingung für x_{opt} :	**Bedingung für x_{min} :**	**Bedingung :**
$k'(x) = 0 \wedge k''(x) > 0$	$k_v'(x) = 0 \wedge k_v''(x) > 0$	$K''(x) = 0 \wedge K'''(x) > 0$
oder:	**oder:**	
$K'(x) = k(x)$	$K'(x) = k_v(x)$	
minimale Stückkosten $k(x_{opt})$	minimale variable Stückkosten $k_v(x_{min})$	
langfristige Preisuntergrenze	**kurzfristige** Preisuntergrenze	

Erlösfunktionen

bei vollständiger Konkurrenz	**bei Angebotsmonopol**
Stückpreis p (konstant)	stückzahlabhängiger Stückpreis $p(x) = -ax + b;\ a, b > 0$
Erlösfunktion E: $E(x) = p \cdot x$	Erlösfunktion E: $E(x) = p(x) \cdot x$
Schaubild: Erlösgerade	Schaubild: Erlöskurve

Gewinnfunktion

$$G(x) = E(x) - K(x)$$

Gewinnmaximierung:

Bedingung für die gewinnmaximale Ausbringungsmenge x_m:

$$G'(x_m) = 0 \wedge G''(x_m) < 0 \quad \text{mit } x_s < x_m < x_g$$

Gewinnmaximum: $G(x_m)$

3 Bohner/Ihlenburg/Ott – ISBN 3-8120-0459-3

Kostentheorie – Formelsammlung

Bezeichnung	Symbol; Formel	Hinweise
Ausbringungsmenge	x	Stückzahl, Herstellungsmenge
Kapazitätsgrenze	$s = x_{max}$	
Kostenfunktionen:		
Gesamtkosten **K**	$K(x) = K_f + K_v(x)$	fixe und variable Kosten
	$K(x) = ax^3 + bx^2 + cx + d$	Schaubild: Kostenkurve (S-förmig)
	$a \neq 0;\ x \in [\,0\,;\,s\,]$	
Differentialkosten K'	$K'(x)$	Kostenzuwachs
Stückkosten k	$k(x) = \frac{K(x)}{x}$; $x \in [\,0\,;\,s\,]$	Schaubild: Stückkostenkurve
variable Stückkosten k_v	$k_v(x) = \frac{K_v(x)}{x}$; $x \in [\,0\,;s]$	
Betriebs-minimum x_{min}	Bed.: $k_v'(x) = 0$ $\wedge\ k_v''(x) > 0$	Ausbringung, bei der die variablen Stückkosten minimal sind.
	oder: $K'(x) = k_v(x)$	
minimale variable Stückkosten	$k_v(x_{min})$	kurzfristige Preisuntergrenze
Betriebs-optimum x_{opt}	Bed.: $k'(x) = 0 \wedge k''(x) > 0$	Ausbringung, bei der die Stückkosten minimal sind.
	oder: $K'(x) = k(x)$	
min. Stückkosten	$k(x_{opt})$	langfristige Preisuntergrenze
Erlösfunktionen:		
Stückpreis	p	konstanter Stückpreis
	$p_N(x) = -ax + b;\ a, b > 0$	stückzahlabhängiger Stückpreis
Erlösfunktion E	$E(x) = p\,x$	Schaubild: Erlösgerade
	$E(x) = p(x)\,x$	Schaubild: Erlöskurve
Gewinnfunktionen:		
Gewinnfunktion G	$G(x) = E(x) - K(x)$	Schaubild: Gewinnkurve
Nutzenschwelle x_s	Bed.: $G(x) = 0$	kleinere positive Nullstelle von G
Nutzengrenze x_g	Bed.: $G(x) = 0$	größere positive Nullstelle von G
Gewinnzone	$x_s < x < x_g$	Bereich, in dem Gewinn erzielt wird
Gewinnmaximum	Bed.: $G'(x_m) = 0$ $\wedge\ G''(x_m) < 0$	x_m : gewinnmaximale Stückzahl. In x_m wird der max. Gewinn erzielt.
maximaler Gewinn	$G(x_m)$	Nutzenmaximum
Stückgewinn	$\frac{G(x)}{x}$	
Cournot'scher Punkt	$C(x_c \mid p_c)$	$x_c = x_m$ gewinnmaximale Absatzmenge
		$p_c = p_N(x_m)$ gewinnmaximaler Preis

Graphische Bestimmung des Betriebsoptimums

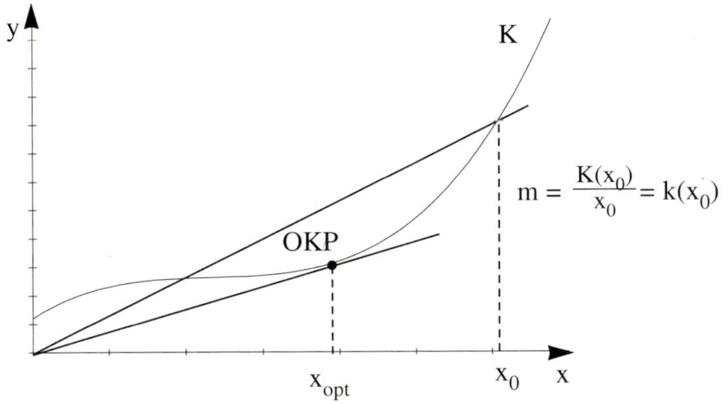

Vorgehensweise:

Vom Ursprung O(0|0) aus wird die Tangente an die Gesamtkostenkurve gelegt.
Der Berührpunkt heißt **optimaler Kostenpunkt (OKP)**.
Die Abszisse (x-Koordinate) ist das **Betriebsoptimum x_{opt}**.

Graphische Bestimmung des maximalen Gewinns

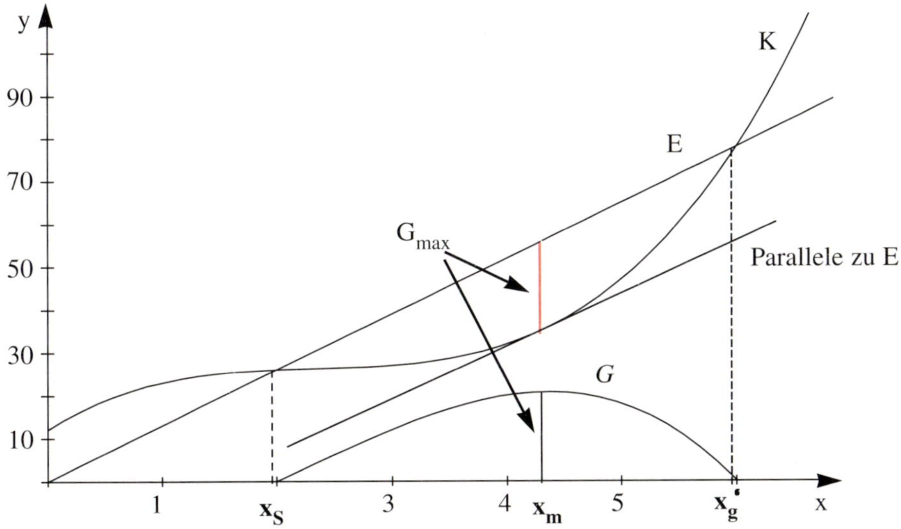

Zeichnerische Bestimmung des maximalen Gewinns (Nutzenmaximum):

Die **Parallele zur Erlösgeraden E berührt die Kostenkurve K** an der Stelle x_m.
Die Differenz von Erlös und Kosten an der Stelle x_m: **$E(x_m) - K(x_m)$**
zeigt den **maximalen Gewinn** an.

Wahlthemen

Lineare Gleichungssysteme und Matrizen

Vektorielle Geometrie

Stochastik

Wahlthema: Lineare Gleichungssysteme und Matrizen

1 Matrizen

1.1 Matrizen - Begriffe

Matrix: Zahlenschema mit m **Zeilen** und n **Spalten**

$$\mathbf{A} = \begin{pmatrix} a_{11} & a_{12} & a_{13} & a_{14} \\ a_{21} & a_{22} & a_{23} & a_{24} \\ a_{31} & a_{32} & a_{33} & a_{34} \end{pmatrix}$$ ist eine Matrix vom **Typ** (3 ,4)

Die Zahlen a_{ij} heißen **Elemente** von **A** : $\mathbf{A} = (a_{ij})$
dabei: i **Zeilenindex** und j **Spaltenindex**

A ist eine **quadratische Matrix**, wenn m = n (Zeilenzahl = Spaltenzahl)

Beispiele:

$$\mathbf{A} = \begin{pmatrix} 2 & 1 & -3 \\ -1 & 4 & 7 \\ 0 & 5 & 8 \end{pmatrix} \qquad \mathbf{A} = \begin{pmatrix} 0 & 1 \\ -1 & 6 \end{pmatrix}$$

Hauptdiagonale

Diagonalelemente: $a_{11} = 2;\ a_{22} = 4;\ a_{33} = 8$ $\qquad a_{11} = 0;\ a_{22} = 6$

Vektoren: Spaltenvektor:

$$\vec{a} = \begin{pmatrix} 2 \\ -1 \\ 0 \end{pmatrix}$$

Zeilenvektor:

$$\vec{b} = (2 \quad -1 \quad 0)$$

Nullvektor:

$\vec{o} = (0 \quad 0 \quad 0)$ als Zeilenvektor , $\vec{o} = \begin{pmatrix} 0 \\ 0 \\ 0 \end{pmatrix}$ als Spaltenvektor

Nullmatrix:

$$\mathbf{O} = \begin{pmatrix} 0 & 0 & 0 \\ 0 & 0 & 0 \\ 0 & 0 & 0 \end{pmatrix} \qquad \mathbf{O} = \begin{pmatrix} 0 & 0 \\ 0 & 0 \end{pmatrix}$$

Die Nullmatrix wird immer mit **O** bezeichnet.

Besondere **quadratische Matrizen**

Einheitsmatrix: Diagonalelemente $a_{ii} = 1$, sonst $a_{ij} = 0$ für $i \neq j$

$$E = \begin{pmatrix} 1 & 0 & 0 \\ 0 & 1 & 0 \\ 0 & 0 & 1 \end{pmatrix} \qquad E = \begin{pmatrix} 1 & 0 \\ 0 & 1 \end{pmatrix}$$

Die Einheitsmatrix wird immer mit E bezeichnet.

Dreiecksmatrix $A = \begin{pmatrix} 1 & 2 & -1 \\ 0 & 0 & 3 \\ 0 & 0 & 1 \end{pmatrix}$ (obere Dreiecksmatrix: $a_{ij} = 0$ für $i > j$)

1.2 Verknüpfung von Matrizen

Addition von Matrizen

Beispiel

$$A + B = \begin{pmatrix} 2 & 1 & -3 \\ -1 & 4 & 7 \\ 0 & 5 & 8 \end{pmatrix} + \begin{pmatrix} 0 & 1 & 3 \\ 1 & 5 & 6 \\ 1 & -4 & 2 \end{pmatrix} = \begin{pmatrix} 2 & 2 & 0 \\ 0 & 9 & 13 \\ 1 & 1 & 10 \end{pmatrix}$$

Beachten Sie:

Bei der Addition von Matrizen werden die entsprechenden Elemente addiert.

$$A + B = (a_{ij}) + (b_{ij}) = (a_{ij} + b_{ij})$$

Nur Matrizen **vom gleichen Typ** können addiert werden.

Beachten Sie: $A + B = B + A$

Skalare Multplikation (Multiplikation einer Matrix mit einer reellen Zahl)

Beispiel

$$3 \cdot \mathbf{A} = 3 \cdot \begin{pmatrix} 2 & 1 & -3 \\ -1 & 4 & 7 \\ 0 & 5 & 8 \end{pmatrix} = \begin{pmatrix} 6 & 3 & -9 \\ -3 & 12 & 21 \\ 0 & 15 & 24 \end{pmatrix}$$

Beachten Sie: Eine Matrix **A** wird mit einem Skalar k ($k \in \mathbf{R}$) multipliziert, indem man jedes Element von **A** mit k multipliziert: $k \cdot \mathbf{A} = k\,(a_{ij}) = (k\,a_{ij})$

Multplikation mit einem Vektor

Beispiel $\mathbf{A} \cdot \vec{b} = \begin{pmatrix} 2 & 1 & -3 \\ -1 & 4 & 7 \\ 0 & 5 & 8 \end{pmatrix} \cdot \begin{pmatrix} -1 \\ 3 \\ -2 \end{pmatrix} = \begin{pmatrix} 7 \\ -1 \\ -1 \end{pmatrix}$

Rechenschema nach Falk:

			−1
			3
			−2
2	1	−3	$-1\cdot 2 + 3\cdot 1 - 2\cdot(-3) = 7$
−1	4	7	$-1\cdot(-1) + 3\cdot 4 - 2\cdot 7 = -1$
0	5	8	$-1\cdot 0 + 3\cdot 5 - 2\cdot 8 = -1$

	$\vec{b}$
A	$\mathbf{A}\cdot\vec{b}$

Bemerkung: Das Produkt $\vec{b} \cdot \mathbf{A}$ lässt sich nicht berechnen.

$$\mathbf{A}_{(m;\, n)} \cdot \vec{b}_{(n;\, 1)} = \vec{c}_{(m\,;\, 1)}$$

Multplikation von Matrizen

Multiplikation $\mathbf{A}\cdot\mathbf{B}$ der Matrizen **A** und **B** bedeutet:
Die Matrix **A** (**linker Faktor**) wird mit allen Spaltenvektoren der Matrix **B** (**rechter Faktor**) multipliziert (vgl. Falksches Schema).

	B
A	**A · B**

Beachten Sie:

$k\,(\mathbf{A} + \mathbf{B}) = k\,\mathbf{A} + k\,\mathbf{B}$

$\mathbf{A} \cdot (\mathbf{B} + C) = \mathbf{A}\cdot\mathbf{B} + \mathbf{A}\cdot C$

$\mathbf{A} \cdot E = A$

$\mathbf{A} \cdot \mathbf{B} \neq \mathbf{B} \cdot \mathbf{A}$ (**Faktoren** dürfen i. a. **nicht vertauscht** werden)

2 Lineare Gleichungssysteme

Schreibweisen für lineare Gleichungssysteme (LGS)

I) **Lineares Gleichungssystem** für die Unbekannten x_1, x_2 und x_3

$$\begin{aligned} x_1 + x_2 + x_3 &= 3 \\ x_1 + 2x_2 &= 1 \\ x_1 + 2x_2 - 2x_3 &= -1 \end{aligned}$$

II) Lineares Gleichungssystem **als Matrizengleichung**

$$\underbrace{\begin{pmatrix} 1 & 1 & 1 \\ 1 & 2 & 0 \\ 1 & 2 & -2 \end{pmatrix}}_{\text{Koeffizientenmatrix } \mathbf{A}} \cdot \underbrace{\begin{pmatrix} x_1 \\ x_2 \\ x_3 \end{pmatrix}}_{\text{Lösungsvektor } \vec{x}} = \begin{pmatrix} 3 \\ 1 \\ -1 \end{pmatrix}$$

Koeffizienten-matrix **A**   Lösungs-vektor $\vec{x}$

Unterscheiden Sie:

inhomogenes **lineares Gleichungssystem**	$\mathbf{A} \cdot \vec{x} = \vec{b}$ mit $\vec{b} \neq \vec{o}$
homogenes **lineares Gleichungssystem**	$\mathbf{A} \cdot \vec{x} = \vec{o}$

III) Lineares Gleichungssystem **in Vektorschreibweise**

$$\begin{pmatrix} 1 \\ 1 \\ 1 \end{pmatrix} x_1 + \begin{pmatrix} 1 \\ 2 \\ 2 \end{pmatrix} x_2 + \begin{pmatrix} 1 \\ 0 \\ -2 \end{pmatrix} x_3 = \begin{pmatrix} 3 \\ 1 \\ -1 \end{pmatrix}$$

IV) Lineares Gleichungssystem in der Form der erweiterten Koeffizientenmatrix $(\mathbf{A} \mid \vec{b})$

$$(\mathbf{A} \mid \vec{b}) = \left(\begin{array}{ccc|c} 1 & 1 & 1 & 3 \\ 1 & 2 & 0 & 1 \\ 1 & 2 & -2 & -1 \end{array}\right)$$

Zur Lösung mit dem Eliminationsverfahren nach Gauß wird $(\mathbf{A} \mid \vec{b})$ in die **erweiterte Dreiecksform** $(\mathbf{A}^* \mid \vec{b}^*)$ umgeformt.

$$(\mathbf{A}^* \mid \vec{b}^*) = \left(\begin{array}{ccc|c} 1 & 1 & 1 & 3 \\ 0 & 1 & -1 & -2 \\ 0 & 0 & -2 & -2 \end{array}\right)$$

2.1 Lösbarkeit von linearen Gleichungssystemen $A\vec{x} = \vec{b}$

Untersuchung in zwei Schritten (am Beispiel von (3; 3)-Matrizen; LGS mit 3 Unbekannten):

1) Umformung der erweiterten Koeffizientenmatrix $(\mathbf{A} \mid \vec{b})$ mit dem Gaußverfahren in die erweiterte Dreiecksform $(\mathbf{A}^* \mid \vec{b}^*)$: $\left(\begin{array}{ccc|c} \cdot & \cdot & \cdot & \cdot \\ 0 & \cdot & \cdot & \cdot \\ 0 & 0 & \cdot & \cdot \end{array}\right)$

2) Untersuchung der **Diagonalelemente** von $\mathbf{A}^*$

Alle **Diagonalelemente** von $\mathbf{A}^*$ sind **ungleich Null**

Das LGS ist **eindeutig** lösbar.

Das homogene LGS $\mathbf{A}\vec{x} = \vec{o}$ ist nur **trivial** lösbar, $\vec{x} = \vec{o}$

Mindestens ein **Diagonalelement** von $\mathbf{A}^*$ ist **gleich Null**.

Das LGS ist **nicht eindeutig** lösbar. Die **rechte Seite** entscheidet:

LGS ist **mehrdeutig lösbar**, wenn

$$\left(\begin{array}{ccc|c} a & \cdot & \cdot & \cdot \\ 0 & b & \cdot & \cdot \\ 0 & 0 & 0 & 0 \end{array}\right)$$

Nullzeile in $(\mathbf{A}^* \mid \vec{b}^*)$

LGS ist **unlösbar** wenn

$$\left(\begin{array}{ccc|c} a & \cdot & \cdot & \cdot \\ 0 & b & \cdot & \cdot \\ 0 & 0 & 0 & \neq 0 \end{array}\right)$$

Nullzeile nur in $\mathbf{A}^*$

$a, b \neq 0$

Bemerkung: Das homogene LGS $\mathbf{A}\vec{x} = \vec{o}$ ist entweder **eindeutig lösbar** mit dem **Nullvektor als triviale Lösung** ($\vec{x} = \vec{o}$) oder **mehrdeutig** (nichttrivial) lösbar.

Beispiele:

$$\left(\begin{array}{ccc|c} 1 & 1 & 1 & 3 \\ 0 & 1 & -1 & -2 \\ 0 & 0 & -3 & 3 \end{array}\right)$$

Das LGS ist **eindeutig lösbar**, $x_3 = -1$; $x_2 = -3$; $x_1 = 7$
(Das zugehörige **homogene LGS** ist nur **trivial lösbar.**)

$$\left(\begin{array}{ccc|c} 1 & 1 & 1 & 3 \\ 0 & 1 & -1 & -2 \\ 0 & 0 & 0 & 0 \end{array}\right)$$

Das LGS ist **mehrdeutig lösbar**,
$0x_1 + 0x_2 + 0x_3 = 0$ wahre Aussage für alle x_1, x_2, x_3
(Das zugehörige **homogene LGS** ist **mehrdeutig** lösbar.)

$$\left(\begin{array}{ccc|c} 1 & 1 & 1 & 3 \\ 0 & 1 & -1 & -2 \\ 0 & 0 & 0 & 2 \end{array}\right)$$

Das LGS ist **unlösbar**,
$0x_1 + 0x_2 + 0x_3 = 2$ falsche Aussage für alle x_1, x_2, x_3
(Das zugehörige **homogene LGS** ist **mehrdeutig** lösbar.)

3 Inverse Matrix

Beachten Sie: Gegeben ist **eine quadratische** Matrix **A** .

$\mathbf{A}^{-1}$ heißt **inverse Matrix von A,** wenn gilt: $\mathbf{A}^{-1}\mathbf{A} = \mathbf{A}\,\mathbf{A}^{-1} = \mathbf{E}$

Hat **A** eine Inverse, so heißt **A** invertierbar.

Berechnung der inversen Matrix zu **A** (am Beispiel einer (3;3)-Matrix):

$$(\mathbf{A}\,|\,\mathbf{E}) \longrightarrow \left(\begin{array}{ccc|ccc} \ddots & & & \cdot & \cdot & \cdot \\ 0 & \ddots & & \cdot & \cdot & \cdot \\ 0 & 0 & \ddots & \cdot & \cdot & \cdot \end{array}\right) \longrightarrow \left(\begin{array}{ccc|c} 1 & 0 & 0 & \\ 0 & 1 & 0 & \mathbf{A}^{-1} \\ 0 & 0 & 1 & \end{array}\right)$$

Beispiel

Berechnen Sie die Inverse der Matrix **A** mit $\mathbf{A} = \begin{pmatrix} 3 & 0 & 0 \\ 0 & 1 & -1 \\ 3 & 0 & 1 \end{pmatrix}$

Lösung

$$\left(\begin{array}{ccc|ccc} 3 & 0 & 0 & 1 & 0 & 0 \\ 0 & 1 & -1 & 0 & 1 & 0 \\ 3 & 0 & 1 & 0 & 0 & 1 \end{array}\right) \quad \cdot(-1) \text{ (Zeile 1 zu Zeile 3)} \qquad \mathbf{A} \text{ mit } \mathbf{E} \text{ erweitert}$$

$$\left(\begin{array}{ccc|ccc} 3 & 0 & 0 & 1 & 0 & 0 \\ 0 & 1 & -1 & 0 & 1 & 0 \\ 0 & 0 & 1 & -1 & 0 & 1 \end{array}\right) \quad \text{(Zeile 3 zu Zeile 2)} \qquad \mathbf{A} \text{ in Dreiecksform umgeformt}$$

$$\left(\begin{array}{ccc|ccc} 3 & 0 & 0 & 1 & 0 & 0 \\ 0 & 1 & 0 & -1 & 1 & 1 \\ 0 & 0 & 1 & -1 & 0 & 1 \end{array}\right) \quad :3$$

$$\left(\begin{array}{ccc|ccc} 1 & 0 & 0 & \frac{1}{3} & 0 & 0 \\ 0 & 1 & 0 & -1 & 1 & 1 \\ 0 & 0 & 1 & -1 & 0 & 1 \end{array}\right) \qquad \mathbf{E}|\,\mathbf{A}^{-1} \quad \Rightarrow \text{Inverse von } \mathbf{A}\text{: } \mathbf{A}^{-1} = \begin{pmatrix} \frac{1}{3} & 0 & 0 \\ -1 & 1 & 1 \\ -1 & 0 & 1 \end{pmatrix}$$

Ausklammern von $\frac{1}{3}$ ergibt eine Darstellung **ohne Bruchzahlen in der Matrix**:

$$\mathbf{A}^{-1} = \frac{1}{3}\begin{pmatrix} 1 & 0 & 0 \\ -3 & 3 & 3 \\ -3 & 0 & 3 \end{pmatrix}$$

Beachten Sie die Probe: $\mathbf{A}^{-1}\mathbf{A} = \mathbf{E}$

	A
$\mathbf{A}^{-1}$	**E**

Eigenschaften der inversen Matrix

$\mathbf{A}^{-1}\mathbf{A} = \mathbf{A}\,\mathbf{A}^{-1} = \mathbf{E}$

$(\mathbf{A}^{-1})^{-1} = \mathbf{A}$

$(k\mathbf{A})^{-1} = \frac{1}{k}\mathbf{A}^{-1}$

aber: $(\mathbf{A} + \mathbf{B})^{-1}$ lässt sich nicht weiter zusammenfassen

Folgerung für lineare Gleichungssysteme:

Existiert die inverse Matrix $\mathbf{A}^{-1}$, so gilt: $\mathbf{A}\,\vec{x} = \vec{b} \Rightarrow \vec{x} = \mathbf{A}^{-1}\,\vec{b}$

Das Gleichungssystem hat genau eine Lösung.

4 Matrizengleichungen

In den folgenden Beispielen sind Matrizengleichungen mit den Matrizen **A**, **B**, **C** , ... gegeben. Gesucht ist die Matrix **X**.
Die bei der Umformung auftretenden Matrizen sind invertierbar.

Beispiele

(1) Lösen Sie die Matrizengleichung nach **X** auf: $\mathbf{A\,X - A = B\,X}$

Lösung

Sortieren	$\mathbf{A\,X + A = B\,X} \quad \vert +\mathbf{A} \quad \vert -\mathbf{B\,X}$
	$\mathbf{A\,X - B\,X = A}$
Ausklammern (nach rechts)	$\mathbf{(A - B)X = A}$
(Reihenfolge beachten)	
Durchmultiplizieren mit der Inversen von links	$\mathbf{(A - B)X = A} \quad \vert \cdot \mathbf{(A - B)^{-1}}$
$\mathbf{(A - B)^{-1}(A - B) = E}$	$\mathbf{E\,X = (A - B)^{-1}A}$
Gleichung formal nach **X** aufgelöst	$\mathbf{X = (A - B)^{-1}A}$

(2) Lösen Sie die Matrizengleichung nach **X** auf: $\mathbf{X\,A + A = B + 4\,X}$

Lösung

Sortieren	$\mathbf{X\,A - 4X = B - A}$
$\mathbf{X = X\,E}$	$\mathbf{X\,A - 4X\,E = B - A}$
Ausklammern (nach links)	$\mathbf{X(A - 4\,E) = B - A}$
(Reihenfolge beachten)	
Durchmultiplizieren mit der Inversen von rechts	$\mathbf{X(A - 4E) = B - A} \quad \vert \cdot \mathbf{(A - 4E)^{-1}}$
$\mathbf{(A - 4E)(A - 4E)^{-1} = E}$	$\mathbf{X\,E = (B - A)(A - 4E)^{-1}}$
Gleichung formal nach **X** aufgelöst	$\mathbf{X = (B - A)(A - 4E)^{-1}}$

Bemerkung: **A** + 4 ist nicht definiert.

Beachten Sie beim Ausklammern:

$\mathbf{A\,X + B\,X = (A + B)\,X}$	**Reihenfolge** der Faktoren beachten.
$\mathbf{XA - X\,A}$	Kein Ausklammern möglich.
$\mathbf{X\,A - 3X = X(A - 3E)}$	da $3\mathbf{X} = 3\mathbf{X} \cdot \mathbf{E}$
$\mathbf{AX - X = (A - E)X}$	

5 Anwendungen

5.1 Das Leontief-Modell

Beschreibung des Leontief-Modells

Beispiel

Drei Betriebe A (Autohersteller), B (Zulieferbetrieb) und C (Energieversorgungs–unternehmen) beliefern sich gegenseitig und den Markt, die Betriebe sind miteinander verflochten.

Zum Beispiel: A produziert für den Konsum und liefert auch an die Betriebe B und C. Um produzieren zu können, muss A aber auch Güter von B und C und aus seiner eigenen Produktion beziehen.

Diese betriebliche Verflechtung der Sektoren (Betriebe) A, B und C ist gegeben durch ein **Verflechtungsdiagramm** **(Gozintograph)**.

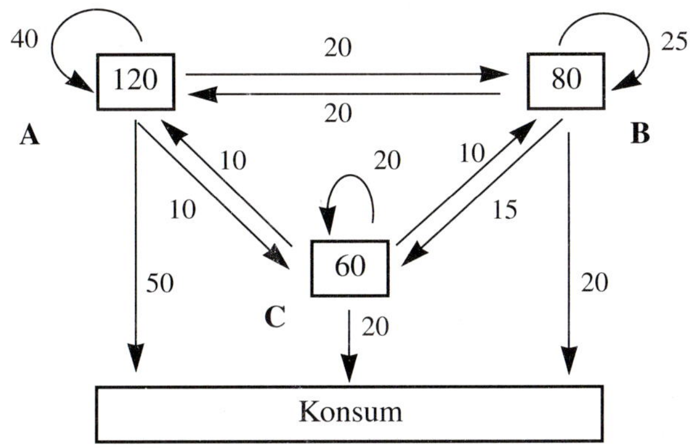

Erläuterung: Der Pfeil bedeutet: „ ... liefert an..."

Beispiel:

A produziert während einer Produktionsperiode 120 Mengeneinheiten (ME).
Davon verbraucht A 40 ME im eigenen Betrieb, 20 ME liefert A an B, 10 ME liefert A an C. Die restlichen 50 ME (= 120 – 40 – 20 – 10) werden an den Konsum abgegeben.
Produziert A 120 ME, so müssen A 40 ME der eigenen Produktion, 20 ME des Gutes von B und 10 ME des Gutes von C zur Verfügung stehen.

Die Verflechtung lässt sich in einer **Input-Output-Tabelle** darstellen.

→	A	B	C	Konsum	Produktion
A	40	20	10	50	120
B	20	25	15	20	80
C	10	10	20	20	60

Nach der **Leontief–Annahme** sind die folgenden **Verhältnisse konstant**:

$$\frac{\text{Lieferung von } \mathbf{A} \text{ an } \mathbf{A}}{\text{Produktion von } \mathbf{A}} = \frac{40}{120} \qquad \frac{1}{3} \text{ der Produktion von } \mathbf{A} \text{ wird von } \mathbf{A} \text{ geliefert}$$

$$\frac{\text{Lieferung von } \mathbf{B} \text{ an } \mathbf{A}}{\text{Produktion von } \mathbf{A}} = \frac{20}{120} \qquad \frac{1}{6} \text{ der Produktion von } \mathbf{A} \text{ wird von } \mathbf{B} \text{ geliefert}$$

$$\frac{\text{Lieferung von } \mathbf{C} \text{ an } \mathbf{A}}{\text{Produktion von } \mathbf{A}} = \frac{10}{120} \qquad \frac{1}{12} \text{ der Produktion von } \mathbf{A} \text{ wird von } \mathbf{C} \text{ geliefert}$$

Entsprechende Verhältniszahlen lassen sich auch für **B** und **C** bestimmen.
Die Verhältniszahlen nennen wir **Inputkoeffizienten** und fassen sie in der **Inputmatrix** zusammen.

$$\textbf{Inputmatrix } \mathbf{A} = (\mathbf{a}_{ij}) = \begin{pmatrix} \frac{40}{120} & \frac{20}{80} & \frac{10}{60} \\ \frac{20}{120} & \frac{25}{80} & \frac{15}{60} \\ \frac{10}{120} & \frac{10}{80} & \frac{20}{60} \end{pmatrix}$$

Bemerkung: **A** produziert **120** ME
B produziert **80** ME
C produziert **60** ME

$$\mathbf{A} = \begin{pmatrix} \frac{1}{3} & \frac{1}{4} & \frac{1}{6} \\ \frac{1}{6} & \frac{5}{16} & \frac{1}{4} \\ \frac{1}{12} & \frac{1}{8} & \frac{1}{3} \end{pmatrix} = \frac{1}{48}\begin{pmatrix} 16 & 12 & 8 \\ 8 & 15 & 12 \\ 4 & 6 & 16 \end{pmatrix}$$

Beachten Sie:

$\mathbf{a}_{12} = \frac{1}{4}$ bedeutet, dass Betrieb A (Sektor 1) $\frac{1}{4}$ der Produktion von Betrieb B (Sektor 2) an Betrieb B (Sektor 2) liefern muss.

oder: Betrieb B benötigt $\frac{1}{4}$ ME von A, um 1 ME zu erzeugen.

Die **Produktionszahlen** der 3 Werke A, B und C ergeben den **Produktionsvektor** $\vec{x}$:

$$\vec{x} = \begin{pmatrix} x_1 \\ x_2 \\ x_3 \end{pmatrix} = \begin{pmatrix} \mathbf{120} \\ \mathbf{80} \\ \mathbf{60} \end{pmatrix}$$

Die **Lieferungen** der 3 Werke A, B und C an den Markt ergeben den **Konsumvektor** $\vec{y}$:

$$\vec{y} = \begin{pmatrix} y_1 \\ y_2 \\ y_3 \end{pmatrix} = \begin{pmatrix} \mathbf{50} \\ \mathbf{20} \\ \mathbf{20} \end{pmatrix}$$

Beachten Sie: Das Produkt $\mathbf{A}\,\vec{x}$ liefert den innerbetrieblichen Absatz.

Die wichtigsten Begriffe für das Leontief-Modell

Verflechtungstabelle (Input-Output-Tabelle)

→	A	B	C	Konsum	Produktion
A	x_{11}	x_{12}	x_{13}	y_1	x_1
B	x_{21}	x_{22}	x_{23}	y_2	x_2
C	x_{31}	x_{31}	x_{33}	y_3	x_3

Bemerkung: Die **Input-Output-Tabelle** gibt sowohl die Lieferungen der Werke untereinander als auch die Lieferung an den Konsum an.
$\mathbf{x_{ij}}$ ($\mathbf{x_{ij}} \geqslant 0$) ist die Lieferung des Sektors i an den Sektor j.
Die Diagonalelemente $\mathbf{x_{ii}}$ (i = 1, 2, 3) sind die Eigenverbrauchsmengen der Werke A, B bzw. C.

Die Summe der Lieferungen von A : $x_{11} + x_{12} + x_{13} + y_1 = x_1$ ergibt die Produktion vom A.

Inputmatrix (Technologiematrix) A

$$\mathbf{A} = \begin{pmatrix} \frac{x_{11}}{\mathbf{x_1}} & \frac{x_{12}}{\mathbf{x_2}} & \frac{x_{13}}{\mathbf{x_3}} \\ \frac{x_{21}}{\mathbf{x_1}} & \frac{x_{22}}{\mathbf{x_2}} & \frac{x_{23}}{\mathbf{x_3}} \\ \frac{x_{31}}{\mathbf{x_1}} & \frac{x_{32}}{\mathbf{x_2}} & \frac{x_{33}}{\mathbf{x_3}} \end{pmatrix}$$

Produktionsvektor $\vec{x} = \begin{pmatrix} \mathbf{x_1} \\ \mathbf{x_2} \\ \mathbf{x_3} \end{pmatrix}$

Konsumvektor $\vec{y} = \begin{pmatrix} \mathbf{y_1} \\ \mathbf{y_2} \\ \mathbf{y_3} \end{pmatrix}$

Weitere Bezeichnungen für den Konsumvektor:
Marktabgabevektor, Nachfragevektor, Endverbrauchsvektor

Zusammenhang von Inputmatrix **A**, Produktionsvektor $\vec{x}$ und Konsumvektor $\vec{y}$:

$$\mathbf{A}\vec{x} + \vec{y} = \vec{x} \quad \Longleftrightarrow \quad (\mathbf{E} - \mathbf{A})\,\vec{x} = \vec{y}$$

Was man wissen sollte... über die Problemstellungen beim Leontief-Modell

Es gilt folgender **Zusammenhang** :

$$\mathbf{A}\vec{x} + \vec{y} = \vec{x} \quad \Leftrightarrow \quad (\mathbf{E} - \mathbf{A})\cdot \vec{x} = \vec{y}$$

Die **Inputmatrix A** ist gegeben oder lässt sich mit Hilfe einer Tabelle bestimmen.

Fragestellungen:

Gegeben:
Produktionsvektor $\vec{x}$
Gesucht:
Konsumvektor $\vec{y}$

Lösung:

Einsetzen von $\vec{x}$
in $(\mathbf{E} - \mathbf{A})\,\vec{x} = \vec{y}$
ergibt $\vec{y}$.

Berechnung mit dem Schema von Falk.

	$\vec{x}$
E – A	$\vec{y}$

Gegeben:
Konsumvektor $\vec{y}$
Gesucht:
Produktionsvektor $\vec{x}$

$(\mathbf{E} - \mathbf{A})\cdot \vec{x} = \vec{y}$
ist ein lineares **Gleichungssystem**
für x_1, x_2, x_3.
Auflösen dieses LGS ergibt $\vec{x}$.

Gegeben:
$\vec{x}$ und $\vec{y}$ teilweise
Gesucht:
Teile von $\vec{x}$ und $\vec{y}$

Einsetzen in
$(\mathbf{E} - \mathbf{A})\cdot \vec{x} = \vec{y}$
ergibt ein lineares **Gleichungssystem**.
Auflösen dieses LGS ergibt die gesuchten Komponenten.

Beachten Sie: Ist die **Leontief-Inverse** $(\mathbf{E} - \mathbf{A})^{-1}$ in der Aufgabe verlangt, dann lässt sich der Produktionsvektor $\vec{x}$ (bei gegebenem Konsumvektor $\vec{y}$) berechnen durch: $\vec{x} = (\mathbf{E} - \mathbf{A})^{-1}\,\vec{y}$

Folgerung: Eine **beliebige Nachfrage** kann befriedigt werden, wenn die Leontief-Inverse existiert und nur nichtnegative Elemente enthält.

Beachten Sie: Ein Produktionsvektor $\vec{x}$ mit $x_i \geqslant 0$ ist **wirtschaftlich sinnvoll**, wenn der Konsumvektor in der Gleichung $(\mathbf{E} - \mathbf{A})\,\vec{x} = \vec{y}$ nur **positive** Komponenten enthält ($y_i \geqslant 0$).

Beachten Sie: $\left[(\mathbf{E} - \mathbf{A})^{-1}\right]^{-1} = (\mathbf{E} - \mathbf{A})$

$\mathbf{A} = \mathbf{E} - (\mathbf{E} - \mathbf{A})$

5.2 Lineare Verflechtung

Vorgaben

In einem zweistufigen Produktionsprozeß werden aus 3 **Rohstoffen** R_1, R_2 und R_3 die **Zwischenprodukte** Z_1, Z_2 und Z_3 und daraus die **Endprodukte** E_1, E_2 und E_3 gefertigt.

Verflechtungsmatrizen

Rohstoffe R_i —Stufe 1→ **Zwischenprodukte** Z_i —Stufe 2→ **Endprodukte** E_i

Tabellen

	Z_1	Z_2	Z_3
R_1			
R_2			
R_3			

	E_1	E_2	E_3
Z_1			
Z_2			
Z_3			

	E_1	E_2	E_3
R_1			
R_2			
R_3			

Verflechtungsmatrizen

$A = A_{R;Z}$ Rohstoff-Zwischenprodukt-Matrix

$B = B_{Z:E}$ Zwischenprodukt-Endprodukt-Matrix

$C = C_{R;E}$ Rohstoff-Endprodukt-Matrix

Zwischen den **Verflechtungsmatrizen** gilt der **Zusammenhang**:

$$A_{R;Z} \cdot B_{Z:E} = C_{R;E}$$

Folgerung für quadratische Matrizen (falls die Inversen existieren)**:**

$$\mathbf{A} = \mathbf{C} \cdot \mathbf{B}^{-1}$$
$$\mathbf{B} = \mathbf{A}^{-1} \cdot \mathbf{C}$$

Beachten Sie: Es wird unterstellt, dass die Rohstoffe **nur** über die Produktion der Zwischenprodukte in die Endprodukte eingehen.

Produktionsvektoren

für die **Rohstoffe** $\vec{r} = (r_1 \quad r_2 \quad r_3)^T$

für die **Zwischenprodukte** $\vec{z} = (z_1 \quad z_2 \quad z_3)^T$

für die **Endprodukte** $\vec{e} = (e_1 \quad e_2 \quad e_3)^T$

Beachten Sie: Diese **Produktionsvektoren** (Verbrauchsvektoren) besagen, wie viel ME an Rohstoffen bzw. Zwischenprodukten benötigt werden oder wie viel ME an Zwischenprodukten bzw. Endprodukten hergestellt werden.

Zusammenhang:

$$\mathbf{A}_{R;Z} \cdot \vec{z} = \vec{r} \qquad \mathbf{B}_{Z;E} \cdot \vec{e} = \vec{z} \qquad \mathbf{C}_{R;E} \cdot \vec{e} = \vec{r}$$

Rohstoffkosten

Beachten Sie: Die **Kostenvektoren** $\vec{k}$ sind **Zeilenvektoren.**

Rohstoffkosten je Mengeneinheit der Rohstoffe (Materialkosten für den Rohstoffeinsatz) $\vec{k}_R$

Rohstoffkosten je ME **Endprodukt** $\vec{k}_E$: $\boxed{\vec{k}_R \cdot \mathbf{C} = \vec{k}_E}$

Bemerkung: Die **Matrix C** beschreibt, wie viele ME der Rohstoffe R_1, R_2 und R_3 pro ME Endprodukt gebraucht werden,

Multiplikation von **Rohstoffkostenvektor** $\vec{k}_E$ mit dem **Produktionsvektor für die Endprodukte** $\vec{e}$ ergibt die **Gesamtrohstoffkosten** für die gegebene Produktion $\vec{e}$.

Gesamtrohstoffkosten k

$$k = \vec{k}_E \cdot \vec{e}$$
$$= \vec{k}_R \cdot \mathbf{C} \cdot \vec{e}$$

Rohstoffkosten je ME **Zwischenprodukt** $\vec{k}_Z$ **:** $\boxed{\vec{k}_R \cdot \mathbf{A} = \vec{k}_Z}$

Bemerkung: Die **Matrix A** beschreibt, wie viele ME der Rohstoffe R_1, R_2 und R_3 pro ME Zwischenprodukt gebraucht werden.

Multiplikation von **Rohstoffkostenvektor** $\vec{k}_Z$ mit dem **Produktionsvektor für die Zwichenprodukte** $\vec{z}$ ergibt die **Gesamtrohstoffkosten** für die gegebene Produktion $\vec{z}$:

Gesamtrohstoffkosten k

$$k = \vec{k}_Z \cdot \vec{z}$$
$$= \vec{k}_R \cdot \mathbf{A} \cdot \vec{z}$$

Beachten Sie: Ertrag = Ertragsvektor ·Absatzvektor
Gewinn = Ertrag – Kosten

Bemerkungen:

Wird die gesamte Produktion verkauft, so gilt:
Produktionsvektor = Absatzvektor = $\vec{e}$
Aus den Preisen für die Endprodukte entsteht der **Ertragsvektor**.

Wahlthema: Vektorielle Geometrie

1 Vektoren

Gegeben sind die Vektoren $\vec{a} = \overrightarrow{OA} = \begin{pmatrix} a_1 \\ a_2 \\ a_3 \end{pmatrix}$ und $\vec{b} = \overrightarrow{OB} = \begin{pmatrix} b_1 \\ b_2 \\ b_3 \end{pmatrix}$.

Betrag

Der **Betrag** eines Vektors $\vec{a}$ ist die **Länge** der zugehörigen Pfeile.

$$|\vec{a}| = \left|\begin{pmatrix} a_1 \\ a_2 \\ a_3 \end{pmatrix}\right| = \sqrt{\vec{a} \cdot \vec{a}} = \sqrt{a_1^2 + a_2^2 + a_3^2}$$

Ein Vektor mit dem Betrag 1 heißt **Einheitsvektor**: $\vec{a}_0 = \frac{\vec{a}}{|\vec{a}|}$

Für die **Entfernung zweier Punkte A und B** (**Länge** der Strecke AB) mit den Ortsvektoren $\vec{a}$ und $\vec{b}$ gilt:

$$|\overrightarrow{AB}| = \left|\begin{pmatrix} b_1 - a_1 \\ b_2 - a_2 \\ b_3 - a_3 \end{pmatrix}\right| = \sqrt{(b_1 - a_1)^2 + (b_2 - a_2)^2 + (b_3 - a_3)^2}$$

M ist der **Mittelpunkt** der Strecke AB .

Dann gilt: $\overrightarrow{OM} = \frac{1}{2}(\overrightarrow{OA} + \overrightarrow{OB}) = \overrightarrow{OA} + \frac{1}{2}\overrightarrow{AB}$

Teilverhältnis

Ist C ein Punkt der Geraden durch A und B und gilt: $\overrightarrow{AC} = t \cdot \overrightarrow{CB}$, so nennt man die Zahl t das **Teilverhältnis** des Punktes C bezüglich der Strecke AB.

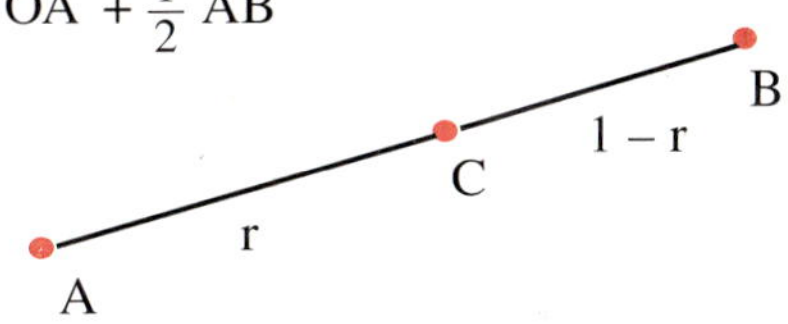

Dann gilt: $\overrightarrow{AC} = \frac{t}{t+1} \cdot \overrightarrow{AB}$

Oder:
Aus $\overrightarrow{AC} = r \cdot \overrightarrow{AB}$ folgt das **Teilverhältnis**: $\frac{\overrightarrow{AC}}{\overrightarrow{CB}} = \frac{r}{1-r}$

Skalarprodukt

Geometrische Form: $\vec{a} \cdot \vec{b} = |\vec{a}| \cdot |\vec{b}| \cdot \cos\alpha$

Koordinatenform $\vec{a} \cdot \vec{b} = a_1 b_1 + a_2 b_2 + a_3 b_3$

Zwei Vektoren $\vec{a}$ und $\vec{b}$ stehen **senkrecht aufeinander** ($\vec{a} \perp \vec{b}$), wenn $\vec{a} \cdot \vec{b} = 0$

Winkel zwischen zwei Vektoren $\vec{u}$ und $\vec{v}$:

Aus $\cos\alpha = \frac{|\vec{u} \cdot \vec{v}|}{|\vec{u}| \cdot |\vec{v}|}$ folgt der eingeschlossene Winkel α.

Bemerkung: Die Betragsstriche im Zähler bewirken: **α liegt zwischen 0° und 90°**

4 Bohner/Ihlenburg/Ott – ISBN 3-8120-0459-3

2 Geraden als Punktmengen

Ortsvektor

Der Ortsvektor $\vec{a}$ wird dargestellt durch einen Pfeil mit dem Ursprung O als Anfangspunkt und dem Punkt A als Endpunkt.

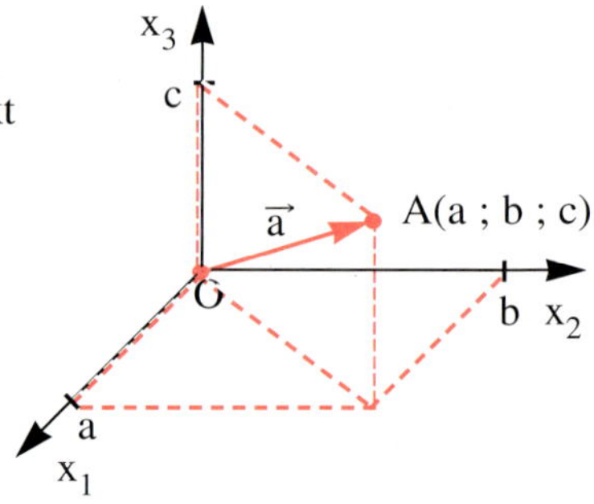

Punkt A(a ; b ; c); Ortsvektor $\vec{a} = \begin{pmatrix} a \\ b \\ c \end{pmatrix} = \overrightarrow{OA}$

Beachten Sie:
Der Punkt A und sein Ortsvektor $\vec{a} = \overrightarrow{OA}$ haben dieselben Koordinaten.

Geradengleichungen in vektorieller Parameterform

a) Punkt-Richtungs-Form der Geradengleichung

$\vec{x} = \vec{a} + r\,\vec{u}$; $r \in \mathbf{R}$

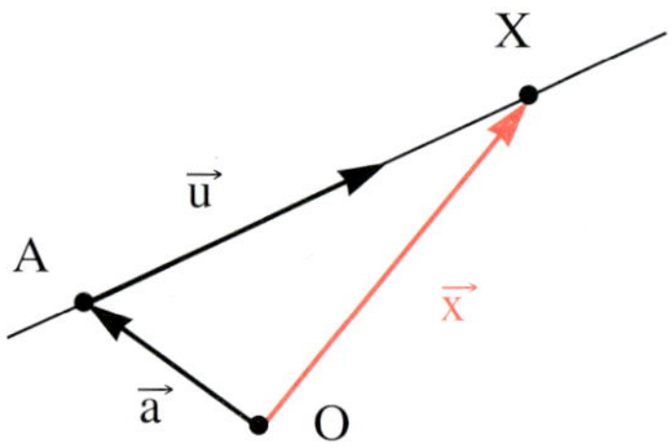

$\vec{a}$ ist der Stützvektor (Ortsvektor des Aufpunktes A).
$\vec{u}$ ist ein Richtungsvektor.
$\vec{x}$ ist ein Ortsvektor, der zu einem Geradenpunkt X gehört.

b) Zwei-Punkte-Form der Geradengleichung

$\vec{x} = \vec{a} + r\,(\vec{b} - \vec{a})$; $r \in \mathbf{R}$

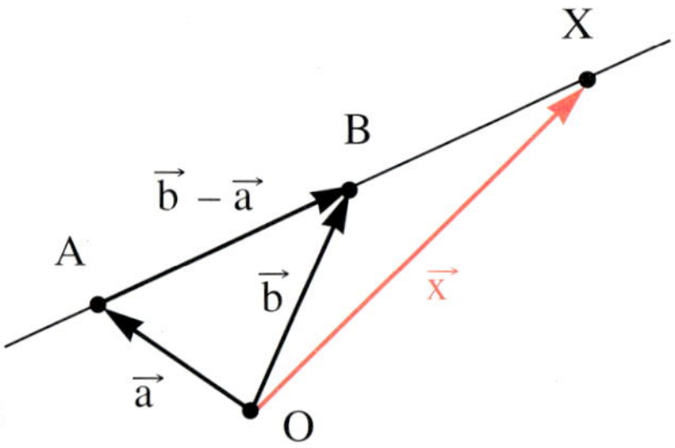

$\vec{a}$, $\vec{b}$ sind die Ortsvektoren der Geradenpunkte A und B.
$\overrightarrow{AB} = \vec{b} - \vec{a}$ ist ein Richtungsvektor.

Bemerkung:
Die Differenz zweier Ortsvektoren ergibt einen Richtungsvektor.

Bemerkungen:
Die Punkte X mit den zugehörigen Ortsvektoren $\vec{x}$ bilden die Gerade g.
Der Vektor $\vec{x}$ verläuft **vom Ursprung** zu einem Geradenpunkt.
Die Variable $r \in \mathbf{R}$ heißt **Parameter der Gleichung.**

Besondere Geraden im dreideimensionalen Koordinatensystem ($r, s, t \in \mathbf{R}$)

x_1-Achse: $\vec{x} = r\begin{pmatrix} 1 \\ 0 \\ 0 \end{pmatrix}$ x_2-Achse: $\vec{x} = s\begin{pmatrix} 0 \\ 1 \\ 0 \end{pmatrix}$ x_3-Achse: $\vec{x} = t\begin{pmatrix} 0 \\ 0 \\ 1 \end{pmatrix}$

Bedingungen für die Punkte auf der
x_1-Achse: $x_2 = x_3 = 0$ x_2-Achse: $x_1 = x_3 = 0$ x_3-Achse: $x_1 = x_2 = 0$

3 Gegenseitige Lage von zwei Geraden

Die Geraden g und h sind gegeben durch

g: $\vec{x} = \vec{p} + r\cdot \vec{u}$; $\lambda \in \mathbf{R}$ h: $\vec{x} = \vec{q} + s\cdot \vec{v}$; $\mu \in \mathbf{R}$

Untersuchung der Lagebeziehung von g und h durch Gleichsetzen: $\vec{x}_g = \vec{x}_h$

LGS für r und s $\vec{p} + r \cdot \vec{u} = \vec{q} + s \cdot \vec{v}$

Die **Lösbarkeit** des Gleichungssystems entscheidet über die **Lage** zwischen den Geraden g und h.

LGS ist eindeutig lösbar
g und h schneiden sich in einem Punkt.

LGS ist unlösbar
g und h schneiden sich nicht.

LGS ist mehrdeutig lösbar
g und h sind idenitisch.

g und h sind zueinander parallel, d. h. die Richtungsvektoren sind parallel.

g und h sind zueinander windschief, die Richtungsvektoren sind nicht parallel.

Zeichnerische Darstellung:

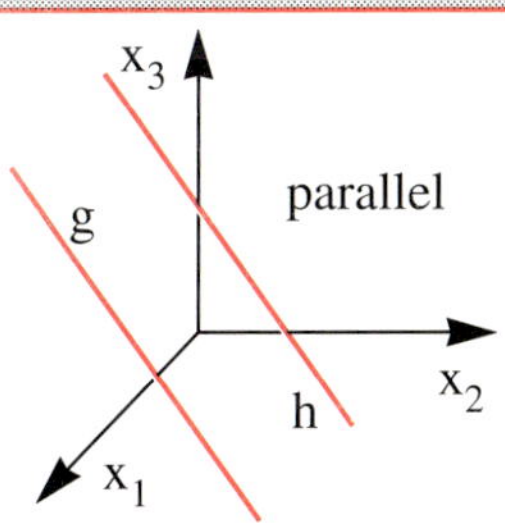

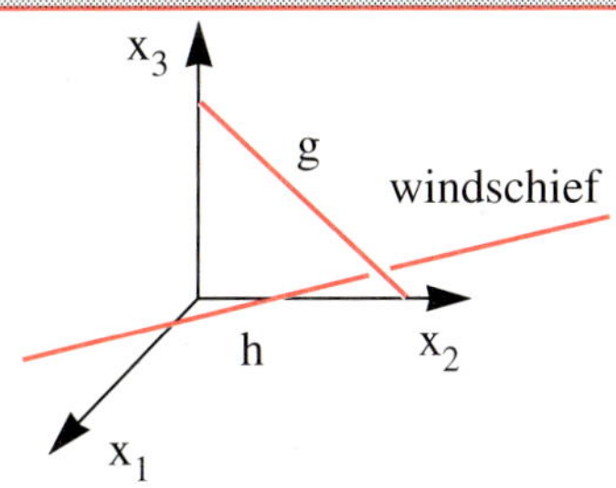

Parallele Geraden

Die Geraden g und h sind parallel, wenn der Richtungsvektor $\vec{u}$ von g ein Vielfaches ($k \neq 0$) des Richtungsvektors $\vec{v}$ von h ist. $\vec{u} = k \cdot \vec{v}$ mit $k \in R\backslash\{0\}$, $\vec{u}$ und $\vec{v}$ sind **linear abhängig** (**kollinear**).

Orthogonale Geraden

Zwei Geraden sind orthogonal, wenn ihre Richtungsvektoren orthogonal sind. Zwei Vektoren $\vec{u}$, $\vec{v}$ (mit $\vec{u} \neq \vec{o}$, $\vec{v} \neq \vec{o}$) sind genau dann zueinander orthogonal, wenn $\vec{u} \cdot \vec{v} = 0$.

Schnittwinkel zweier Geraden

Wenn sich die Geraden g und h **schneiden**, so gilt für ihren **Schnittwinkel** α:

$$\cos \alpha = \frac{|\vec{u} \cdot \vec{v}|}{|\vec{u}| \cdot |\vec{v}|}$$

Bemerkung: Die Betragsstriche im Zähler bewirken: **α liegt zwischen 0° und 90°**

4 Koordinatenebenen

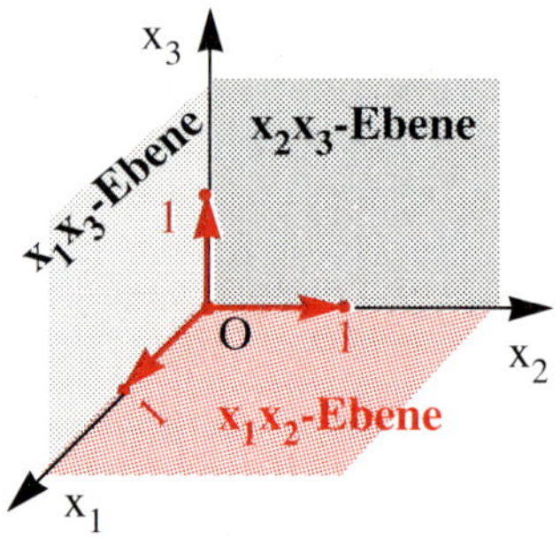

Die Punkte erfüllen die Bedingung:

x_1x_2-Ebene : $x_3 = 0$

x_1x_3-Ebene: $x_2 = 0$

x_2x_3-Ebene: $x_1 = 0$

5 Spurpunkte

Die **Schnittpunkte** einer Geraden g: $\vec{x} = \vec{a} + r\,\vec{u}$ mit den **Koordinatenebenen** heißen **Spurpunkte**.

Bedingung für die x_1x_2-Ebene: $x_3 = 0$
x_1x_3-Ebene: $x_2 = 0$
x_2x_3-Ebene: $x_1 = 0$ ergibt einen Wert für r.

Einsetzen in die Geradengleichung ergibt die Spurpunkte.

6 Senkrechte Projektion einer Geraden g (eines Punktes A)

auf eine Koordinatenebene:

Bedingung für die

x_1x_2-Ebene: $x_3 = 0$

x_1x_3-Ebene: $x_2 = 0$

x_2x_3-Ebene: $x_1 = 0$

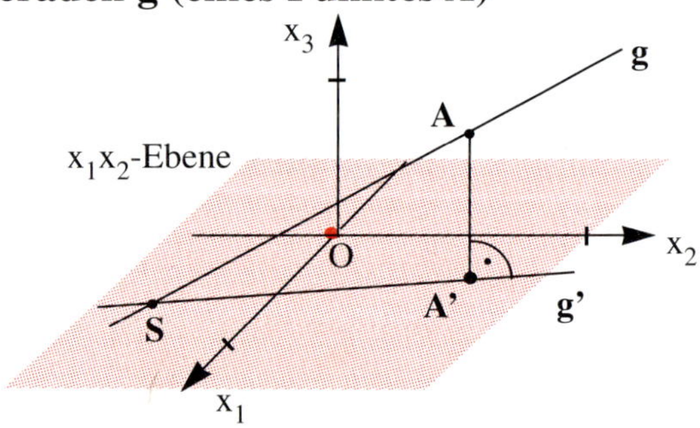

Beispiel: g: $\vec{x} = \begin{pmatrix} -3 \\ 9 \\ 2 \end{pmatrix} + r \begin{pmatrix} 1 \\ 8 \\ 7 \end{pmatrix}; r \in \mathbf{R}$

Projektion auf die x_1x_2-Ebene: $x_3 = 0$ g': $\vec{x} = \begin{pmatrix} -3 \\ 9 \\ 0 \end{pmatrix} + r \begin{pmatrix} 1 \\ 8 \\ 0 \end{pmatrix}; r \in \mathbf{R}$

Projektion auf die x_1x_3-Ebene: $x_2 = 0$ g': $\vec{x} = \begin{pmatrix} -3 \\ 0 \\ 2 \end{pmatrix} + r \begin{pmatrix} 1 \\ 0 \\ 7 \end{pmatrix}; r \in \mathbf{R}$

Projektion auf die x_2x_3-Ebene: $x_1 = 0$ g': $\vec{x} = \begin{pmatrix} 0 \\ 9 \\ 2 \end{pmatrix} + r \begin{pmatrix} 0 \\ 8 \\ 7 \end{pmatrix}; r \in \mathbf{R}$

7 Abstand

7.1 Abstand von zwei Punkten

Für den **Abstand von zwei Punkten** **A** $(a_1 | a_2 | a_3)$ **und B** $(b_1 | b_2 | b_3)$
(**Länge** der Strecke AB)
mit den Ortsvektoren $\vec{a}$ und $\vec{b}$ gilt:

$$\overline{AB} = |\overrightarrow{AB}| = \left| \begin{pmatrix} b_1 - a_1 \\ b_2 - a_2 \\ b_3 - a_3 \end{pmatrix} \right| = \sqrt{(b_1 - a_1)^2 + (b_2 - a_2)^2 + (b_3 - a_3)^2}$$

7.2 Abstand eines Punktes von der Geraden g

1. Lösungsmöglichkeit:

Gegeben sind die Gerade g: $\vec{x} = \vec{p} + r\,\vec{u}$
und der Punkt P.
Q ist der Geradenpunkt mit **kleinster** Entfernung
von Q, wenn gilt: $\overrightarrow{PQ} \cdot \vec{u} = 0$
Die **Länge des Vektors** $\overrightarrow{PQ}$
ist **gleich** dem **Abstand des Punktes P**
von der Geraden g: $d(P; g) = |\overrightarrow{PQ}|$

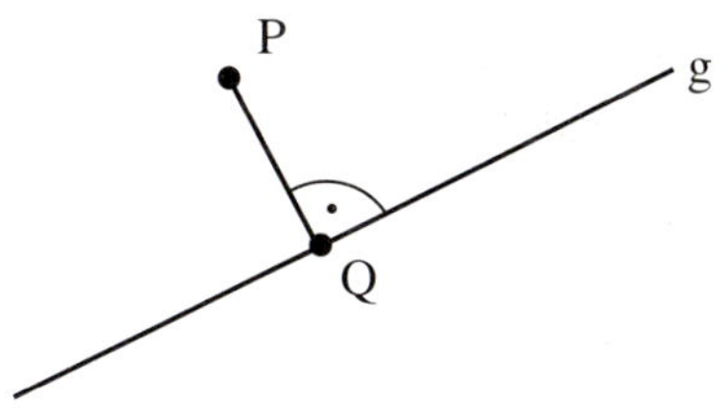

Beispiel

Gegeben sind in einem kartesischen Koordinatensystem der Punkt P(–2; 4; 5) und die

Gerade g: $\vec{x} = \begin{pmatrix} 3 \\ 1 \\ 2 \end{pmatrix} + r \cdot \begin{pmatrix} 1 \\ 1 \\ 0 \end{pmatrix}$ mit $r \in \mathbf{R}$.

Berechnen Sie den Abstand des Punktes P von der Geraden g.

Lösung

Koordinaten eines Punktes Q auf der Geraden g: $x_1 = 3 + r$; $x_2 = 1 + r$; $x_3 = 2$

Mit dem Vektor $\overrightarrow{QP} = \begin{pmatrix} -2 \\ 4 \\ 5 \end{pmatrix} - \begin{pmatrix} 3+r \\ 1+r \\ 2 \end{pmatrix} = \begin{pmatrix} -5-r \\ 3-r \\ 3 \end{pmatrix}$

muss gelten: $\overrightarrow{QP} \cdot \vec{u} = 0$ $\begin{pmatrix} -5-r \\ 3-r \\ 3 \end{pmatrix} \begin{pmatrix} 1 \\ 1 \\ 0 \end{pmatrix} = -5 - r + 3 - r = 0$

Die Bedingung ist erfüllt für $r = -1$.
Zugehöriger Punkt Q auf g durch Einsetzen von $r = -1$: Q(2; 0; 2)

Abstand von P und g: (Länge des Vektors $\overrightarrow{QP}$) $d(P, g) = |\overrightarrow{QP}| = \left| \begin{pmatrix} -4 \\ 4 \\ 3 \end{pmatrix} \right| = \sqrt{41}$

Abstand eines Punktes P von der Geraden g

2. Lösungsmöglichkeit:

Die Punkte A und B liegen auf der Geraden g: $\vec{x} = \vec{p} + r\vec{u}$

F ist der Lotfußpunkt des Lotes von P auf g.

$d = |\overrightarrow{PF}|$ ist der gesuchte Abstand.

Berechnung in 4 Schritten:

1. $\overrightarrow{AF} = \frac{\overrightarrow{AP} \cdot \overrightarrow{AB}}{(\overrightarrow{AB})^2} \cdot \overrightarrow{AB}$
2. $\overrightarrow{OF} = \overrightarrow{OA} + \overrightarrow{AF}$
3. $\overrightarrow{PF} = \overrightarrow{OF} - \overrightarrow{OP}$
4. $d = |\overrightarrow{PF}|$

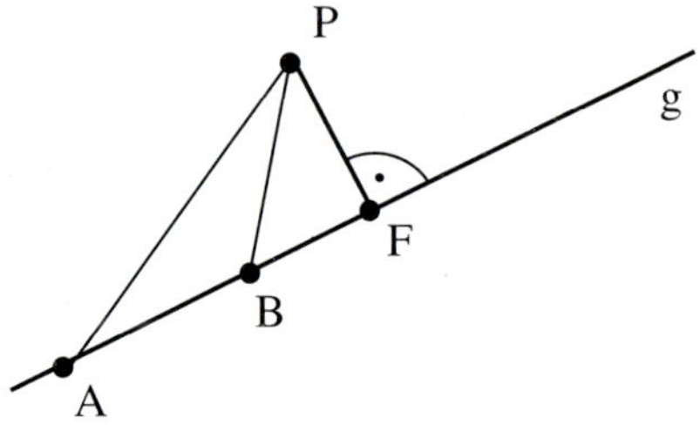

Bemerkung: Die Formel für Schritt 1 folgt aus $\overrightarrow{AF} = |\overrightarrow{AF}| \cdot \frac{\overrightarrow{AB}}{|\overrightarrow{AB}|}$ und $|\overrightarrow{AF}| = \cos \boldsymbol{\alpha} \cdot |\overrightarrow{AP}|$

mit $\frac{\overrightarrow{AB}}{|\overrightarrow{AB}|}$: Vektor der Länge 1 und $\boldsymbol{\alpha}$: Winkel bei A.

Beispiel

Gegeben sind in einem kartesischen Koordinatensystem der Punkt P(–2; 4; 5) und die

Gerade g: $\vec{x} = \begin{pmatrix} 3 \\ 1 \\ 2 \end{pmatrix} + r \cdot \begin{pmatrix} 1 \\ 1 \\ 0 \end{pmatrix}$ mit $r \in \mathbf{R}$.

Berechnen Sie den Abstand des Punktes P von der Geraden g.

Lösung

1. Koordinaten der Punkte A und B auf der Geraden g:

Für r = 0: A(3 | 1 | 2); für r = 1: B(4 | 2 | 2)

Mit $\overrightarrow{AP} = \begin{pmatrix} -5 \\ 3 \\ 3 \end{pmatrix}$; $\overrightarrow{AB} = \begin{pmatrix} 1 \\ 1 \\ 0 \end{pmatrix}$; $(\overrightarrow{AB})^2 = \begin{pmatrix} 1 \\ 1 \\ 0 \end{pmatrix}\begin{pmatrix} 1 \\ 1 \\ 0 \end{pmatrix} = 2$; $\overrightarrow{AP} \cdot \overrightarrow{AB} = \begin{pmatrix} -5 \\ 3 \\ 3 \end{pmatrix}\begin{pmatrix} 1 \\ 1 \\ 0 \end{pmatrix} = -2$

erhält man $\overrightarrow{AF}$ aus $\overrightarrow{AF} = \frac{\overrightarrow{AP} \cdot \overrightarrow{AB}}{(\overrightarrow{AB})^2} \cdot \overrightarrow{AB}$: $\overrightarrow{AF} = -\frac{2}{2}\begin{pmatrix} 1 \\ 1 \\ 0 \end{pmatrix} = \begin{pmatrix} -1 \\ -1 \\ 0 \end{pmatrix}$

2. $\overrightarrow{OF} = \overrightarrow{OA} + \overrightarrow{AF} = \begin{pmatrix} 3 \\ 1 \\ 2 \end{pmatrix} + \begin{pmatrix} -1 \\ -1 \\ 0 \end{pmatrix} = \begin{pmatrix} 2 \\ 0 \\ 2 \end{pmatrix}$

3. $\overrightarrow{PF} = \overrightarrow{OF} - \overrightarrow{OP} = \begin{pmatrix} 2 \\ 0 \\ 2 \end{pmatrix} - \begin{pmatrix} -2 \\ 4 \\ 5 \end{pmatrix} = \begin{pmatrix} 4 \\ -4 \\ -3 \end{pmatrix}$

4. **Abstand von P und g:** (Länge des Vektors $\overrightarrow{PF}$) $d(P, g) = |\overrightarrow{PF}| = \left|\begin{pmatrix} 4 \\ -4 \\ -3 \end{pmatrix}\right| = \sqrt{41}$

8 Flächen- und Volumenberechnung

Zwei Vektoren $\vec{a}$ und $\vec{b}$ spannen ein **Parallelogramm** auf.
Für den **Flächeninhalt dieses Parallelogramms** gilt:

$$A = |\vec{a}| \cdot |\vec{b}| \cdot \sin\varphi$$

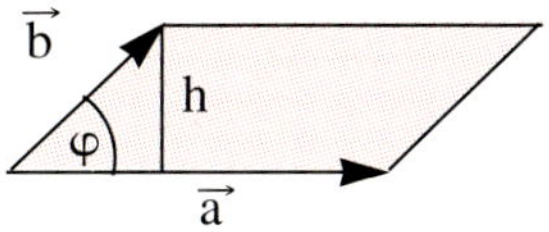

Für den **Flächeninhalt eines Dreiecks**, das von den Vektoren $\vec{a}$ und $\vec{b}$ aufgespannt wird, gilt:

$$A = \frac{1}{2}\, |\vec{a}| \cdot |\vec{b}| \cdot \sin\varphi$$

mit $\sin\varphi = \frac{h}{|\vec{b}|} \Rightarrow h = |\vec{b}| \sin\varphi$

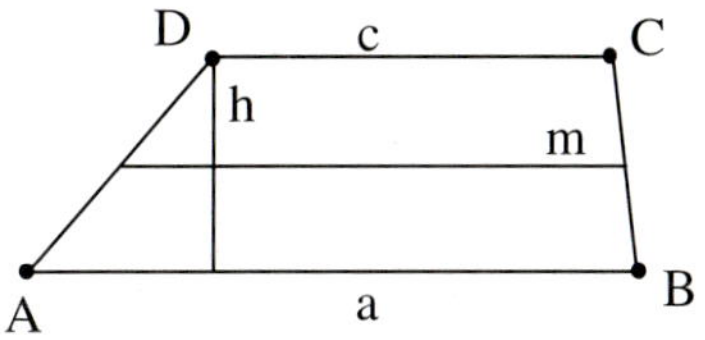

Für den **Flächeninhalt** eines **Trapezes** gilt:

$$A = \frac{1}{2}\, m \cdot h = \frac{1}{2}\,(a + c) \cdot h$$

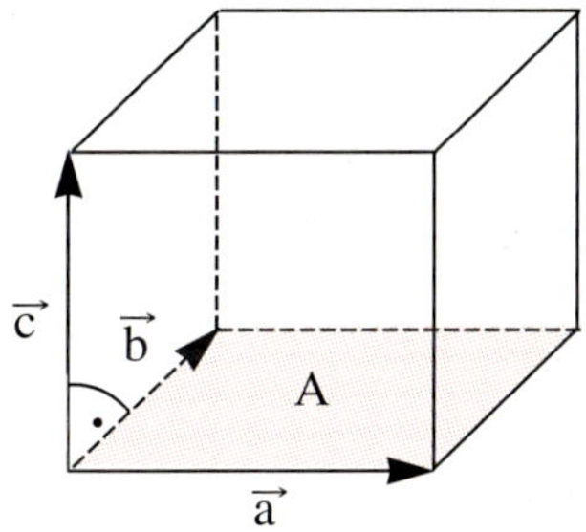

Volumen eines senkrechten Prismas
(Die Grundfläche A ist ein Viereck oder Dreieck, von $\vec{a}$ und $\vec{b}$ aufgespannt; $\vec{c} \perp A$)

$$V_{Pr} = A \cdot |\vec{c}|$$

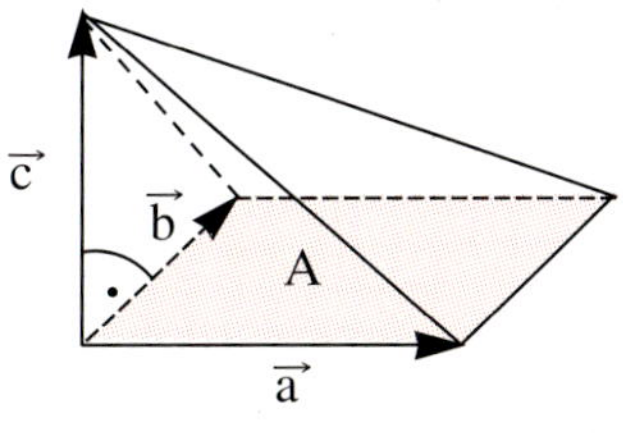

vierseitige Pyramide

Volumen einer Pyramide
(Die Grundfläche ist ein Dreieck oder ein Viereck; $\vec{c} \perp A$)

$$V_{Py} = \frac{1}{3} A \cdot |\vec{c}|$$

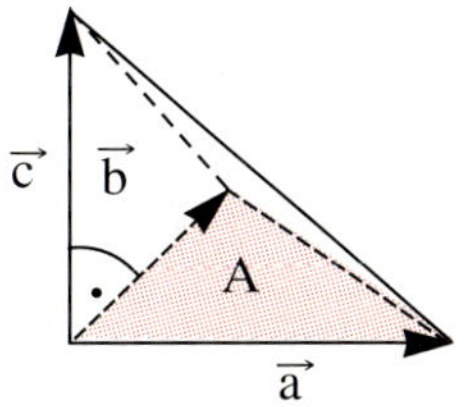

dreiseitige Pyramide

Wahlthema: Stochastik

1 Zufallsexperimente

Ein **Zufallsexperiment** hat die Ergebnisse (Ausgänge) $e_1, e_2, e_3,....$

Ergebnismenge (Ergebnisraum) $\mathbf{S} = \{ e_1, e_2, e_3,.... \}$

Beispiele

1) Werfen eines Würfel und Notieren der Augenzahl (AZ):
   Ergebnismenge $\mathbf{S} = \{ 1, 2, 3, 4, 5, 6 \}$
2) Eine Münze wird zweimal nacheinander geworfen und die gefallene Seite notiert:
   (zweistufiges Zufallsexperiment)
   Ergebnismenge $\mathbf{S} = \{ (WZ), (ZW), (ZZ),(WW) \}$
3) Aus einer Urne mit 3 schwarzen, 5 weißen und 4 roten Kugeln wird dreimal eine Kugel mit Zurücklegen gezogen.
   Ergebnisraum, wenn die Anzahl der gezogenen roten Kugeln interessiert:
   $\mathbf{S} = \{ 1, 2, 3, 0 \}$

Ereignisse als **Teilmengen** der Ergebnismenge

Ein **Ereignis A ist eingetreten**, wenn das Zufallsexperiment mit einem Element von A endet.

Elementarereignis: Ereignis, das nur ein Element enthält

$$E_1 = \{ e_1 \}, E_2 = \{ e_2 \}, ...$$

unmögliches Ereignis: dieses Ereignis tritt niemals ein

$$\mathbf{A} = \varnothing \quad \text{(leere Menge)}$$

sicheres Ereignis: Ereignis, das nur bei jeder Durchführung eintritt

$$\mathbf{A} = \mathbf{S}$$

Gegenereignis von A: enthält alle Ergebnisse, die nicht zu A gehören

$$\overline{\mathbf{A}} = \mathbf{S} \setminus \mathbf{A}$$

Verknüpfung von Ereignissen

durch ∪: $\mathbf{A} \cup \mathbf{B}$ enthält alle Ergebnisse, die zu A **oder** zu B gehören

durch ∩: $\mathbf{A} \cap \mathbf{B}$ enthält alle Ergebnisse, die zu A **und** (gleichzeitig) zu B gehören.

Folgerungen:

$$\mathbf{A} \cup \overline{\mathbf{A}} = \mathbf{S}$$
$$\mathbf{A} \cap \overline{\mathbf{A}} = \varnothing$$
$$\mathbf{A} \cup \mathbf{S} = \mathbf{S}$$
$$\mathbf{A} \cap \mathbf{S} = \mathbf{A}$$

Zwei Ereignisse A und B heißen **unvereinbar**, wenn gilt: $\mathbf{A} \cap \mathbf{B} = \varnothing$

2 Häufigkeit

Ist das Ereignis A bei **n Durchführungen** eines Zufallsexperiments H-mal eingetreten, so nennt man
H seine **absolute Häufigkeit** und $\frac{H}{n}$ seine **relative Häufigkeit h**: $\mathbf{h = \frac{H}{n}}$
Bemerkung:
Für die relative Häufigkeit von A gilt: $0 \leq h(A) \leq 1$

Mittelwert und Standardabweichung
Nimmt eine Zufallsgröße X bei einer Stichprobe die Werte $x_1, x_2, x_3, ..., x_m$ mit den relativen Häufigkeiten $h(x_1), h(x_2), h(x_3), ..., h(x_m)$ an, so ist der
Mittelwert $\bar{x}$ der Stichprobe
gegeben durch $\bar{x} = x_1 \cdot h(x_1) + x_2 \cdot h(x_2) + x_3 \cdot h(x_3) + ... + x_m \cdot h(x_m)$

Dann heißt die Zahl
$\bar{s}^2 = (x_1 - \bar{x})^2 \cdot h(x_1) + (x_2 - \bar{x})^2 \cdot h(x_2) + (x_3 - \bar{x})^2 \cdot h(x_3) + ... + (x_m - \bar{x})^2 \cdot h(x_m)$
Varianz der Stichprobe
und $\bar{s} = \sqrt{\bar{s}^2}$ die **Standardabweichung** der Stichprobe.
Bemerkung: $\bar{s}$ beschreibt die **mittlere Streuung** der Werte $x_1, x_2, x_3, ..., x_m$ um den Mittelwert $\bar{x}$.

3 Wahrscheinlichkeit

Definition: Jedem Ergebnis eines Zufallsexperiments mit $\mathbf{S} = \{e_1, e_2, e_3, ... e_k\}$ wird eine reelle Zahl $P(e_i)$ zugeordnet.
Diese Zahlen heißen $P(e_i)$ **Wahrscheinlichkeiten**, wenn gilt:

(1) $0 \leq P(e_i) \leq 1$

(2) $P(e_1) + P(e_2) + ... + P(e_k) = 1$

Für das **unmögliche Ereignis** setzt man: $P(\emptyset) = 0$
Folgerungen: $P(\mathbf{S}) = 1$

$P(\bar{\mathbf{A}}) = 1 - P(\mathbf{A})$

Additionssatz $P(\mathbf{A} \cup \mathbf{B}) = P(\mathbf{A}) + P(\mathbf{B}) - P(\mathbf{A} \cap \mathbf{B})$

3.1 Laplace-Wahrscheinlichkeit

(Wahrscheinlichkeit bei Gleichverteilung)

Laplace-Experimente sind **Zufallsexperimente**, bei denen alle Ergebnisse die **gleiche Wahrscheinlichkeit** haben (**Gleichverteilung**).
Für die Wahrscheinlichkeit P(A) des Ereignisses A gilt dann:

$$P(A) = \frac{\text{Anzahl der für A günstigen Ergebnisse}}{\text{Anzahl der möglichen Ergebnisse}} = \frac{g}{m}$$

3.2 Wahrscheinlichkeit bei mehrstufigen Zufallsexperimenten

Mehrstufige Zufallsexperimente sind z.B.
- mehrmaliges Ziehen einer Kugel aus einer Urne
  (mit Zurücklegen: Die Ausgangslage ist immer gleich;
  ohne Zurücklegen: Der Urneninhalt ist vor jeder Ziehung anders)
- Ein Würfel wird dreimal nacheinander geworfen und dabei die Augenzahl festgestellt
  (Die Ergebnisse werden durch Tripel beschrieben).
- Zwei unterscheidbare Münzen werden geworfen.
  (Die Ergebnisse werden durch Paare beschrieben)

Zur Berechnung der Wahrscheinlichkeiten bei mehrstufigen Zufallsexperimenten ist es zweckmäßigt, ein **Baumdiagramm** zu zeichnen.

Dabei gilt die **Pfadregel (Produktregel)** und die **Summenregel**.

Pfadregel (Produktregel):
Die **Wahrscheinlichkeit** eines Elementarereignisses (eines Pfades) ist gleich dem **Produkt der Wahrscheinlichkeiten** der Teilstrecken des zugehörigen Pfades im Baumdiagramm.

Summenregel:
Die Wahrscheinlichkeit eines Ereignisses A ist die **Summe der Wahrscheinlichkeiten** der Ergebnisse, die zum Ereignis A gehören.

Beispiel

Im Warteraum eines Bahnhofs sitzen 3 Raucher und 3 Nichtraucher.
Zwei Personen beginnen zufällig ein Gespräch.
Zeichnen Sie ein geeignetes Baumdiagramm, und berechnen Sie die Wahrscheinlichkeit dafür, dass ein Raucher und ein Nichtraucher miteinander im Gespräch sind.

Lösung:

Ziehen ohne Zurücklegen
R: Raucher; N: Nichtraucher
Baumdiagramm

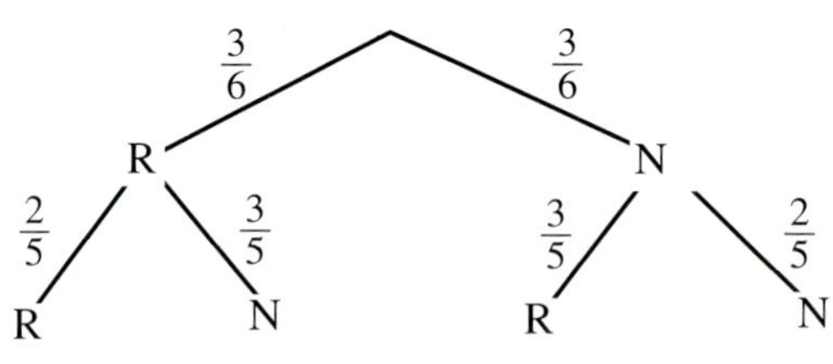

$$P(RR) = P(RN) + P(NR) = \frac{3}{6}\cdot\frac{3}{5} + \frac{3}{6}\cdot\frac{3}{5} = 2\cdot\frac{3}{6}\cdot\frac{3}{5} = \frac{3}{5} = 0{,}6$$

Produktregel **Summenregel**

4 Zufallsvariable

Beispiel

Zwei Spieler werfen zweimal eine Münze.

Spieler A erhält von Spieler B 2.– DM, wenn zweimal Wappen und
1.– DM, wenn einmal Wappen erscheint.

Spieler A muss an Spieler B 3.– DM zahlen, wenn keinmal Wappen erscheint.

Für den **Gewinn** von Spieler A führen wir eine Variable ein, die zufällig die Werte 2, 1 und –3 annehmen kann (**Zufallsvariable X**).

Für das Ereignis $\{ww\}$ schreibt man X = 2.

Für das Ereignis $\{wz, zw\}$ schreibt man X = 1.

Für das Ereignis $\{zz\}$ schreibt man X = –3.

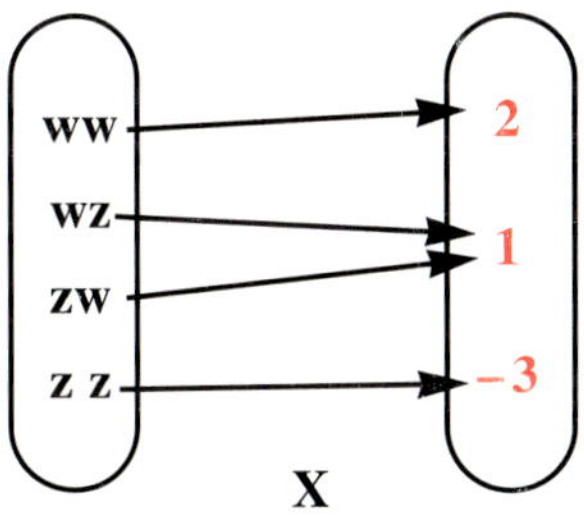

Ergebnisraum S reelle Zahl aus **R**

Die **Wahrscheinlichkeiten** der Zufallsvariablen X sind:

$$P(X = 2) = \frac{1}{2} \cdot \frac{1}{2} = \frac{1}{4}$$

$$P(X = 1) = \frac{1}{4} + \frac{1}{4} = \frac{1}{2}$$

$$P(X = -3) = \frac{1}{2} \cdot \frac{1}{2} = \frac{1}{4}$$

Beachten Sie: Die Zufallsvariable X nimmt bei jedem Ergebnis einen Zahlenwert x_i an.

$X = x_i$ beschreibt das **Ereignis**, das aus allen Ergebnissen besteht, bei denen X die Zahl x_i annimmt.

$P(X = x_i)$ ist die **Wahrscheinlichkeit** des Ereignisses $X = x_i$.

Erwartungswert

Nimmt die Zufallsvariable X die Werte $x_1, x_2, x_3, \ldots, x_n$ an, so bezeichnet man die Zahl E(X) mit

$$E(X) = x_1 \cdot P(X = x_1) + x_2 \cdot P(X = x_2) + \ldots + x_n \cdot P(X = x_n)$$

als Erwartungswert der Zufallsvariablen X.

Bemerkung: Der Erwartungswert drückt aus, womit man auf lange Sicht rechnen kann. Beschreibt X z. B. den Gewinn, so gibt E(**X**) den **durchschnittlichen Gewinn** bei n Spielen an.

Beachten Sie: Ein Spiel heißt **fair**, wenn der **Erwartungswert für den Gewinn** eines jeden Spielers 0 ist: **E(X) = 0**.

5 Binomialverteilung

Ein Zufallsexperiment, bei dem nur zwei Ergebnisse (E und $\overline{E}$) unterschieden werden, nennt man **Bernoulli-Experiment**.

Beispiele

Werfen von Münzen: Zahl (E) oder Wappen ($\overline{E}$);
Ziehen von Losen: Gewinn (E) oder Niete ($\overline{E}$);
Digitale Datenübermittlung: 0 (E) oder 1 ($\overline{E}$);

Wird ein Bernoulli-Experiment n mal wiederholt und setzt man voraus, dass die einzelnen Versuche voneinander unabhängig sind, so heißt dieses Zufallsexperiment **Bernoulli-Kette der Länge n.**

Die **Zufallsvariable X** ist **binomialverteilt**, wenn eine Kette von n unabhängigen Dürchführungen eines Binomialexperiments vorliegt
(Vgl.: n-mal Ziehen mit Zurücklegen).

P(E) = p ist die Wahrscheinlichkeit eines Erfolges ($0 < p < 1$),
die Wahrscheinlichkeit für $\overline{E}$ (Misserfolg) ist dann $P(\overline{E}) = 1 - p$.

Eine Zufallsgröße X heißt **binomialverteilt** mit den Parametern n und p, wenn für die Funktionswerte der Wahrscheinlichkeitsfunktion gilt:

$$\mathbf{P(X = k) = B_p^n(k) = \binom{n}{k} \cdot p^k \cdot (1 - p)^{n-k} \quad \text{mit } 0 \le k \le n}$$

Bemerkung: P(X = k) ist die Wahrscheinlichkeit, bei einer Bernoulli-Kette der Länge n **genau** k Erfolge zu erzielen.

Für die **Maßzahlen** einer binomialverteilten Zufallsgröße X gilt:

Erwartungswert: $\mu = \mathbf{E(X) = n \cdot p}$

Varianz: $\bar{s}^2 = V(X) = \mathbf{n \cdot p \cdot (1 - p)}$

Standardabweichung $\bar{s} = \sqrt{V(X)} = \sqrt{\mathbf{n \cdot p \cdot (1 - p)}}$

Bemerkung: Für den **Binomialkoeffizient** $\binom{n}{k}$ gilt: $\binom{n}{k} = \frac{n!}{k!(n-k)!}$

mit $n! = 1 \cdot 2 \cdot 3 \cdot \ldots \cdot (n-1) \cdot n$

z. B.: $\binom{5}{2} = \frac{5!}{2! \cdot 3!} = \frac{5 \cdot 4}{1 \cdot 2} = \binom{5}{3}$; $\binom{12}{4} = \frac{12 \cdot 11 \cdot 10 \cdot 9}{1 \cdot 2 \cdot 3 \cdot 4} = \binom{12}{8}$

Festlegungen: $\binom{n}{n} = \mathbf{1}$; $\binom{n}{0} = \mathbf{1}$

Prüfungsaufgaben
mit
Lösungen

Hauptprüfungen 1996 – 2002

Analysis:

Ganzrationale Funktionen

Exponentialfunktionen

Trigonometrische Funktionen

Kostenfunktionen

Hauptprüfung 2002

1.1 Gegeben ist die Funktion f mit

$$f(x) = -\frac{1}{8}(x^3 + 12x^2 + 36x - 16),\ x \in \mathbf{R}$$

Untersuchen Sie das Schaubild K_f von f auf Hoch-, Tief- und Wendepunkte.

Zeichnen Sie K_f für $-8 \leq x \leq 1$ mit 1 LE = 1 cm.

1.2 Begründen Sie, dass K_f die x-Achse nur einmal schneidet und dass die Schnittstelle im Intervall $[0; 1]$ liegt.

1.3 Das Schaubild K_f wird um 2 LE in y-Richtung nach unten verschoben. Zeigen Sie, dass das neue Schaubild nur zwei Punkte mit der x-Achse gemeinsam hat.

1.4 Die Tangente im Punkt $A(-6 \mid 2)$ und das Schaubild K_f begrenzen eine Fläche.
Berechnen Sie den Inhalt dieser Fläche.
In welchem Verhältnis teilt die Parallele zur y-Achse durch den Punkt $B(-2 \mid 6)$ diese Fläche?

1.5 Berechnen Sie die Gleichung der Tangente an K_f im Punkt $W(-4 \mid 4)$.
Berechnen Sie die Berührpunkte aller Tangenten an K_f, die durch den Punkt $C(0 \mid 10)$ gehen.

Hauptprüfung 2002

1.1 Ableitungen: $f'(x) = -\frac{1}{8}(3x^2 + 24x + 36)$; $f''(x) = -\frac{1}{8}(6x + 24)$; $f'''(x) = -\frac{3}{4} \neq 0$

Bemerkung: Der **konstante Faktor** bleibt vor der Klammer.

Extrema

Bedingung: $f'(x) = 0$ $3x^2 + 24x + 36 = 0$

Stellen mit waagrechter Tangente $x_1 = -6,\ x_2 = -2$

Nachweis: $f''(-6) = \frac{3}{2} > 0$ => lokales Minimum in x_1, $f(-6) = 2$; **Tiefpunkt** $T(-6 \mid 2)$

$f''(-2) = -\frac{3}{2} < 0$ => lokales Maximum in x_2, $f(-2) = 6$; **Hochpunkt** $H(-2 \mid 6)$

Wendepunkte

Bedingung: $f''(x) = 0$

$6x + 24 = 0 \Rightarrow x = -4$

Wegen $f'''(-4) \neq 0$ und $f(-4) = 4$

Wendepunkt $W(-4 \mid 4)$

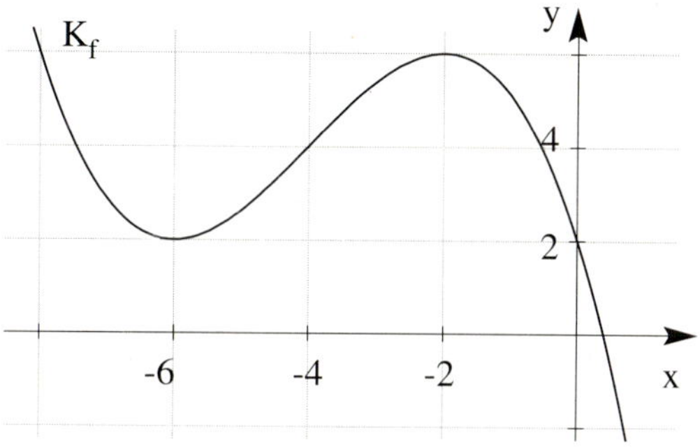

1.2 Hoch- und Tiefpunkt liegen oberhalb der x-Achse ($y_H > 0$; $y_T > 0$), deshalb hat die Parabel 3. Ordnung genau einen Schnittpunkt mit der x-Achse.
$f(0) = 2$; $f(1) = -4{,}125$ => f(x) wechselt das Vorzeichen auf $[0; 1]$, d. h. die Nullstelle liegt im Intervall $[0; 1]$.

1.3 K_f wird um 2 LE in y-Richtung nach unten verschoben:
neuer Tiefpunkt $T(-6 \mid 0)$: $x_{1|2} = 6$ doppelte Nullstelle;
neuer S_y $(0 \mid 0)$: $x_3 = 0$ einfache Nullstelle => f hat genau zwei Nullstellen
Lösungsvariante: neuer Funktionsterm $f^*(x) = f(x) - 2 = -\frac{1}{8}(x^3 + 12x^2 + 36x)$
Berechnung der Nullstellen $f^*(x) = 0 \Leftrightarrow -\frac{1}{8}x(x+6)^2 = 0$
Zwei Schnittpunkte mit der x-Achse: $N_{1|2}(-6 \mid 0)$; $N_3(0 \mid 0)$

1.4 Tangente in $A = T(-6 \mid 2)$: mit $f'(-6) = 0$ erhält man $y = 2$
Integrationsgrenzen durch gleichsetzen: $f(x) = 2 \Leftrightarrow -\frac{1}{8}(x^3 + 12x^2 + 36x) = 0$
Schnittstellen $x_{1|2} = -6,\ x_3 = 0$

Fläche zwischen Kurve K_f und Tangente

$$\int_{-6}^{0}(f(x) - 2)dx = \int_{-6}^{0}\left(-\frac{1}{8}(x^3 + 12x^2 + 36x)\right)dx = \left[-\frac{1}{32}x^4 - \frac{1}{2}x^3 - \frac{9}{4}x^2\right]_{-6}^{0} = \frac{27}{2}$$

A = $\frac{27}{2}$ FE

Fläche zwischen Kurve K_f, Tangente und $x = -2$

$$\int_{-2}^{0}(f(x) - 2)dx = \left[-\frac{1}{32}x^4 - \frac{1}{2}x^3 - \frac{9}{4}x^2\right]_{-2}^{0} = \frac{11}{2} \Rightarrow A = \frac{11}{2}\ \text{FE}$$

Hauptprüfung 2002 (Fortsetzung)

1.4 $A_2 = A - A_1 = 8$ FE

Verhältnis: $\frac{A_2}{A_1} = \frac{16}{11}$

Bemerkung:

Berechnung von A_2

durch $\int_{-6}^{-2} (f(x) - 2)dx = 8$

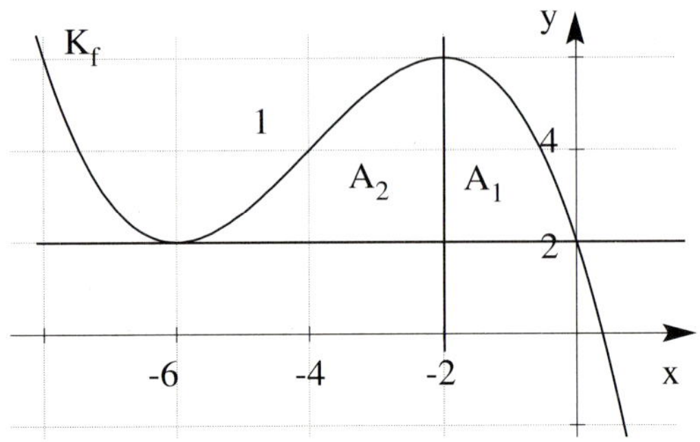

1.5 Tangente in W(– 4| 4): mit $f'(-4) = 1{,}5$ erhält man mit der PSF $y = 1{,}5x + 10$

Tangente in P(u| f(u)): mit $f'(u) = -\frac{1}{8}(3u^2 + 24u + 36)$

erhält man mit der PSF $t : y = -\frac{1}{8}(3u^2 + 24u + 36)(x - u) - \frac{1}{8}(u^3 + 12u^2 + 36u - 16)$

Gesucht sind alle Tangenten durch C(0 | 10), also Punktprobe mit C(0 | 10):

$10 = -\frac{1}{8}(3u^2 + 24u + 36)(-u) - \frac{1}{8}(u^3 + 12u^2 + 36u - 16) \quad | \cdot 8$

$80 = (3u^2 + 24u + 36)(-u) - (u^3 + 12u^2 + 36u - 16)$

Zusammenfassen liefert $2u^3 + 12u^2 - 64 = 0 \iff u^3 + 6u^2 - 32 = 0$

oder mit Brüchen $\frac{1}{4}u^3 + \frac{3}{2}u^2 - 8 = 0$

eine Lösung ist bekannt: $u_1 = -4$ (Berührpunkt W(– 4| 4) = B_1; siehe oben)

Polynomdivision mit (u + 4) ergibt: $u^3 + 6u^2 - 32 = (u + 4)^2(u - 2) = 0$

weitere Berührstelle $u_2 = 2$

Einsetzen in f(x) ergibt den Berührpunkt $B_2(2 \mid -14)$

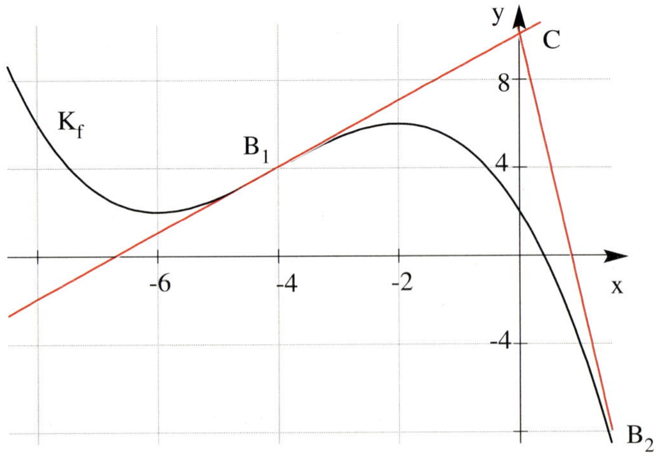

Hauptprüfung 2001

1.1 Die gezeichnete Kurve ist das Schaubild der Funktion mit der Gleichung $y = a\,(x - x_1)^2(x - x_2)$. Ermitteln Sie a, x_1 und x_2 mit Hilfe der Zeichnung. Wie weit darf das Schaubild in y-Richtung verschoben werden, damit es weiterhin mehr als einen gemeinsamen Punkt mit der x-Achse hat ?

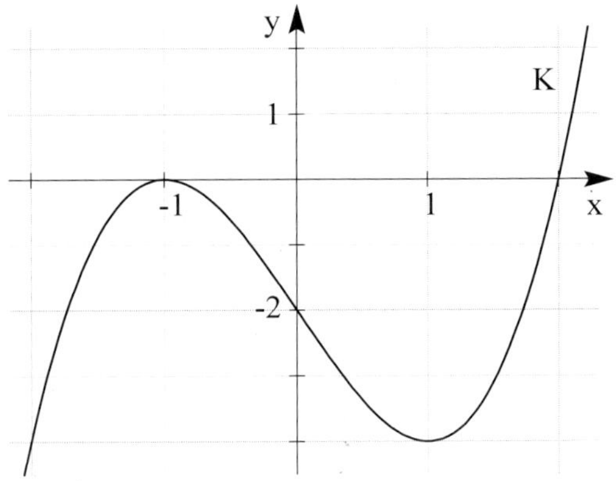

1.2 Gegeben ist die Funktion f mit $f(x) = x^3 - 3x - 2,\ x \in \mathbf{R}$.
Ihr Schaubild ist K.
Untersuchen Sie K rechnerisch auf gemeinsame Punkte mit den Achsen, Hoch-, Tief-, und Wendepunkte.

1.3 Bestimmen Sie die Gleichung der Normale im Wendepunkt von K.

1.4 Die Gerade mit der Gleichung $y = \frac{1}{3}x - 2$ schließt mit K im 4. Quadranten eine Fläche ein.
Berechnen Sie den Inhalt dieser Fläche.

1.5 Vom Punkt P $(\frac{2}{3} \mid -4)$ aus sollen die Tangenten an K gelegt werden.
Zeigen Sie, dass eine der beiden Tangenten K im Tiefpunkt berührt.
Bestimmen Sie rechnerisch die Gleichung der anderen Tangente.

5 Bohner/Ihlenburg/Ott – ISBN 3-8120-0459-3

Hauptprüfung 2001

1.1 Parabel 3. Ordnung $y = a\,(x-x_1)^2\ (x-x_2)$

Wir lesen aus der Zeichnung ab: $x_{1|2} = -1$ doppelteNullstelle

$x_3 = 2$ einfache Nullstelle

=> $y = a\,(x + 1)^2\,(x - 2)$

Punktprobe $f(0) = -2$ => $a\,(-2) = -2 \Rightarrow a = 1$

Funktionsterm : $f(x) = (x + 1)^2\,(x - 2) = x^3 - 3x - 2$

Wir lesen ab: der Tiefpunkt liegt bei $T(1| - 4)$

Das Schaubild darf um höchstens 4 LE nach oben und nicht nach unten (in y-Richtung) verschoben werden, damit es weiterhin mehr als einen gemeinsamen Punkt mit der x-Achse hat .

Bemerkung: Um 4 LE nach oben: $f(x) = (x - 1)^2\,(x + 2) = x^3 - 3x + 2$

1.2 **Schnittpunkte mit der x-Achse**: $f(x) = 0$ $x^3 - 3x - 2 = 0$

Faktorzerlegung $(x + 1)^2\,(x - 2) = 0$

oder durch **Polynomdivision** $(x^3 - 3x - 2) : (x + 1) = x^2 - x - 2$

Satz vom Nullprodukt: $x_{1|2} = -1;\ x_3 = 2$

Schnittpunkte mit der x-Achse: $N_1(-1 \mid 0),\ N_2\,(2 \mid 0)$

Schnittpunkt mit der y-Achse: $S_y(0 \mid -2)$

Ableitungen: $f'(x) = 3\,x^2 - 3$

$f''(x) = 6x$

$f'''(x) = 6 \neq 0$

Extrempunkte

Bedingung: $f'(x) = 0$ $3\,x^2 - 3 = 0$

Stellen mit waagrechter Tangente $x_1 = -1,\ x_2 = 1$

Nachweis: $f''(1) = 6 > 0$

=> lokales Min. in $x_1 = 1$, $f(1) = -4$: Tiefpunkt **T(1 | – 4)**

$f''(-1) = -6 < 0$

=> lokales Max. in $x_2 = -1$, $f(-1) = 0$: Hochpunkt **H(–1 | 0)**

Wendepunkt

Bedingung: $f''(x) = 0$ $6x = 0 \Rightarrow x = 0$

Mit $f(0) = -2$ und $f'''(0) = 6 \neq 0$ =>

Wendepunkt $W(0 \mid -2)$

Bemerkung: Eine Zeichnung ist hier nicht verlangt!!

Hauptprüfung 2001 (Fortsetzung)

1.3 **Gleichung der Normale in W**(0 | –2)

Mit $f'(0) = -3$ folgt für die Steigung der Normalen $m_N = \frac{1}{3}$

Normale in W(0 | –2): $n(x) = y = \frac{1}{3}x - 2$

1.4 **Fläche zwischen Kurve K und der Normalen**

Schnittstellen durch Gleichsetzen f(x) = y $x^3 - 3x - 2 = \frac{1}{3}x - 2$

$x^3 - \frac{10}{3}x = 0$

Schnittstellen = Integrationsgrenzen $x_1 = 0;\ x_2 = \pm\sqrt{\frac{10}{3}}$

Integration (Fläche zwischen zwei Kurven)

$$\int_0^{\sqrt{\frac{10}{3}}} (n(x) - f(x))\,dx = \int_0^{\sqrt{\frac{10}{3}}} (-x^3 + \frac{10}{3}x)\,dx = \left[-\frac{1}{4}x^4 + \frac{5}{3}x^2\right]_0^6 = \frac{25}{9} \quad => A = \frac{25}{9}\,\textbf{FE}$$

oder mit dem ETR $\int_0^{1,825} (-x^3 + \frac{10}{3}x)\,dx = 2,78$

1.5 **Tangente in B(u | f(u))**: $y = f'(u)\,(x - u) + f(u)$

$y = (3u^2 - 3)\,(x - u) + u^3 - 3u - 2$

Punktprobe mit $P\,(\frac{2}{3} | -4)$ $-4 = (3u^2 - 3)\,(\frac{2}{3} - u) + u^3 - 3u - 2$

Ausmultiplizieren und zusammenfassen $2u^3 - 2u^2 = 0$

Lösung durch Ausklammern $u_{1|2} = 0;\ u_3 = 1$

einsetzen ergibt die Gleichungen der Tangenten:

Für $u_{1|2} = 0$: $y = -3x - 2$

Tangente in W (siehe 1.3)

Für $u_3 = 1$: $y = -4$

Tangente in T (siehe 1. 2)

Bemerkung: Die Tangente in T(1| – 4) hat die Gleichung y = – 4 und geht damit durch P.

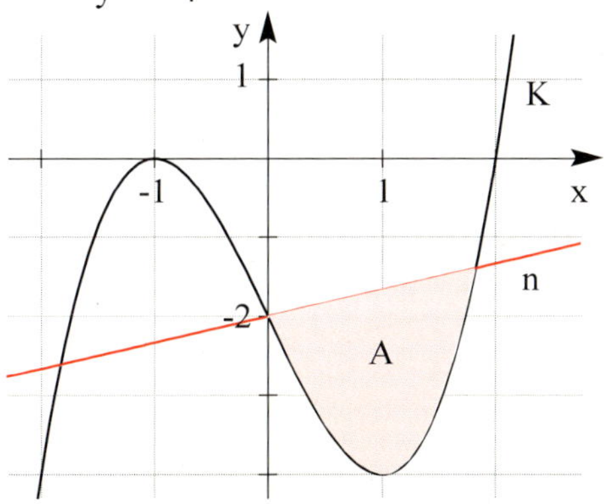

Hauptprüfung 2000

1.1 Das Schaubild einer ganzrationalen Funktion 3. Grades geht durch den Ursprung und hat im Punkt $(2 \mid 4)$ eine waagrechte Tangente.
Der Wendepunkt hat die x-Koordinate 4.
Bestimmen Sie den Funktionsterm.

1.2 Die Funktion f mit

$$f(x) = \frac{1}{8}x^3 - \frac{3}{2}x^2 + \frac{9}{2}x\ ,\ x \in \mathbf{R}$$

hat das Schaubild K_f.
Berechnen Sie die Schnittpunkte mit der x-Achse, sowie die Hoch-, Tief- und Wendepunkte von K_f.

Zeichnen Sie K_f für $-0{,}5 \leq x \leq 8$ mit 1 LE = 1 cm.

1.3 Berechnen Sie den Inhalt der Fläche, die von der Kurve K_f und der x-Achse begrenzt wird.

1.4 Legen Sie vom Punkt $P(\frac{4}{3} \mid 6)$ Tangenten an die Kurve K_f.

Bestimmen Sie die Gleichungen der Tangenten und die Koordinaten der Berührpunkte .

1.5 Der Ursprung 0, die Punkte $Q(u \mid 0)$ und $R(u \mid f(u))$ mit $0 \leq u \leq 6$ bestimmen ein Dreieck.

Wie muss u gewählt werden, damit der Flächeninhalt des Dreiecks 0 Q R maximal wird?

Hauptprüfung 2000

1.1 Parabel 3. Ordnung $f(x) = ax^3 + bx^2 + cx + b$

Ableitungen: $f'(x) = 3ax^2 + 2bx + c$; $f''(x) = 6ax + 2b$

Bedingungen und LGS für a, b, c, d

Ursprung	1. $f(0) = 0$ =>	$d = 0$
Punktprobe	2. $f(2) = 4$ =>	$8a + 4b + 2c = 4$
waagrechte Tangente	3. $f'(2) = 0$ =>	$12a + 4b + c = 0$
Wendepunkt	4. $f''(4) = 0$ =>	$24a + 2b = 0$

Lösung des LGS in Matrizenschreibweise:

$$\left(\begin{array}{ccc|c} 8 & 4 & 2 & 4 \\ 12 & 4 & 1 & 0 \\ 24 & 2 & 0 & 0 \end{array}\right) \sim \left(\begin{array}{ccc|c} 8 & 4 & 2 & 4 \\ -16 & -4 & 0 & 4 \\ 24 & 2 & 0 & 0 \end{array}\right) \sim \left(\begin{array}{ccc|c} 8 & 4 & 2 & 4 \\ -16 & -4 & 0 & 4 \\ 32 & 0 & 0 & 4 \end{array}\right)$$

Auflösung ergibt: $a = \frac{1}{8};\ b = -\frac{3}{2};\ c = \frac{9}{2}$

Funktionsterm : $f(x) = \frac{1}{8}x^3 - \frac{3}{2}x^2 + \frac{9}{2}x$

1.2 **Schnittpunkte mit der x-Achse**

Bedingung: $f(x) = 0$ $\frac{1}{8}x^3 - \frac{3}{2}x^2 + \frac{9}{2}x = 0 \quad |\cdot 8$

Ausklammern $x(x^2 - 12x + 36) = 0$

Satz vom Nullprodukt: $x_1 = 0;\ x_{2|3} = 6$

Schnittpunkte mit der x-Achse $N_1(0 \mid 0),\ N_{2|3}(6 \mid 0)$

Ableitungen: $f'(x) = \frac{3}{8}x^2 - 3x + \frac{9}{2}$; $f''(x) = \frac{3}{4}x - 3$; $f'''(x) = \frac{3}{4} \neq 0$

Extrema

Bedingung: $f'(x) = 0$ $\frac{3}{8}x^2 - 3x + \frac{9}{2} = 0$

Stellen mit waagrechter Tangente $x_1 = 6,\ x_2 = 2$

Nachweis: $f''(6) = \frac{3}{2} > 0$ => lokales Minimum in x_1, $f(6) = 0$ **Tiefpunkt** $T(6 \mid 0)$

$f''(2) = -\frac{3}{2} < 0$ =>lokales Maximum in x_2, $f(2) = 4$; **Hochpunkt** $H(2 \mid 4)$

Wendepunkte

Bedingung: $f''(x) = 0$

$\frac{3}{4}x - 3 = 0$ => $x = 4$

Wegen $f'''(4) \neq 0$ und $f(4) = 2$

Wendepunkt $W(4 \mid 2)$

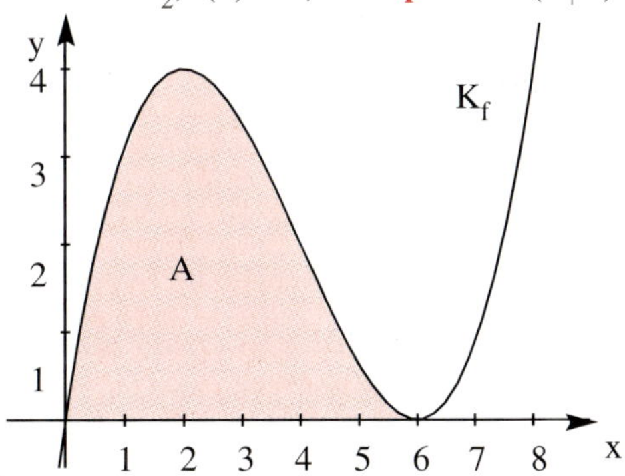

1.3 **Fläche zwischen Kurve K_f und x-Achse**

$$\int_0^6 \left(\frac{1}{8}x^3 - \frac{3}{2}x^2 + \frac{9}{2}x\right)dx = \left[\frac{1}{32}x^4 - \frac{1}{2}x^3 + \frac{9}{4}x^2\right]_0^6 = \frac{27}{2} \qquad \mathbf{A = \frac{27}{2}\ FE}$$

Hauptprüfung 2000 (Fortsetzung)

1.4 **Tangentengleichung** $y = f'(x_0)(x - x_0) + f(x_0)$

Tangente im Berührpunkt B(u | f(u)): $y = (\frac{3}{8}u^2 - 3u + \frac{9}{2})(x - u) + (\frac{1}{8}u^3 - \frac{3}{2}u^2 + \frac{9}{2}u)$ (*)

Punktprobe mit $P(\frac{4}{3} \mid 6)$: $6 = (\frac{3}{8}u^2 - 3u + \frac{9}{2})(\frac{4}{3} - u) + (\frac{1}{8}u^3 - \frac{3}{2}u^2 + \frac{9}{2}u)$

Zusammenfassen $-\frac{1}{4}u^3 + 2u^2 - 4u = 0$

Berührstellen $u = 0 \vee u = 4$

Einsetzen in (*) ergibt die Tangentengleichungen

oder : für u = 0: $f'(0) = \frac{9}{2}$; $f(0) = 0$ => $y = \frac{9}{2}x$

für u = 4: $f'(4) = -\frac{3}{2}$; $f(4) = 2$ => $y = -\frac{3}{2}x + 8$ (**Wendetangente**)

Berührpunkte: $B_1(0 \mid 0)$; $B_2(4 \mid 2) = W$

1.5 **Dreiecksfläche**

Grundseite: OQ mit $\overline{OQ} = u$

Höhe RQ mit $\overline{RQ} = f(u)$

$A(u) = \frac{1}{2}u \cdot f(u)$

$A(u) = \frac{1}{2}u \cdot (\frac{1}{8}u^3 - \frac{3}{2}u^2 + \frac{9}{2}u)$

$= \frac{1}{16}u^4 - \frac{3}{4}u^3 + \frac{9}{4}u^2; \quad 0 \le u \le 6$

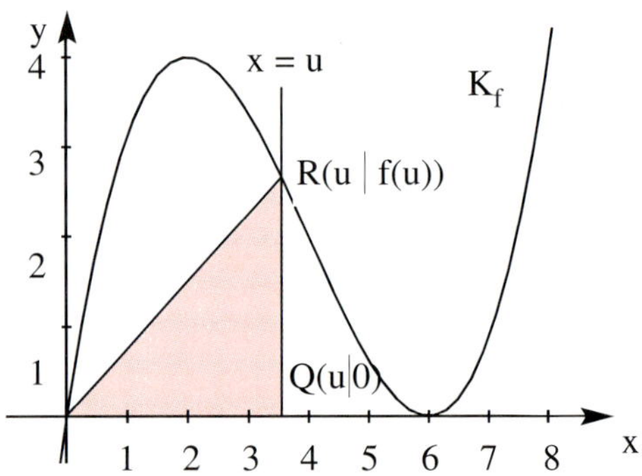

Untersuchung auf Maximum

Ableitung: $A'(u) = \frac{1}{4}u^3 - \frac{9}{4}u^2 + \frac{9}{2}u$

Notw. Bedingung für Maximum: $A'(u) = 0$

$\frac{1}{4}u^3 - \frac{9}{4}u^2 + \frac{9}{2}u = 0 \quad | \cdot 4$

Ausklammern $u(u^2 - 9u + 18) = 0$

Satz vom Nullprodukt $u_1 = 0$; $u_2 = 3$; $u_3 = 6$

Randwerte: $\mathbf{A(0) = 0}$

$\mathbf{A(6) = 0}$

Ergebnis: Für u = 3 wird der Flächeninhalt des Dreiecks OQR **maximal**.

Bemerkung: Der Nachweis für relatives Maximum mit A"(u) ist **nicht notwendig**, da u = 3 **die einzige Lösung von A'(u) = 0** auf $0 < u < 6$ ist und $A(u) > 0$ für $0 < u < 6$.
Der **Vergleich** mit den Randwerten ergibt das absolute Maximum.

Hauptprüfung 1999

1.1 Das Schaubild einer ganzrationalen Funktion 4. Grades geht durch den Punkt A (2 | 6), hat im Ursprung eine waagrechte Tangente und im Punkt B (– 4 | 0) die Steigung – 8.

Bestimmen Sie den Funktionsterm.

1.2 Gegeben ist die Funktion f mit

$$f(x) = \frac{1}{8}x^3(x + 4), \quad x \in \mathbf{R}$$

Ihr Schaubild ist K.

Bestimmen Sie für K die gemeinsamen Punkte mit der x-Achse, sowie die Hoch-, Tief- und Wendepunkte.

Zeichnen Sie K für $-4{,}5 \leq x \leq 2{,}2$ mit 1 LE = 1 cm.

1.3 Bestimmen Sie die Gleichungen der beiden Tangenten an K , die durch den Punkt P (2 | 6) gehen.

1.4 Zeigen Sie, dass die Gerade t mit der Gleichung $y = 2x + 2$ und K nur für $x = 2$ und $x = -2$ gemeinsame Punkte haben.

Die Gerade t und K schließen eine Fläche ein.
Berechnen Sie deren Inhalt A.

1.5 Für jedes a mit $-2 \leq a \leq 2$ schneidet die Gerade mit der Gleichung $x = a$ das Schaubild K im Punkt Q und die Gerade t im Punkt S.

Zeigen Sie, dass die Länge der Strecke QS für $a = 1$ maximal ist.

Hauptprüfung 1999

1.1 Parabel 4. Ordnung $f(x) = ax^4 + bx^3 + cx^2 + dx + e$

Ableitung: $f'(x) = 4ax^3 + 3bx^2 + 2cx + d$

Bedingungen und LGS

Ursprung	1. $f(0) = 0 \Rightarrow$	$e = 0$	e = 0 und d = 0 eingesetzt
waagrechte Tangente	2. $f'(0) = 0 \Rightarrow$	$d = 0$	
Punktprobe	3. $f(2) = 6 \Rightarrow$	$16a + 8b + 4c = 6$	$\mid : 2$
	4. $f(-4) = 0 \Rightarrow$	$256a - 64b + 16c = 0$	$\mid : 16$
Steigung – 8	5. $f'(-4) = -8 \Rightarrow$	$-256a + 48b - 8c = -8$	$\mid : (-8)$

Lösung des LGS in Matrizenschreibweise:

$$\left(\begin{array}{ccc|c} 8 & 4 & 2 & 3 \\ 16 & -4 & 1 & 0 \\ 32 & -6 & 1 & 1 \end{array}\right) \sim \left(\begin{array}{ccc|c} 8 & 4 & 2 & 3 \\ -24 & 12 & 0 & 3 \\ 16 & -2 & 0 & 1 \end{array}\right) \sim \left(\begin{array}{ccc|c} 8 & 4 & 2 & 3 \\ -24 & 12 & 0 & 3 \\ 72 & 0 & 0 & 9 \end{array}\right)$$

Auflösung ergibt: $a = \frac{1}{8};\ b = \frac{1}{2}\ ;\ c = 0$

Funktionsterm $f(x) = \frac{1}{8}x^4 + \frac{1}{2}x^3$

1.2 **Schnittpunkte mit der x-Achse**

Bedingung: $f(x) = 0$ $\frac{1}{8}x^4 + \frac{1}{2}x^3 = 0 \Leftrightarrow \frac{1}{8}x^3(x + 4) = 0$

Satz vom Nullprodukt: $x_{1|2|3} = 0;\ x_4 = -4$

Schnittpunkte mit der x-Achse $N_{1|2|3}(0 \mid 0),\ N_4(-4 \mid 0)$

Bemerkung: $x_{1|2|3} = 0$ ist **dreifache Nullstelle** => $N_{1|2|3}(0 \mid 0)$ ist **Sattelpunkt**.

Ableitungen: $f'(x) = \frac{1}{2}x^3 + \frac{3}{2}x^2\ ;\ f''(x) = \frac{3}{2}x^2 + 3x\ ;\ f'''(x) = 3x + 3$

Hoch- und Tiefpunkte

Bedingung: $f'(x) = 0$ $\frac{1}{2}x^3 + \frac{3}{2}x^2 = 0 \Leftrightarrow \frac{1}{2}x^2(x + 3) = 0$

Stellen mit waagrechter Tangente $x_1 = 0,\ x_2 = -3$

Nachweis:

$f''(0) = 0;\ f'''(0) = 3 \neq 0$

=> **Sattelpunkt** $W_1(0 \mid 0)$

$f''(-3) = 4{,}5 > 0;\ f(-3) = -3{,}375$

=> **Tiefpunkt** $T(-3 \mid -3{,}375)$

Wendepunkte

Bedingung: $f''(x) = 0 \Leftrightarrow \frac{3}{2}x^2 + 3x = 0$

$x(\frac{3}{2}x + 3) = 0 \Rightarrow x_1 = 0,\ x_2 = -2$

Nachweis:

$f'''(0) = 3 \neq 0 \Rightarrow$ $\mathbf{W_1(0 \mid 0)}$

$f'''(-2) = -3 \neq 0;\ f(-2) = -2$

=> $\mathbf{W_2(-2 \mid -2)}$

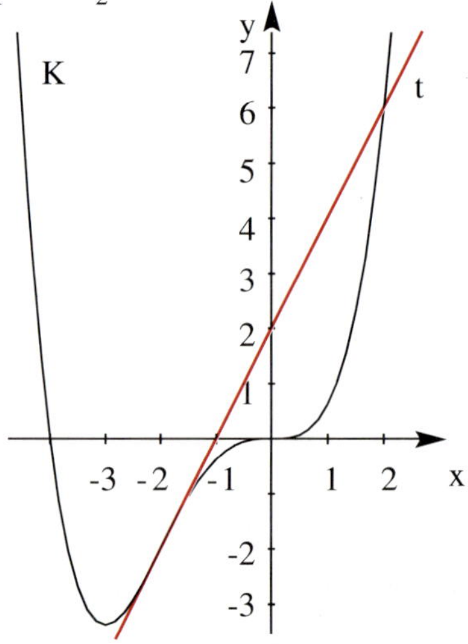

Hauptprüfung 1999 (Fortsetzung)

1.3 **Tangentengleichung** $y = f'(x_0)(x - x_0) + f(x_0)$

Tangente im Berührpunkt B(u | f(u)): $y = (\frac{1}{2}u^3 + \frac{3}{2}u^2)(x - u) + \frac{1}{8}u^4 + \frac{1}{2}u^3$ (*)

Punktprobe mit P(2 | 6): $6 = (\frac{1}{2}u^3 + \frac{3}{2}u^2)(2 - u) + \frac{1}{8}u^4 + \frac{1}{2}u^3$

Gleichung in u $-\frac{3}{8}u^4 + 3u^2 - 6 = 0 \quad |\cdot(-8) \quad |:3$

$u^4 - 8u^2 + 16 = 0 \iff (u^2 - 4)^2 = 0$

Berührstellen
$u = 2 \lor u = -2$
Einsetzen in (*) ergibt die
Tangentengleichungen
oder:
für u = 2: $f'(2) = 10$; $f(2) = 6$
$\Rightarrow t_1$: $y = 10x - 14$
für u = – 2: $f'(-2) = 2$; $f(-2) = -2$
$\Rightarrow t_2$: $y = 2x + 2$

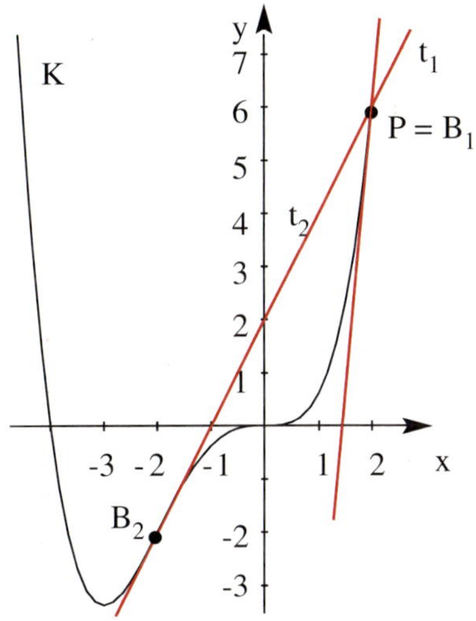

1.4 **Gleichsetzen** $f(x) = t(x)$

$\frac{1}{8}x^4 + \frac{1}{2}x^3 = 2x + 2 \quad |\cdot(8)$

Nullform $x^4 + 4x^3 - 16x - 16 = 0$

Schnittstellen $x_1 = 2$; $x_2 = -2$

Polynomdivision mit $(x-2)(x+2) = x^2 - 4$

$(x^4 + 4x^3 - 16x - 16) : (x^2 - 4) = x^2 + 4x + 4$

weitere Schnittstellen, wenn $x^2 + 4x + 4 = 0 \Rightarrow x_{3|4} = -2$

Gemeinsame Punkte nur für x = –2 und x = 2.

Bemerkung:
Polynomdivision mit (x+2) liefert:
$(x^4 + 4x^3 - 16x - 16) : (x + 2) = x^3 + 2x^2 - 4x - 8$
und erfordert eine weitere Polynomdivision.

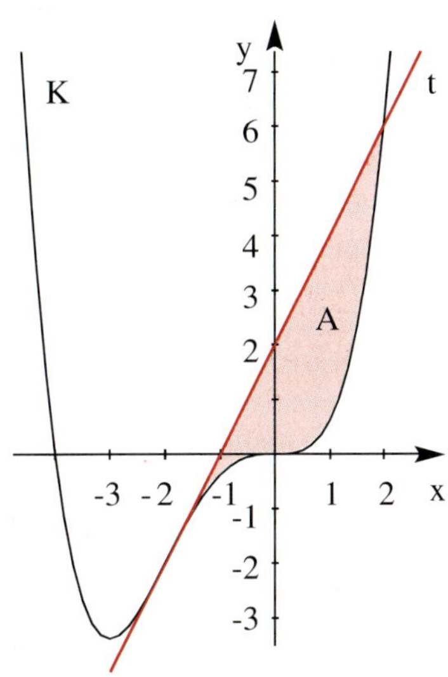

Fläche zwischen Kurve K_f und Tangente t:

$t(x) > f(x)$ für $-2 < x < 2$

$$\int_{-2}^{2}(t(x) - f(x))dx = \int_{-2}^{2}(-\frac{1}{8}x^4 - \frac{1}{2}x^3 + 2x + 2)dx$$

$$= \left[-\frac{1}{40}x^5 - \frac{1}{8}x^4 + x^2 + 2x\right]_{-2}^{2}$$

$= 5{,}2 - (-1{,}2) = 6{,}4$

Flächenmaßzahl A = 6,4 FE

Hauptprüfung 1999 (2. Fortsetzung)

1.5 Streckenlänge $d = \overline{SQ} = y_S - y_Q$

(SQ verläuft in y-Richtung;

Länge der Strecke SQ: großer y-Wert – kleiner y-Wert)

Zielfunktion d mit $d(a) = 2a + 2 - (\frac{1}{8}a^4 + \frac{1}{2}a^3)$

$d(a) = -\frac{1}{8}a^4 - \frac{1}{2}a^3 + 2a + 2$; $D = [-2; 2]$

Ableitung: $d'(a) = -\frac{1}{2}a^3 - \frac{3}{2}a^2 + 2$

Untersuchung auf Maximum

notwendige Bedingung: $d'(a) = 0$

$-\frac{1}{2}a^3 - \frac{3}{2}a^2 + 2 = 0 \quad | \cdot(-2)$

$a^3 + 3a^2 - 4 = 0$

Lösung durch Probieren: $a_1 = 1$

Polynomdivision mit (a – 1): $(a^3 + 3a^2 - 4):(a - 1) = a^2 + 4a + 4$

weitere Lösungen für $a^2 + 4a + 4 = 0$

Lösung der quadratischen Gleichung $a_{2|3} = -2$ (**Randstelle**)

Randwerte: $d(2) = d(-2) = 0$

$a_1 = 1$ ist **einzige Lösung von d'a) = 0** auf $]-2; 2[$

=> Für a = 1 ist $d = \overline{SQ}$ (Länge der Strecke SQ) **maximal**

Bemerkung:
Der Nachweis für relatives Maximum mit d"(a) ist **nicht notwendig**, da a = 1 **die einzige Lösung von d'(a) = 0** auf $-2 < u < 2$ ist **und** **d(a) > 0** für $-2 < u < 2$.
Der **Vergleich mit den Randwerten** ergibt das absolute Maximum.

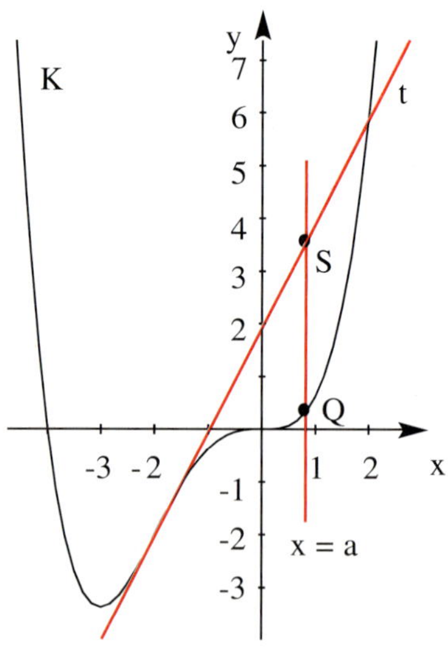

Hauptprüfung 1998

1.1 Das Schaubild einer ganzrationalen Funktion 4. Grades geht durch die Punkte $P(-1 \mid -\frac{11}{8})$ und $Q(1 \mid \frac{4}{5})$ sowie durch den Ursprung.
Im Ursprung hat das Schaubild der gesuchten Funktion die Steigung 1, im Punkt P die Steigung $\frac{35}{16}$.

Bestimmen Sie die Gleichung dieser Funktion.

1.2 Die Funktion f mit

$$f(x) = -\frac{1}{16}x^4 + \frac{5}{16}x^3 + x, \; x \in \mathbf{R},$$

hat das Schaubild K_f.

Zeigen Sie, dass K_f bei $x = 4$ einen Hochpunkt hat, und weisen Sie nach, das dies der einzige Extrempunkt von K_f ist.
Bestimmen Sie alle Wendepunkte von K_f.

Zeichnen Sie K_f für $-1 \leq x \leq 5{,}6$ mit 1 LE = 1 cm.

1.3 Die Tangente an K_f im Ursprung schließt mit K_f eine Fläche ein.
Zeichnen Sie diese Tangente in das vorhandene Koordinatensystem ein, und berechnen Sie den Inhalt der mit K_f eingeschlossenen Fläche.

1.4 Eine Parallele zur Geraden g: $y = x$, die nicht durch den Ursprung geht, berührt K_f.
Bestimmen Sie die Koordinaten des Berührpunktes.

Hauptprüfung 1998

1.1 Parabel 4. Ordnung $f(x) = ax^4 + bx^3 + cx^2 + dx + e$

Ableitung: $f'(x) = 4ax^3 + 3bx^2 + 2cx + d$

Bedingungen und LGS für a, b, c, d, e

Punktprobe	1. $f(-1) = -\frac{11}{8}$	=>	$a - b + c - d + e = -\frac{11}{8}$
	2. $f(0) = 0$	=>	$e = 0$
	3. $f(1) = \frac{5}{4}$	=>	$a + b + c + d = \frac{5}{4}$
Steigung in O	4. $f'(0) = 1$	=>	$d = 1$
Steigung in P	5. $f'(-1) = \frac{35}{16}$	=>	$-4a + 3b - 2c + d = \frac{35}{16}$

Einsetzen von e = 0 und d = 1 ergibt ein LGS für a, b, c

in Matrizenschreibweise:

$$\left(\begin{array}{ccc|c} 1 & -1 & 1 & -\frac{3}{8} \\ 1 & 1 & 1 & \frac{1}{4} \\ -4 & 3 & -2 & \frac{19}{16} \end{array}\right) \sim \left(\begin{array}{ccc|c} 1 & -1 & 1 & -\frac{3}{8} \\ 0 & 2 & 0 & \frac{5}{8} \\ 0 & -1 & 2 & -\frac{5}{16} \end{array}\right) \Rightarrow b = \frac{5}{16};\ c = 0;\ a = -\frac{1}{16}$$

Gesuchter **Funktionsterm** $f(x) = -\frac{1}{16}x^4 + \frac{5}{16}x^3 + x$

1.2 **Ableitungen:** $f'(x) = -\frac{1}{4}x^3 + \frac{15}{16}x^2 + 1;\ f''(x) = -\frac{3}{4}x^2 + \frac{15}{8}x;\ f'''(x) = -\frac{3}{2}x + \frac{15}{8}$

In **x = 4** hat K_f einen **Hochpunkt**, da $f'(4) = 0;\ f''(4) = -\frac{9}{2} < 0$

weitere **Hoch- und Tiefpunkte**

Bedingung: $f'(x) = 0$ $-\frac{1}{4}x^3 + \frac{15}{16}x^2 + 1 = 0$

$-4x^3 + 15x^2 + 16 = 0$

Bekannte Extremstelle: x = 4

Polynomdivision mit (x – 4) $(-4x^3 + 15x^2 + 16) : (x - 4) = -4x^2 - x - 4$

weitere Lösung, we $-4x^2 - x - 4 = 0$

Wegen D = 1 – 64 < 0 hat diese Gleichung keine Lösung,

also **einziger Extrempunkt** $H(4 \mid f(4)) = H(4 \mid 8)$

Wendepunkte

Bedingung: $f''(x) = 0$ $-\frac{3}{4}x^2 + \frac{15}{8}x = 0$

Ausklammern $x\left(-\frac{3}{4}x + \frac{15}{8}\right) = 0$

Satz vom Nullprodukt $x_1 = 0,\ x_2 = \frac{5}{2}$

Nachweis: $f'''(0) = \frac{15}{8} \neq 0,\ f'''(\frac{5}{2}) = -\frac{15}{8} \neq 0$

Wendepunkte $W_1(0 \mid 0)$

mit $f(\frac{5}{2}) = \frac{1265}{256} \approx 4{,}94$ $W_2(\frac{5}{2} \mid \frac{1265}{256})$

Hauptprüfung 1998 (Fortsetzung)

1.2 Schaubild K_f
mit Fläche vgl. 1.3

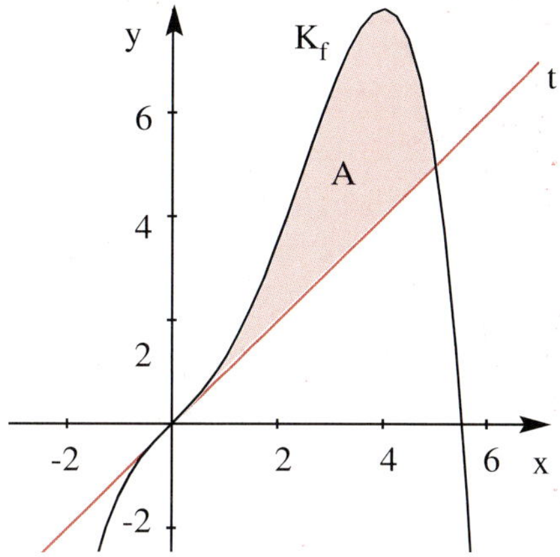

1.3 **Tangente t an K_f im Ursprung**

Steigung: $f'(0) = 1 \Rightarrow$

t: y = x (1. Winkelhalbierende)

Schnittstellen von Tangente und K_f

Gleichsetzen: f(x) = t(x) $\qquad -\frac{1}{16}x^4 + \frac{5}{16}x^3 + x = x$

$-\frac{1}{16}x^4 + \frac{5}{16}x^3 = 0 \Leftrightarrow x^4 - 5x^3 = 0$

Ausklammern $\qquad x^3(x - 5) = 0$

Satz vom Nullprodukt $\qquad x_{1|2|3} = 0\,,\ x_4 = 5$

Bemerkung: $x_{1|2|3} = 0$ ist **dreifache Schnittstelle**, t berührt und durchschneidet K_f.

Fläche zwischen t und K_f $\qquad f(x) > t(x)\quad$ für $0 < x < 5$

$$\int_0^5 (f(x) - t(x))dx = \int_0^5 \left(-\frac{1}{16}x^4 + \frac{5}{16}x^3\right) dx =$$

$$\left[-\frac{1}{80}x^5 + \frac{5}{64}x^4\right]_0^5 = \frac{625}{64} \approx 9{,}77$$

Flächenmaßzahl $\qquad$ **$A = \frac{625}{64}$ FE**

1.4 Bedingung für die Berührstelle:

$f'(x) = 1$

(Parallel heißt gleiche Steigung)

$-\frac{1}{4}x^3 + \frac{15}{16}x^2 + 1 = 1$

$-\frac{1}{4}x^3 + \frac{15}{16}x^2 = 0 \quad |\cdot(-16)$

$4x^3 - 15x^2 = 0$

$x^2(4x - 15) = 0$

$x_1 = 0\,,\ x_2 = \frac{15}{4}$

mit $t(\frac{15}{4}) = \frac{32235}{4096} \approx 7{,}87$

Berührpunkt $B(\frac{15}{4} \mid \frac{32235}{4096})$

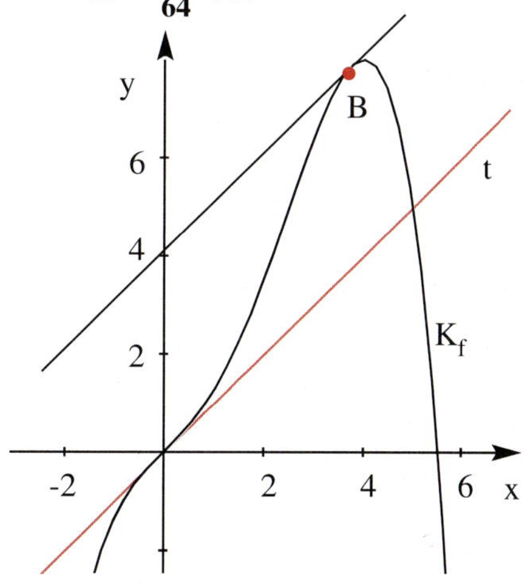

Hauptprüfung 1997

1.1 Das Schaubild einer ganzrationalen Funktion 4. Grades
ist symmetrisch zur y-Achse
und hat im Wendepunkt W (1 | 2) die Steigung 0,5

Bestimmen Sie die Funktionsgleichung.

1.2 Gegeben ist die Funktion f mit

$$f(x) = \frac{1}{16}(-x^4 + 6x^2 + 27)\,, \quad x \in \mathbf{R}.$$

Ihr Schaubild ist K_f.

Untersuchen Sie K_f auf Symmetrie, Schnittpunkte mit den Koordinatenachsen, Hoch-, Tief- und Wendepunkte.

Zeichnen Sie K_f für $-3{,}5 \leq x \leq 3{,}5$ mit 1 LE = 2 cm .

1.3 Stellen Sie die Gleichung der Tangente an K_f an der Stelle $x = -1$ auf.

1.4 Gegeben ist die Gerade g mit der Gleichung $y = -\frac{1}{2}x + \frac{3}{2}$.
Zeichnen Sie die Gerade g in das vorhandene Koordinatensystem.

Die Gerade mit der Gleichung x = u schneidet für $-1 \leq u \leq 3$ das Schaubild K_f im Punkt P und die Gerade g im Punkt Q .

Bestimmen Sie u so, dass die Länge der Strecke $\overline{PQ}$ maximal wird.
Berechnen Sie die maximale Länge.

1.5 Die Gerade g, das Schaubild K_f und die x-Achse schließen eine Fläche ein.
Berechnen Sie den Flächeninhalt.

Hauptprüfung 1997

1.1 Parabel 4. Ordnung $f(x) = ax^4 + bx^3 + cx^2 + dx + e$

Symmetrie zur y-Achse: $f(x) = ax^4 + cx^2 + e$

Ableitungen $f'(x) = 4ax^3 + 2cx$, $f''(x) = 12ax^2 + 2c$

Bedingungen und LGS

Punktprobe 1. $f(1) = 2 \Rightarrow a + c + e = 2$

Wendepunkt 2. $f''(1) = 0 \Rightarrow 12a + 2c = 0$

Steigung 3. $f'(1) = \frac{1}{2} \Rightarrow 4a + 2c = \frac{1}{2}$

Lösung des LGS in Matrizenschreibweise:

$$\left(\begin{array}{ccc|c} 1 & 1 & 1 & 2 \\ 12 & 2 & 0 & 0 \\ 4 & 2 & 0 & 0{,}5 \end{array}\right) \sim \left(\begin{array}{ccc|c} 1 & 1 & 1 & 2 \\ 12 & 2 & 0 & 0 \\ 8 & 0 & 0 & -0{,}5 \end{array}\right) \Rightarrow a = -\frac{1}{16};\ c = \frac{3}{8};\ e = \frac{27}{16}$$

Funktionsterm $f(x) = -\frac{1}{16}x^4 + \frac{3}{8}x^2 + \frac{27}{16} = -\frac{1}{16}(x^4 - 6x^2 - 27)$

1.2 K_f ist **symmetrisch zur y- Achse**, denn $f(x) = f(-x)$

(nur gerade Exponenten von x)

Schnittpunkt mit der y-Achse: $f(0) = \frac{27}{16} \approx 1{,}69 \Rightarrow S_y(0 \mid 1{,}69)$

Schnittpunkte mit der x-Achse

Bedingung: $f(x) = 0$ $-\frac{1}{16}(x^4 - 6x^2 - 27) = 0 \Leftrightarrow x^4 - 6x^2 - 27 = 0$

Substitution $u = x^2$ $u^2 - 6u^2 - 27 = 0$

Lösungen in u: $u_1 = 9;\ u_2 = -3$

Rücksubstitution: $x_1 = 3;\ x_2 = -3$

Schnittpunkte mit der x-Achse: $N_1(3 \mid 0);\ N_2(-3 \mid 0)$

Ableitungen: $f'(x) = -\frac{1}{16}(4x^3 - 12x) = -\frac{1}{4}x^3 + \frac{3}{4}x$

$f''(x) = -\frac{1}{16}(12x^2 - 12) = -\frac{3}{4}x^2 + \frac{3}{4}$; $f'''(x) = -\frac{1}{16}(24x) = -\frac{3}{2}x$

Extrempunkte

Bedingung: $f'(x) = 0$ $-\frac{1}{16}(4x^3 - 12x) = 0 \Leftrightarrow 4x^3 - 12x = 0$

Ausklammern und Satz vom Nullprodukt $x(4x^2 - 12) = 0 \Leftrightarrow$

Stellen mit waagrechter Tangente

$x_1 = 0;\ x_2 = \sqrt{3};\ x_3 = -\sqrt{3}$

Nachweis: $f''(0) = \frac{3}{4} > 0 \Rightarrow T(0 \mid 1{,}69) = S_y$

$f''(\sqrt{3}) = -\frac{3}{2} < 0$; $f(\sqrt{3}) = 2{,}25$

$\Rightarrow$ Hochpunkt $\mathbf{H_1(1{,}73 \mid 2{,}25)}$

wegen Symmetrie $\mathbf{H_2(-1{,}73 \mid 2{,}25)}$

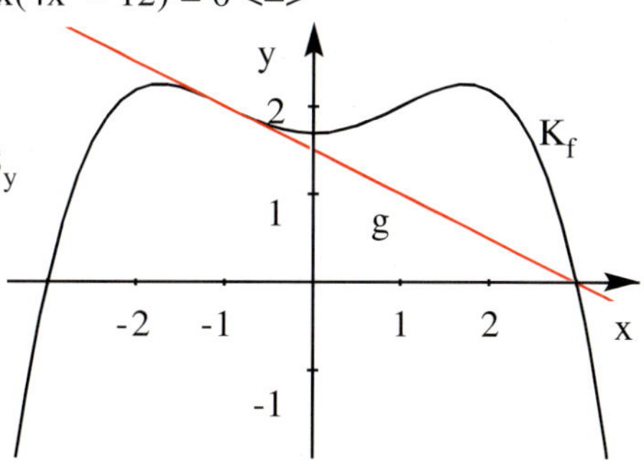

Wendepunkte

Bedingung: $f''(x) = -\frac{1}{16}(12x^2 - 12) = 0$

$x = \pm 1$

Hauptprüfung 1997 (Fortsetzung)

1.2 Mit $f'''(1) = -1{,}5 \neq 0$ und $f(1) = 2$ => $W_1(1|2)$

Wegen der Symmetrie: $W_2(-1|2)$

1.3 **Tangentengleichung:** $y = f'(x_0)(x - x_0) + f(x_0)$

Tangente in $x = -1$:

mit $f'(-1) = -0{,}5$; $f(-1) = 2$ ergibt die PSF: $y = -0{,}5(x + 1) + 2$

Tangentengleichung $y = -0{,}5x + 1{,}5$ (Wendetangente)

1.4 **Länge der Strecke $\overline{PQ}$:**

PQ verläuft in y-Richtung: Länge = großer y-Wert – kleiner y-Wert

$d(u) = y_P - y_Q = f(u) - g(u)$ => $d(u) = -\frac{1}{16}u^4 + \frac{3}{8}u^2 + \frac{27}{16} - (-\frac{1}{2}u + \frac{3}{2})$

$$d(u) = -\frac{1}{16}u^4 + \frac{3}{8}u^2 + \frac{1}{2}u + \frac{3}{16};\ -1 \leqslant u \leqslant 3$$

Ableitung: $d'(u) = -\frac{1}{4}u^3 + \frac{3}{4}u + \frac{1}{2}$

Untersuchung auf Maximum

Bedingung: $d'(u) = 0$ $-\frac{1}{4}u^3 + \frac{3}{4}u + \frac{1}{2} = 0 \ |\cdot(-4)$

$u^3 - 3u - 2 = 0$

Lösung : $u_1 = -1$ (Randstelle)

Bemerkung: $u_{1|2} = -1$ ist **mindestens doppelte Lösung** von $d(u) = 0$ (Berührstelle)
somit **mindestens einfache Lösung** von $d'(u) = 0$.

Polynomdivision mit $(u + 1)$ $(u^3 + 3u + 2) : (u + 1)^2 = u^2 - u - 2$

weitere Lösung für $u^2 - u - 2 = 0$: $u_2 = -1$; $u_3 = 2$

$u_3 = 2$ st **einzige Lösung** von $d'(u) = 0$ auf $-1 < u < 3$

Randwertbetrachtung: $d(-1) = 0$ und $d(3) = 0$

=> d wird **maximal** für u = 2 mit $d_{max} = d(2) = \frac{27}{16}$

1.5 **Berechnung der zwei Teilfächen A_1 und $A_2 = A_\Delta$**

A_1 : Fläche zwischen K_f und der x-Achse

Integrationsgrenzen: Nullstelle $x_2 = -3$; Berührstelle: $x_B = -1$

$$\int_{-3}^{-1} (-\frac{1}{16}(x^4 - 6x^2 - 27))\,dx = \frac{1}{16}\left[-\frac{1}{5}x^5 + 2x^3 + 27x\right]_{-3}^{-1} = \frac{18}{5}$$

$A_1 = \frac{18}{5}$ FE

$A_2 = A_{Dreieck} = \frac{1}{2}\cdot 4 \cdot 2 = 4$ FE

Der **gesuchte Flächeninhalt** beträgt:

$A = A_1 + A_2 = \frac{38}{5}$ FE

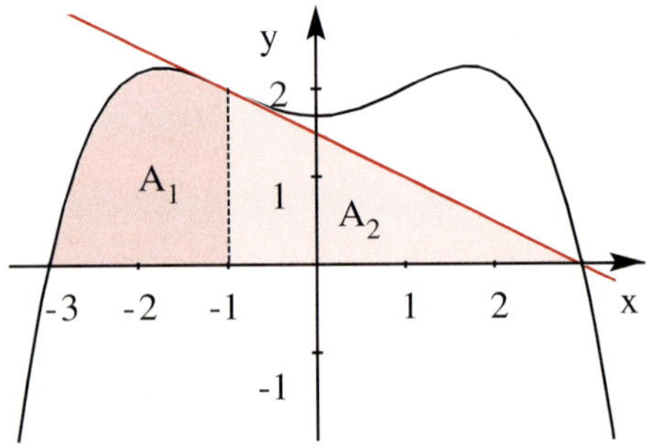

Hauptprüfung 1996

1.1 Das Schaubild einer ganzrationalen Funktion 4. Grades
ist symmetrisch zur y-Achse,
geht durch den Punkt P (2 | –1,5) und hat den Wendepunkt W (1 | 0).

Berechnen Sie die Funktionsgleichung.

1.2 Gegeben ist die Funktion f mit

$$f(x) = \frac{1}{2}x^4 - 3x^2 + \frac{5}{2}, \quad x \in \mathbf{R}.$$

Ihr Schaubild ist K_f.
Untersuchen Sie K_f auf Symmetrie, Achsenschnittpunkte, Hoch-, Tief- und Wendepunkte.

Zeichnen Sie K_f für $-2{,}5 \leq x \leq 2{,}5$ mit 1 LE = 2 cm.

1.3 Vom Punkt Q(0 | 4) aus werden Tangenten an K_f gelegt.
Berechnen Sie die Koordinaten der Berührpunkte, und ermitteln Sie jeweils die zugehörige Tangentengleichung.

1.4 Die y-Achse, die Gerade g mit $y = -4x + 4$ und K_f begrenzen eine Fläche.

Berechnen Sie deren Inhalt.

6 Bohner/Ihlenburg/Ott – ISBN 3-8120-0459-3

Hauptprüfung 1996

1.1 Parabel 4. Ordnung $f(x) = ax^4 + bx^3 + cx^2 + dx + e$

Symmetrie zur y-Achse: $f(x) = ax^4 + cx^2 + e$

Ableitungen: $f'(x) = 4ax^3 + 2cx$, $f''(x) = 12ax^2 + 2c$

Bedingungen und LGS

Punktprobe 1. $f(2) = -1{,}5$ => $16a + 4c + e = -1{,}5$

Punktprobe 2. $f(1) = 0$ => $a + c + e = 0$

Wendepunkt 3. $f''(1) = 0$ => $12a + 2c = 0$

Lösung des LGS in Matrizenschreibweise:

$$\left(\begin{array}{ccc|c} 16 & 4 & 1 & -1{,}5 \\ 1 & 1 & 1 & 0 \\ 12 & 2 & 0 & 0 \end{array}\right) \sim \left(\begin{array}{ccc|c} 16 & 4 & 1 & -1{,}5 \\ 15 & 3 & 0 & -1{,}5 \\ 12 & 2 & 0 & 0 \end{array}\right) \sim \left(\begin{array}{ccc|c} 16 & 4 & 1 & -1{,}5 \\ 15 & 3 & 0 & -1{,}5 \\ 6 & 0 & 0 & 3 \end{array}\right)$$

Auflösung ergibt: $a = \frac{1}{2}$; $c = -3$; $e = \frac{5}{2}$

Funktionsterm: $f(x) = \frac{1}{2}x^4 - 3x^2 + \frac{5}{2}$

1.2 **Ableitungen**: $f'(x) = 2x^3 - 6x$; $f''(x) = 6x^2 - 6$; $f'''(x) = 12x$

K_f ist symmetrisch zur y-Achse, denn nur gerade Exponenten von x $f(x) = f(-x)$

Schnittpunkt mit der y-Achse: $f(0) = \frac{5}{2}$ => $S_y(0 \mid \frac{5}{2})$

Schnittpunkte mit der x-Achse

Bedingung: $f(x) = 0$ $\frac{1}{2}x^4 - 3x^2 + \frac{5}{2} = 0 \iff x^4 - 6x^2 + 5 = 0$

Substitution $u = x^2$ $u^2 - 6u + 5 = 0$ => $u_1 = 5$; $u_2 = 1$

Rüksubstitution: $x_1 = \sqrt{5}$; $x_2 = -\sqrt{5}$; $x_3 = 1$; $x_4 = -1$

Schnittpunkte mit der x-Achse: $N_1(\sqrt{5} \mid 0)$; $N_2(-\sqrt{5} \mid 0)$; $N_3(1 \mid 0)$; $N_4(-1 \mid 0)$

Extrempunkte

Bedingung: $f'(x) = 0$ $2x^3 - 6x = 0 \iff 2x(x^2 - 3) = 0$

Stellen mit waagrechter Tangente $x_1 = 0$; $x_2 = \sqrt{3} \approx 1{,}73$; $x_3 = -\sqrt{3}$

Nachweis: $f''(0) = -6 < 0$ => rel. Max. in $x_1 = 0$; Hochpunkt **H**$(0 \mid \frac{5}{2}) = S_y$

$f''(\sqrt{3}) = 12 > 0$ => rel. Min. in $x_2 = \sqrt{3}$;

mit $f(\sqrt{3}) = -2$: Tiefpunkt $T_1(\sqrt{3} \mid -2)$

wegen der vorliegenden Symmetrie Tiefpunkt $T_2(-\sqrt{3} \mid -2)$

Wendepunkte

Bedingung: $f''(x) = 0$ $6x^2 - 6 = 0 \iff 6(x^2 - 1) = 0$

$x_1 = 1$; $x_2 = -1$

Nachweis: $f'''(1) \neq 0$; $f'''(-1) \neq 0$

Wendepunkte: $W_1(1 \mid 0) = N_3$; $W_2(-1 \mid 0) = N_4$

Hauptprüfung 1996 (Fortsetzung)

1.2 Schaubild K_f

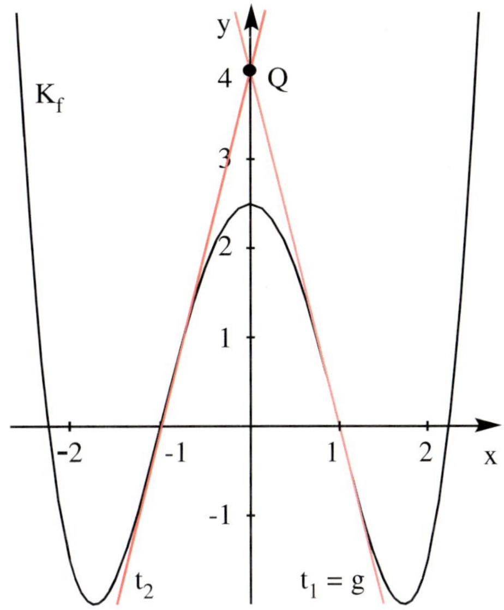

1.3 **Tangentengleichung**:

$y = f'(x_0)(x - x_0) + f(x_0)$

Tangente im Berührpunkt $B(u \mid f(u))$:

$y = (2u^3 - 6u)(x - u) + \frac{1}{2}u^4 - 3u^2 + \frac{5}{2}$ (*)

Punktprobe mit $Q(0 \mid 4)$:

$4 = (2u^3 - 6u)(0 - u) + \frac{1}{2}u^4 - 3u^2 + \frac{5}{2}$

Gleichung in u: $-\frac{3}{2}u^4 + 3u^2 - \frac{3}{2} = 0$

$u^4 - 2u^2 + 1 = 0$

Wegen $u^4 - 2u^2 + 1 = (u^2 - 1)^2 = 0$

Berührstellen: $u = 1 \vee u = -1$

Lösungsalternative durch Substitution.

Einsetzen in (*) ergibt die **Tangentengleichungen**

oder: Mit $f'(1) = -4$, $f(1) = 0$ und der PSF: t_1: $y = -4x + 4$

wegen der Symmetrie zur y-Achse t_2: $y = 4x + 4$

1.4 Die gesuchte Fläche setzt sich zusammen aus einem Dreieck und der Fläche A_1 zwischen K_f und der x-Achse.

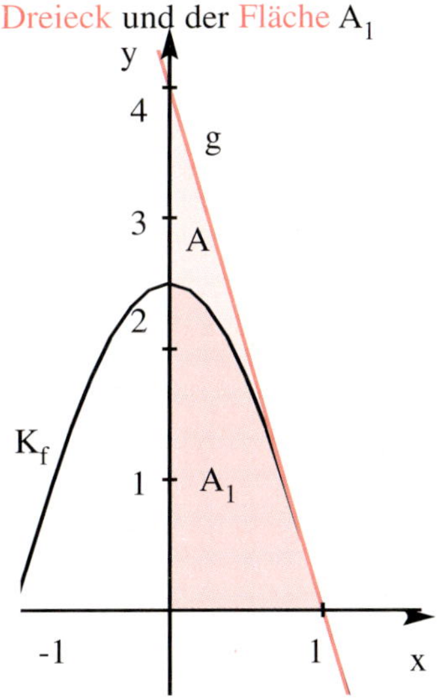

$A = A_{Dreieck} - \int_0^1 f(x)\,dx$

$A_{Dreieck} = \frac{1}{2} \cdot 1 \cdot 4 = 2$ FE

Fläche A_1 unter der Kurve K_f

$A_1 = \int_0^1 f(x)\,dx = \int_0^1 (\frac{1}{2}x^4 - 3x^2 + \frac{5}{2})\,dx$

$= [\frac{1}{10}x^5 - x^3 + \frac{5}{2}x]_0^1 = 1{,}6$

Gesuchte Fläche: $A = 2 - 1{,}6 = 0{,}4$ (FE)

Alternative: Fläche zwischen K_f und g:

$A = \int_0^1 (g(x) - f(x))\,dx = 0{,}4$

Bemerkung: Nach Aufgabentext ist es denkbar, **eine zweite Fläche** zu berechnen.

Die Gerade g schneidet K_f ein weiteres Mal in $x = -3$.

Fläche zwischen der y-Achse, g und K_f: $\int_{-3}^0 (g(x) - f(x))\,dx = 25{,}2$

Hauptprüfung 2002

2.1 Gegeben ist die Funktion f mit $f(x) = \frac{1}{2}x^3 - \frac{3}{2}x + 1,\ x \in \mathbf{R}$.

Untersuchen Sie K_f auf Achsenschnittpunkte, Hoch-, Tief- und Wendepunkte .

Zeichnen Sie K_f für $-2{,}5 \leq x \leq 2$ mit 1 LE = 2 cm.

2.2 Zeigen Sie, dass die Gerade t mit der Gleichung $y = -\frac{3}{2}x + 1$ eine Tangente an das Schaubild K_f ist.

Zeichnen Sie die Tangente in das vorhandene Koordinatensystem ein.

2.3 Gegeben ist die Funktion h mit $h(x) = 2 - e^{1{,}5x},\ x \in \mathbf{R}$.
Ihr Schaubild ist K_h.

Zeigen Sie, dass sich die Schaubilder K_f und K_h auf der y-Achse berühren.

Zeichnen Sie K_h in das vorhandene Koordinatensystem ein.

2.4 Die Gerade mit der Gleichung $x = 1$ und die Schaubilder K_f und K_h umschließen im ersten und vierten Quadranten ein Flächenstück.
Berechnen Sie dessen Flächeninhalt.

2.5 Können reelle Zahlen a und b so bestimmt werden, dass die Kurve mit der Gleichung $y = 2 - ae^{bx}$ durch die Punkte $P(-1 \mid 3)$ und $Q(1 \mid 0)$ geht?

Begründen Sie Ihre Antwort.

Hauptprüfung 2002

2.1 Ableitungen: $f'(x) = \frac{3}{2}x^2 - \frac{3}{2}$; $f''(x) = 3x$; $f'''(x) = 3 \neq 0$

Achsenschnittpunkte: $S_y(0 \mid 1)$

Schnittpunkt mit der x-Achse: $f(x) = 0$ $\frac{1}{2}x^3 - \frac{3}{2}x + 1 = 0 \Leftrightarrow x^3 - 3x + 3 = 0$

Lösung durch Polynomdivision ergibt $x_{1|2} = 1$; $x_3 = -2$

Hoch- und Tiefpunkte

Bedingung: $f'(x) = 0$ $\frac{3}{2}x^2 - \frac{3}{2} = 0 \Rightarrow x^2 = 1$

Stellen mit waagrechter Tangente $x_{1|2} = \pm 1$

Nachweis: $f''(1) = 3 < 0 \Rightarrow$ relatives Minimum; $y = f(1) = 0$; **Tiefpunkt** $T(1 \mid 0)$

$f''(-1) = -3 > 0 \Rightarrow$ relatives Maximum; $y = f(-1) = 2$; **Tiefpunkt** $H(-1 \mid 2)$

Wendepunkt

Bedingung: $f''(x) = 0$

$3x = 0 \Rightarrow x = 0$

Nachweis: $f'''(0) = 3 \neq 0$ ergibt

Wendepunkt $W(0 \mid 1)$

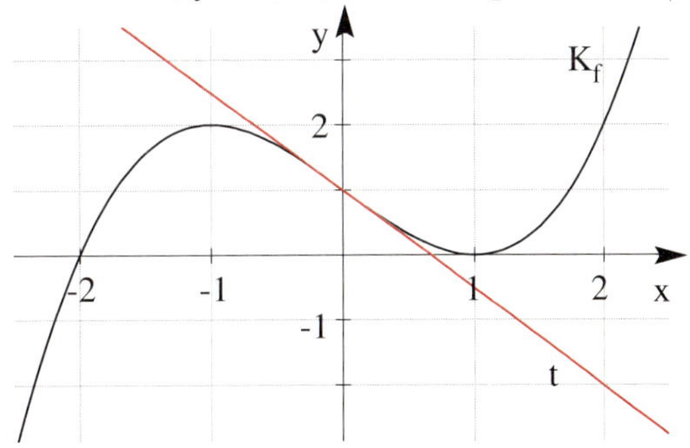

2.2 **Lösungsvariante** a)

Gleichsetzen $f(x) = -\frac{3}{2}x + 1 \Leftrightarrow \frac{1}{2}x^3 = 0$ für $x_{1|2|3} = 0$ (Berührstelle)

Die Gerade t ist Tangente.

Bemerkung: Die Bedingung $f'(0) = t'(0) = -\frac{3}{2}$ ist auch erfüllt.

Lösungsvariante b)

Bedingung für die Berührstelle: $f'(x) = -\frac{3}{2} \Leftrightarrow \frac{3}{2}x^2 = 0$ für $x_{1|2} = 0$

mit $f(0) = t(0) = 1$ gilt die Behauptung: Die Gerade t ist Tangente.

2.3 **Schnittpunkt von K_f und K_h liegt auf der y-Achse**, da $f(0) = h(0) = 1$

K_f und K_g berühren sich in $x = 0$,

wenn zusätzlich gilt: $f'(0) = h'(0)$ (∗)

Mit $h'(x) = -\frac{3}{2}e^{1,5x}$

und damit $h'(0) = -\frac{3}{2}$

ist die Bedingung (∗) erfüllt.

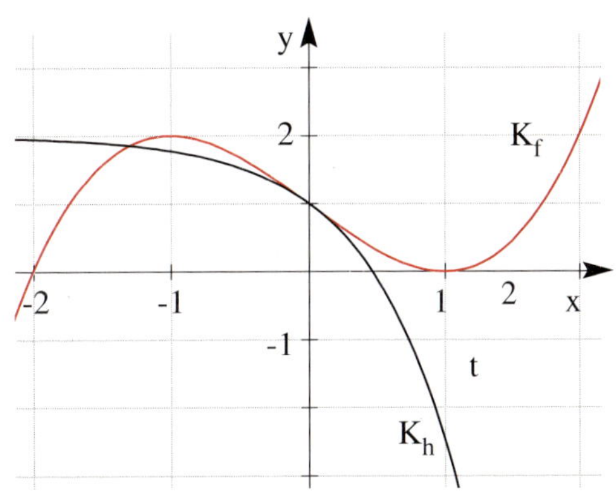

Hauptprüfung 2002 (Fortsetzung)

2.4 Fläche, die begrenzt wird von x = 1 und den Schaubilder K_f und K_h

Fläche zwischen zwei Kurven in den Grenzen x = 0 und x = 1

$$\int_0^1 (f(x) - h(x))\,dx = \int_0^1 \left(\tfrac{1}{2}x^3 - \tfrac{3}{2}x + 1 - \ (2 - e^{1,5x})\right) dx$$

Zusammenfassung

$$= \int_0^1 \left(\tfrac{1}{2}x^3 - \tfrac{3}{2}x - 1 + e^{1,5x}\right) dx$$

$$= \left[\tfrac{1}{8}x^4 - \tfrac{3}{4}x^2 - x + \tfrac{2}{3}e^{1,5x}\right]_0^1$$

$$= -\tfrac{55}{24} + \tfrac{2}{3}e^{1,5} \approx 0,696$$

Flächeninhalt A = 0,696 FE

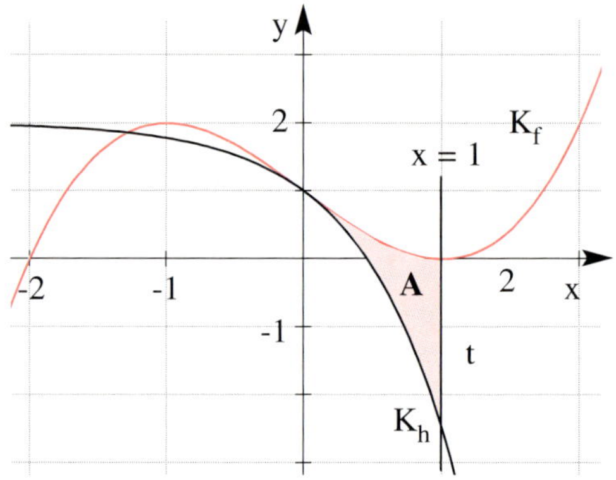

2.5 Ansatz: $y = 2 - ae^{bx}$

Punktprobe mit P(–1 | 3): $3 = 2 - ae^{-b}$ (1)

Punktprobe mit Q(1 | 0): $0 = 2 - ae^{b}$ (2)

Auflösung von (1) nach a: $a = -\frac{1}{e^{-b}} = -e^{b} < 0$

Auflösung von (2) nach a: $a = \frac{2}{e^{b}} > 0$

Dies ist ein Widerspruch, also ist es unmöglich, a und b zu bestimmen.

Bemerkung: Auflösung von (1) nach a

und einsetzen in (2) ergibt $0 = 2 - (-e^{b})e^{b} = 2 + e^{2b}$

die Gleichung hat keine Lösung (ln(–2) ist nicht definiert.)

Hauptprüfung 2001

2.1 Gegeben ist die Funktion f mit $f(x) = 4 - e^{-\frac{1}{2}x}$, $x \in \mathbf{R}$.
Ihr Schaubild ist K.

2.1.1 Berechnen Sie die Schnittpunkte von K mit den Koordinatenachsen.
Zeigen Sie, dass K keine Hoch-, Tief- und Wendepunkte hat.
Zeichnen Sie K für $-3 \leq x \leq 9$ mit 1 LE = 1 cm.

2.1.2 Berechnen Sie den Inhalt der Fläche, die begrenzt wird von K, der x-Achse und der Geraden g mit $y = -x + 3$.

2.2 Das Schaubild P einer ganzrationalen Funktion p zweiten Grades geht durch die Punkte A (0 | 3), B (3 | 0) und C (5 | 0).
Bestimmen Sie die Gleichung der Funktion p.
Zeichnen Sie in das Koordinatensystem von Aufgabenteil 2.1 die Parabel P ein für $-3 \leq x \leq 9$.

2.3 Die Parabel mit der Gleichung $y = \frac{1}{5}x^2 - \frac{8}{5}x + 3$ hat mit dem Schaubild K außer dem Punkt A noch einen weiteren Punkt gemeinsam.
Berechnen Sie dessen Koordinaten mit Hilfe eines Näherungsverfahrens auf zwei Dezimalen gerundet.

2.4 Eine Gerade mit der Gleichung $x = u$ ($0 \leq u \leq 3$) schneidet die Gerade g im Punkt Q und die Parabel P im Punkt R .
Wie muss u gewählt werden, damit die Strecke $\overline{QR}$ möglichst groß wird ?

Hauptprüfung 2001

2.1 $f(x) = 4 - e^{-\frac{1}{2}x}$, $x \in \mathbf{R}$

2.1.1 **Schnittpunkte mit der x-Achse**: $f(x) = 0$ $\quad 4 - e^{-\frac{1}{2}x} = 0$

Logarithmieren $\quad -\frac{1}{2}x = \ln 4 \Rightarrow x = -2 \ln 4$

Schnittpunkt mit der x-Achse: $\quad N(-2 \ln 4 \mid 0)$

Schnittpunkt mit der y-Achse: $\quad S_y(0 \mid 3)$; $\quad e^0 = 1$

Ableitungen: $\quad f'(x) = \frac{1}{2}e^{-\frac{1}{2}x}$; $f''(x) = -\frac{1}{4}e^{-\frac{1}{2}x}$

Wegen $e^{-\frac{1}{2}x} \neq 0$ hat K **keine Hoch-, Tief- und Wendepunkte** .

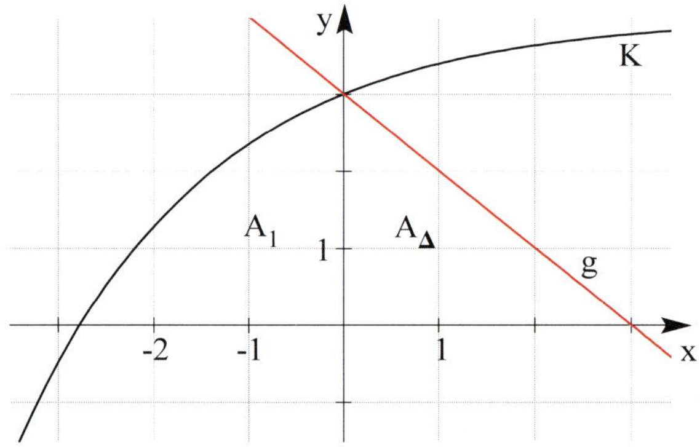

2.1.2 Fläche, die begrenzt wird von K, der x-Achse und g mit $y = -x + 3$

Berechnung in zwei Schritten:

Fläche zwischen Kurve K und den Achsen

$$\int_{-2\ln4}^{0} f(x)\,dx = \int_{-2\ln4}^{0} (4 - e^{-\frac{1}{2}x})\,dx = \left[4x + 2e^{-\frac{1}{2}x}\right]_{-2\ln4}^{0} = 8\ln4 - 6$$

$\Rightarrow A_1 = 5,09$ FE (gerundet auf 2 Dezimalen)

Fläche zwischen der Geraden g und den Achsen (Dreiecksfläche)

$A_\Delta = \frac{1}{2}3^2 = 4{,}5$ **(FE)**

Gesamtfläche $A = A_1 + A_\Delta =$ **9,59 FE**

2.2 Parabel 2. Ordnung in allgemeiner Form: $\quad p(x) = ax^2 + bx + c$

Bedingungen und LGS für a, b, c

Punktprobe $\quad f(0) = 3 \Rightarrow \quad c = 3$

$f(3) = 0 \Rightarrow \quad 9a + 3b = -3$ (mit $c = 3$)

$f(5) = 0 \Rightarrow \quad 25a + 5b = -3$

Auflösung durch Addition ergibt: $\quad a = \frac{1}{5}, b = -\frac{8}{5}$

Funktionsterm : $\quad g(x) = \frac{1}{5}x^2 - \frac{8}{5}x + 3$

Hauptprüfung 2001 (Fortsetzung)

2.2 **Lösungsansatz mit Linearfaktoren**: $g(x) = a(x-3)(x-5)$

da alle beiden Nullstellen $x_1 = 3$ und $x_2 = 5$ bekannt sind.

Punktprobe mit A(0 | 3) ergibt: $g(0) = a(-3)(-5) = 3 \Rightarrow a = \frac{1}{5}$

Parabelgleichung

$y = \frac{1}{5}(x-3)(x-5)$

$y = \frac{1}{5}x^2 - \frac{8}{5}x + 3$

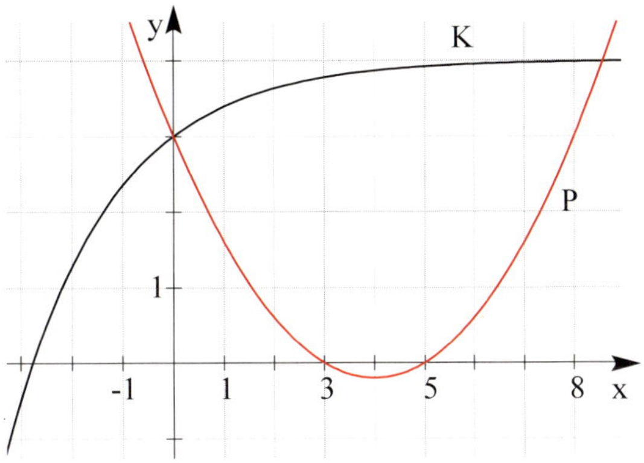

2.3 gemeinsamer Punkt

durch **Gleichsetzen**: f(x) = g(x)

$4 - e^{-\frac{1}{2}x} = \frac{1}{5}x^2 - \frac{8}{5}x + 3$

Nullform

$\frac{1}{5}x^2 - \frac{8}{5}x - 1 + e^{-\frac{1}{2}x} = 0$

$x^2 - 8x - 5 + 5e^{-\frac{1}{2}x} = 0$

Näherungsweise Lösung dieser Gleichung mit dem **Newton-Verfahren**

$h(x) = x^2 - 8x - 5 + 5e^{-\frac{1}{2}x}$; $h'(x) = 2x - 8 - \frac{5}{2}e^{-\frac{1}{2}x}$

Rekursionsformel $x_1 = x_0 - \frac{h(x_0)}{h'(x_0)}$

Startwert aus der Zeichnung: $x_0 = 8$

Einsetzen ergibt: $x_1 = 8{,}617...$; $x_2 = 8{,}575...$; $x_3 = 8{,}575...$

Probe der Genauigkeit: $h(8{,}581) = 0{,}010$; $h(8{,}575) = -0{,}0001$

Vorzeichenwechsel => x_s gerundet auf 2 Dezimalen $x_s = 8{,}58$

Schnittpunkt S(8,58 | 3,99)

Bemerkung: Alle Zahlen zwischen 8,575 und 8,584 werden auf 8,58 gerundet.

2.4 **Extremwertaufgabe**

Länge der Strecke QR: $\overline{QR} = d(u) = p(u) - g(u)$

"großer y-Wert – kleiner y-Wert" $d(u) = -u + 3 - (\frac{1}{5}u^2 - \frac{8}{5}u + 3)$

Zielfunktion d mit $d(u) = -\frac{1}{5}u^2 + \frac{3}{5}u$; $0 \le u \le 3$

Untersuchung auf Maximum

Ableitung $d'(u) = -\frac{2}{5}u + \frac{3}{5}$

Lösung der Gleichung: d'(u) = 0 $-\frac{2}{5}u + \frac{3}{5} = 0$ für $u = \frac{3}{2}$

Randwerte: $d(0) = 0$; $d(3) = 0$

Damit: Für $u = \frac{3}{2}$ wird $\overline{QR}$ **maximal**.

Bemerkung: Der Nachweis für relatives Maximum d"(u) ist **nicht notwendig**, da der Vergleich das absolute Maximum liefert.

Hauptprüfung 2000

2.1 Gegeben ist die Funktion f mit

$$f(x) = 4 \cdot e^{-\frac{1}{4}x} - 2\,,\; x \in \mathbf{R}\,.$$

Ihr Schaubild ist K_f.

Berechnen Sie die Achsenschnittpunkte von K_f.

Zeigen Sie, dass K_f weder Extrem- noch Wendepunkte besitzt.

Zeichnen Sie K_f für $-3 \leq x \leq 5$ mit 1 LE = 1 cm.

2.2 Zeigen Sie, dass die Gerade t mit der Gleichung $y = -x + 2$ das Schaubild K_f im Schnittpunkt mit der y-Achse berührt.

Zeichnen Sie t in das vorhandene Koordinatensystem ein.

Begründen Sie, dass t und K_f keine weiteren gemeinsamen Punkte haben.

2.3 Berechnen Sie den Inhalt derjenigen Fläche, die von K_f, der Geraden t und der x-Achse begrenzt wird.

2.4 Gegeben ist die Funktion g mit

$$g(x) = -\frac{1}{3}x^3 + x + 2,\; x \in \mathbf{R}\,.$$

Zeigen Sie, dass g im Intervall $[\,2;\,3\,]$ eine Nullstelle besitzt und berechnen Sie diese mit Hilfe eines Näherungsverfahrens auf zwei Nachkommastellen gerundet.

2.5 Berechnen Sie Hoch- Tief- und Wendepunkt des Schaubildes K_g von g und zeichnen Sie K_g für $-3 \leq x \leq 3$ in das vorhandene Koordinatensystem.

Zeigen Sie, dass sich K_f und K_g auf der y-Achse rechtwinklig schneiden.

Hauptprüfung 2000

2.1 **Schnittpunkte von K_f mit der x-Achse**

Bedingung: f(x) = 0 $\quad 4\cdot e^{-\frac{1}{4}x} - 2 = 0 \Rightarrow e^{-\frac{1}{4}x} = \frac{1}{2}$

Mit $\ln\frac{1}{2} = -\ln 2$ $\quad -\frac{1}{4}x = -\ln 2 \Rightarrow x = 4\cdot\ln 2 \approx 2{,}77$

Schnittpunkt mit der x-Achse $\quad N(4\cdot\ln 2 \mid 0)$

Schnittpunkt von K_f mit der y-Achse

Mit $y = f(0) = 4\cdot e^0 - 2 = 2$

$\mathbf{S_y(0 \mid 2)}$

Ableitungen: $f'(x) = -e^{-\frac{1}{4}x}$

$f''(x) = \frac{1}{4}e^{-\frac{1}{4}x}$

Hoch- und Tiefpunkte

Bedingung: f'(x) = 0

$-e^{-\frac{1}{4}x} \neq 0$ für alle $x \in \mathbf{R}$

K_f besitzt keine Hoch- und Tiefpunkte.

Wendepunkte

Bedingung: f''(x) = 0

$\frac{1}{4}e^{-\frac{1}{4}x} \neq 0$ für alle $x \in \mathbf{R}$

K_f besitzt keine Wendepunkte.

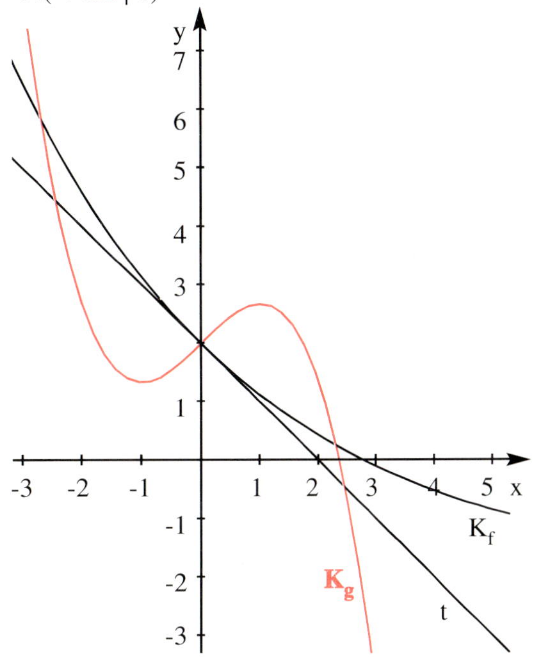

2.2 Der **Berührpunkt** von K_f und der Geraden t liegt **auf der y-Achse**, da $\quad f(0) = t(0) = 2$ (y-Achsenabschnitt von t)

$\wedge\ f'(0) = m_t = -1$ (Steigung von t)

Bemerkung: Im Schnittpunkt B(0 | 2) haben die Kurve K_f und die Gerade t die gleiche Steigung, das heißt B(0 | 2) ist eine Berührpunkt. t ist Tangente an K_f in x = 0.

Warum gibt es keine weiteren Schnittpunkte?

Begründung mit Hilfe des Krümmungsverhaltens (rechnerisch nicht möglich)

$f''(x) = \frac{1}{4}e^{-\frac{1}{4}x} > 0$ für alle $x \in \mathbf{R} \Rightarrow K_f$ ist eine Linkskurve

Die Kurve K_f ist linksgekrümmt, somit gibt es keine weiteren gemeinsame Punkte.

2.3 A_K: Inhalt der Fläche zwischen Kurve K_f und den Koordinatenachsen

A_D: Inhalt der Fläche des Dreiecks, das t mit den Koordinatenachsen bildet

Gesuchter Inhalt: $\quad \mathbf{A = A_K - A_D}$

2.3 **Berechnung von A_K**

Integrationsgrenzen: $x_1 = 0$; $x_2 = 4 \cdot \ln 2$

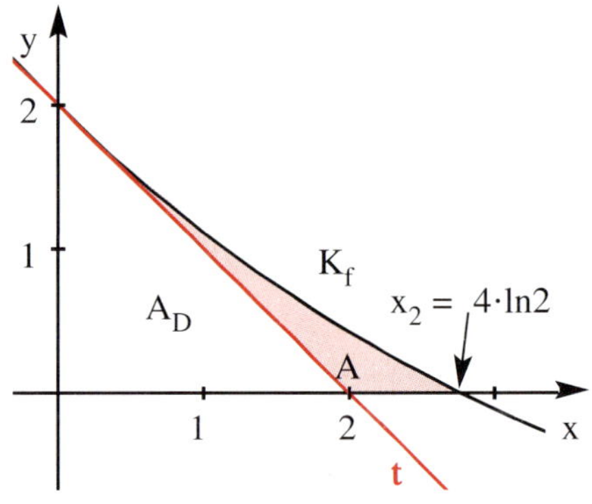

$\int_0^{4\cdot\ln 2} f(x)\,dx = \int_0^{4\cdot\ln 2} (4 \cdot e^{-\frac{1}{4}x} - 2)\,dx$

$= \left[(-16 \cdot e^{-\frac{1}{4}x} - 2x)\right]_0^{4\cdot\ln 2}$

$= -8 - 8\ln 2 - (-16 - 0) = 8 - 8\ln 2$

$\mathbf{A_K = 8 - 8\ln 2} \approx 2{,}455$

Berechnung von A_D

$A_D = \frac{1}{2} \cdot g \cdot h = \frac{1}{2} \cdot 2 \cdot 2 = 2$

$\mathbf{A = A_K - A_D} = (6 - 8\ln 2)$ FE $\approx 0{,}455$ FE

Bemerkung: $e^{-\frac{1}{4}(4\cdot\ln 2)} = e^{-\ln 2} = \frac{1}{2}$

2.4 $g(2) = \frac{4}{3} > 0$; $g(3) = -4 < 0$ d. h. $g(x)$ wechselt das Vorzeichen auf $[2; 3]$, somit hat g eine Nullstelle auf $[2; 3]$.

Bestimmung der Nullstelle mit dem Newton-Verfahren

Bedingung: $g(x) = 0$ $\qquad -\frac{1}{3}x^3 + x + 2 = 0$

Rekursionsformel $\qquad x_{n+1} = x_n - \frac{g(x_n)}{g'(x_n)}$

Mit $g(x) = -\frac{1}{3}x^3 + x + 2$; $g'(x) = -x^2 + 1$ und Startwert $x_0 = 2$

ergeben sich: $\qquad x_1 = 2{,}444...$; $x_2 = 2{,}35915...$; $x_3 = 2{,}35530...$; $x_4 = 2{,}35530...$

$g(2{,}355) = 0{,}001 > 0$; $g(2{,}356) = -0{,}003 < 0$

Nullstelle auf zwei Nachkommastellen gerundet: $x_N = 2{,}36$

2.5 Ableitungen: $g'(x) = -x^2 + 1$; $g''(x) = -2x$; $g'''(x) = -2$

Hoch- und Tiefpunkte

Bedingung: $g'(x) = 0$ $\qquad -x^2 + 1 = 0 \Rightarrow x^2 = 1$

Stellen mit waagrechter Tangente $\qquad x_{1|2} = \pm 1$

Nachweis: $g''(1) = -2 < 0 \Rightarrow$ relatives (lokales) Maximum;

$y = g(1) = \frac{8}{3}$; **Hochpunkt** $H(1 \mid \frac{8}{3})$

$g''(-1) = 2 > 0 \Rightarrow$ relatives (lokales) Minimum;

$y = g(-1) = \frac{4}{3}$; **Tiefpunkt** $T(-1 \mid \frac{4}{3})$

Wendepunkt

Bedingung: $g''(x) = 0$ $\qquad -2x = 0 \Rightarrow x = 0$

Nachweis: $g'''(0) = -2 \neq 0$ ergibt $\qquad$ **Wendepunkt** $W(0 \mid 2)$

Schnittpunkt von K_f und K_g liegt auf der y-Achse, da $f(0) = g(0) = 2$

K_f und K_g schneiden sich in $x = 0$

senkrecht, wenn gilt: $\qquad f'(0) \cdot g'(0) = -1$ (*)

Mit $f'(0) = -1$; $g'(0) = 1$ ist die Bedingung (*) erfüllt.

Hauptprüfung 1999

2.1 Gegeben ist die Funktion f mit

$$f(x) = \frac{1}{3}x^3 - 3x^2 + 6x,\ x \in \mathbf{R}\,.$$

Ihr Schaubild ist K_f.
Berechnen Sie die Schnittpunkte von K_f mit der x-Achse sowie die Hoch-, Tief- und Wendepunkte.

Zeichnen Sie K_f für $-0{,}5 \leq x \leq 7$ mit 1 LE = 1 cm.

2.2 Gegeben ist die Funktion g mit

$$g(x) = e^{\frac{1}{3}x} - e,\ x \in \mathbf{R}\,.$$

Ihr Schaubild ist K_g.
Berechnen Sie die Achsenschnittpunkte von K_g.
Zeigen Sie, dass K_g keine Hoch-, Tief- und Wendepunkte besitzt.

Zeichnen Sie K_g für $-0{,}5 \leq x \leq 7$ in das vorhandene Koordinatensystem ein.

2.3 Bestimmen Sie die Gleichung der Tangente t_1 an K_f im Punkt $W(3 \mid 0)$.
Welche Tangente t_2 an K_g schneidet t_1 rechtwinklig?
Berechnen Sie den Schnittpunkt von t_1 und t_2.

2. 4 Die y-Achse, K_f und K_g schließen eine Fläche ein.
Berechnen Sie deren Inhalt.

Hauptprüfung 1999

2.1 **Schnittpunkte von K_f mit der x-Achse**

Bedingung: $f(x) = 0$ $\frac{1}{3}x^3 - 3x^2 + 6x = 0 \quad | \cdot 3$

Ausklammern $x(x^2 - 9x + 18) = 0$

Satz von Nullprodukt anwenden $x = 0 \vee x^2 - 9x + 18 = 0$

Nullstellen $x_1 = 0,\ x_2 = 6,\ x_3 = 3$

Schnittpunkte mit der x-Achse $N_1(0 \mid 0),\ N_2(6 \mid 0),\ N_3(3 \mid 0)$

Ableitungen: $f'(x) = x^2 - 6x + 6;\ f''(x) = 2x - 6;\ f'''(x) = 2$

Hoch- und Tiefpunkte

Bedingung: $f'(x) = 0$ $x^2 - 6x + 6 = 0$

Stellen mit waagrechter Tangente $x_{1|2} = 3 \pm \sqrt{3};$

$x_1 \approx 4{,}73;\ x_2 \approx 1{,}27$

Nachweis: $f''(4{,}73) \approx 3{,}46 > 0 \Rightarrow$ relatives (lokales) Minimum;

$y = f(4{,}73) \approx -3{,}46;$ **Tiefpunkt** $T(4{,}73 \mid -3{,}46)$

$f''(1{,}27) \approx -3{,}46 < 0 \Rightarrow$ relatives (lokales) Maximum;

$y = f(1{,}27) \approx 3{,}46;$ **Hochpunkt** $H(1{,}27 \mid 3{,}46)$

Wendepunkte

Bedingung: $f''(x) = 0$

$2x - 6 = 0 \Rightarrow x_1 = 3$

Nachweis: $f'''(3) = 2 \neq 0$

Wendepunkt

$W(3 \mid 0) = N_3$

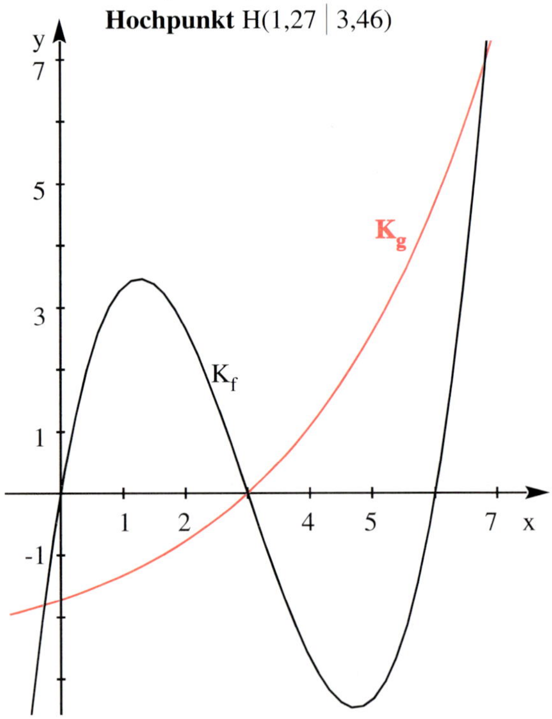

2.2 **Schnittpunkt von K_g mit der x-Achse**

Bedingung: $g(x) = 0$

$e^{\frac{1}{3}x} - e = 0 \Rightarrow e^{\frac{1}{3}x} = e \Rightarrow \frac{1}{3}x = 1 \iff x = 3$

Schnittpunkt mit der x-Achse $N(3 \mid 0)$

Hauptprüfung 1999 (Fortsetzung)

2.2 **Schnittpunkt von K_g mit der y-Achse**

Mit $y = g(0) = 1 - e$ $\quad S_y(0 \mid 1 - e)$

Ableitungen: $g'(x) = \frac{1}{3} e^{\frac{1}{3}x}$; $g''(x) = \frac{1}{9} e^{\frac{1}{3}x}$

Hoch-, Tiefpunkte und Wendepunkte

Wegen $g'(x) \neq 0$ für alle $x \in \mathbb{R}$
und $g''(x) \neq 0$ für alle $x \in \mathbb{R}$
hat K_g keine Hoch-, Tiefpunkte und keine Wendepunkte.

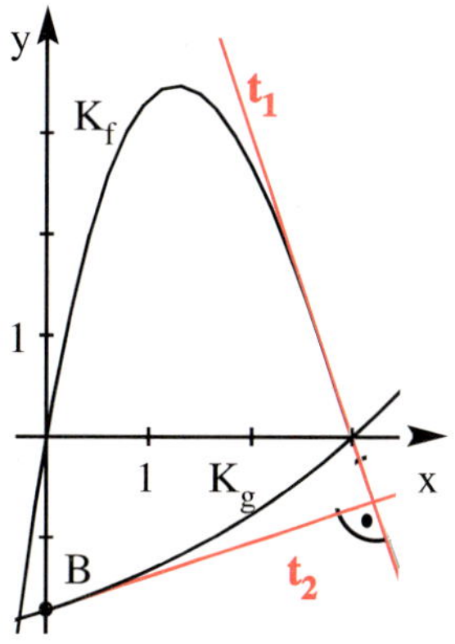

2.3 $W(3 \mid 0)$ ist ein Kurvenpunkt von K_f.

Steigung m_{t_1} im Punkt W: $\quad f'(3) = -3$

Punkt-Steigungs-Form: $\quad y = -3(x - 3)$

Gleichung der Tangente t_1 $\quad t_1$: $y = -3x + 9$

Steigung der Tangente t_2 $\quad m_{t_2} = -\frac{1}{m_{t_1}} = \frac{1}{3}$

(t_2 steht senkrecht auf t_1)

Bedingung für die Berührstelle: $g'(x) = \frac{1}{3}$ $\quad \frac{1}{3} e^{\frac{1}{3}x} = \frac{1}{3} \Rightarrow e^{\frac{1}{3}x} = 1$

Berührstelle $\quad x = 0$

Mit $g(0) = 1 - e$ erhält man den Berührpunkt $\quad B(0 \mid 1 - e) = S_y$

Gleichung der Tangente t_2 $\quad t_2$: $y = \frac{1}{3}x + 1 - e$

Schnittpunkt von t_1 und t_2

Gleichsetzen: $-3x + 9 = \frac{1}{3}x + 1 - e \Leftrightarrow \frac{10}{3}x = 8 + e \Leftrightarrow x = \frac{24 + 3e}{10} \approx 3{,}22$

Einsetzen in eine Gleichung $\quad y = \frac{18 - 9e}{10} \approx -0{,}65$

Schnittpunkt: $S(3{,}22 \mid -0{,}65)$

2.4 **Schnittstelle** von K_f und K_g für $x > 0$: $x = 3$
da $f(3) = g(3) = 0$

Fläche zwischen K_f und K_g ($f(x) > g(x)$ für $0 < x < 3$)

$$\int_0^3 (f(x) - g(x))\,dx = \int_0^3 \left(\frac{1}{3}x^3 - 3x^2 + 6x - (e^{\frac{1}{3}x} - e)\right)dx$$

$$= \left[\frac{1}{12}x^4 - x^3 + 3x^2 - 3e^{\frac{1}{3}x} + ex\right]_0^3 = F(3) - F(0)$$

$$= \frac{27}{4} - (-3) = \frac{39}{4}$$

A = 9,75 FE

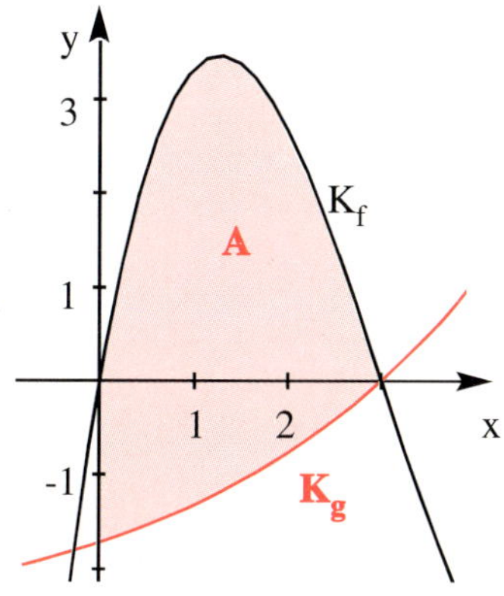

Hauptprüfung 1998

Gegeben ist die Funktion f mit

$$f(x) = -\frac{1}{2}x^3 + \frac{3}{2}x + 2, \quad x \in \mathbf{R}.$$

Ihr Schaubild ist K_f.

2.1 Berechnen Sie Hoch- , Tief- und Wendepunkte von K_f.

Zeichnen Sie K_f für $-2{,}2 \leq x \leq 2{,}5$ mit 1 LE = 2 cm.

2.2 Die Gerade g mit der Gleichung $y = -\frac{1}{2}x + 2$ begrenzt mit K_f ein Flächenstück im 1. Quadranten.

Berechnen Sie dessen Inhalt.

2.3 Zeigen Sie: Die Tangente an K_f in Q(2 | 1) hat noch einen weiteren gemeinsamen Punkt mit K_f.

2.4 Vom Punkt P(2 | 5) werden Tangenten an K_f gelegt. Bestimmen Sie die Gleichungen dieser Tangenten.

2.5 Gegeben ist die Funktion h mit $h(x) = a \cdot e^{kx}$, $x \in \mathbf{R}$.

Berechnen Sie a und k so, dass sich das Schaubild K_h von h und K_f auf der y-Achse berühren.

Zeichnen Sie K_h in das vorhandene Koordinatensystem ein.

Hauptprüfung 1998

2.1 **Ableitungen:** $f'(x) = -\frac{3}{2}x^2 + \frac{3}{2}$; $f''(x) = -3x$; $f'''(x) = -3$

Extrema:

Bedingung: $f'(x) = 0$ $\quad -\frac{3}{2}x^2 + \frac{3}{2} = 0 \iff -\frac{3}{2}(x^2 - 1) = 0$

Stellen mit **waagrechter** Tangente $\quad x_1 = 1, x_2 = -1$

Nachweis: $f''(1) = -3 < 0 \Rightarrow$ relatives Max. in $x_1 = 1$; $f(1) = 3 \Rightarrow$ Hochpunkt **H(1 | 3)**

$f''(-1) = 3 > 0 \Rightarrow$ relatives Min. in $x_2 = -1$; $f(-1) = 1 \Rightarrow$ Tiefpunkt **T (–1 | 1)**

Wendepunkte

Bedingung: $f''(x) = 0$ $\quad -3x = 0 \Rightarrow x = 0$

Mit $f'''(0) = 3 \neq 0$ und $f(0) = 2$ $\quad$ **W (0 | 2)**

2.2 **Integrationsgrenzen = Schnittstellen**

Gleichsetzen : $g(x) = f(x)$

$-\frac{1}{2}x^3 + \frac{3}{2}x + 2 = -\frac{1}{2}x + 2$

$-\frac{1}{2}x^3 + 2x = 0 \mid \cdot 2$

$-x^3 + 4x = 0 \iff x(-x^2 + 4) = 0$

$\Rightarrow x_1 = 0,\ x_2 = -2,\ x_3 = 2$

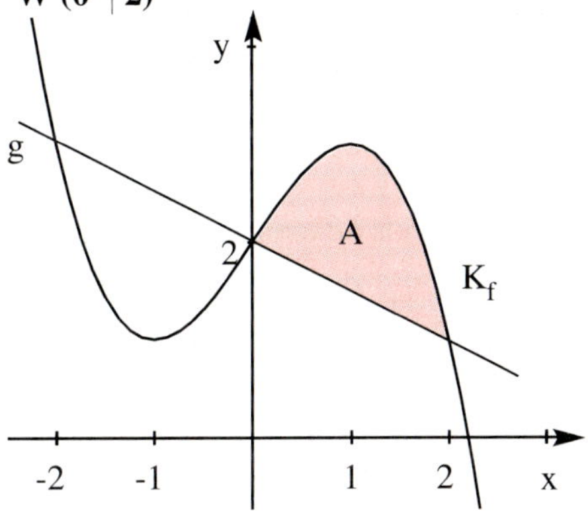

Flächeninhalt der von g und K_f eingeschlossenen Fläche A:

$f(x) > g(x)$ für $0 < x < 2$

$$\int_0^2 (f(x) - g(x))\,dx = \int_0^2 ((-\tfrac{1}{2}x^3 + \tfrac{3}{2}x + 2) - (-\tfrac{1}{2}x + 2))\,dx = \int_0^2 (-\tfrac{1}{2}x^3 + 2x)\,dx$$

$$= \left[-\tfrac{1}{8}x^4 + x^2\right]_0^2 = 2$$

Flächenmaßzahl $\quad$ **A = 2 FE**

2.3 Tangentengleichung: $\quad y = f'(x_0)(x - x_0) + f(x_0)$

Tangente im Kurvenpunkt Q(2 | 1)

Mit $f'(2) = -\frac{9}{2}$ ergibt die PSF $\quad y = -\frac{9}{2}(x - 2) + 1 \Rightarrow$ t: $y = -\frac{9}{2}x + 10$

Gleichsetzen: $f(x) = t(x)$ $\quad -\frac{1}{2}x^3 + \frac{3}{2}x + 2 = -\frac{9}{2}x + 10$

$x^3 - 12x + 16 = 0$

Bekannte **doppelte** Lösung: $x_{1|2} = 2$ (Berührstelle)

Polynomdivision mit $(x - 2)^2 = x^2 + 4x + 4$ ergibt: $(x^3 - 12x + 16) : (x^2 + 4x + 4) = x + 4$

Bemerkung:

Polynomdivision mit $(x - 2)$ ergibt: $\quad (x^3 - 12x + 16) : (x - 2) = x^2 + 2x - 8$

Schnittstellen: $\quad x_{1|2} = 2;\ x_3 = -4$

Mit $t(-4) = 28$ folgt: $\quad$ **S(– 4 | 28)**

7 Bohner/Ihlenburg/Ott – ISBN 3-8120-0459-3

Hauptprüfung 1998 (Fortsetzung)

2.4 Tangentengleichung: $y = f'(x_0)(x - x_0) + f(x_0)$

Tangente im Berührpunkt B$(u|f(u))$: $y = (-\frac{3}{2}u^2 + \frac{3}{2})(x - u) + (-\frac{1}{2}u^3 + \frac{3}{2}u + 2)$ (*)

Punktprobe mit $P(2|5)$: $5 = (-\frac{3}{2}u^2 + \frac{3}{2})(2 - u) + (-\frac{1}{2}u^3 + \frac{3}{2}u + 2)$

Gleichung in u $u^3 - 3u^2 = 0 \iff u^2(u - 3) = 0$

Berührstellen $u_{1|2} = 0;\ u_2 = 3$

Einsetzen in (*) ergibt die **Tangentengleichungen** **oder**

für $u_{1|2} = 0$: $f'(0) = \frac{3}{2}$; $f(0) = 2$
=> t_1: $y = \frac{3}{2}x + 2$

für $u_3 = 3$: $f'(3) = -12$; $f(3) = -7$
=> t_2: $y = -12x + 29$

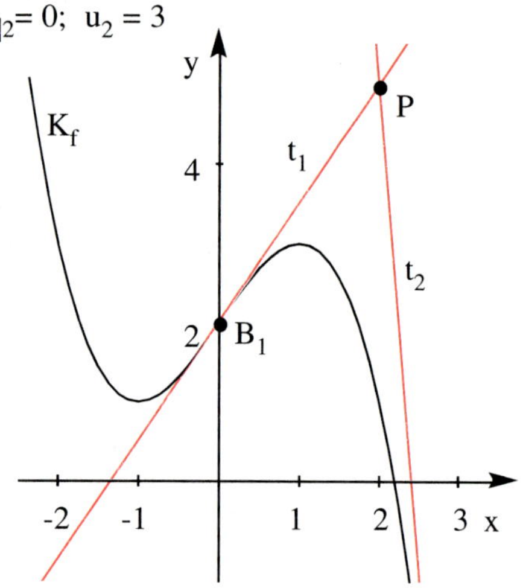

2.5 Funktion h mit
$h(x) = a \cdot e^{k \cdot x}$ und $h'(x) = a \cdot k \cdot e^{k \cdot x}$

K_f und K_h **berühren** sich auf der y-Achse, wenn
$f(0) = h(0)$ **und** $f'(0) = h'(0)$
(gleiche Steigung im Schnittpunkt)

Bedingungen für a und k:

1. $f(0) = h(0) \Rightarrow 2 = a\,e^{k \cdot 0} \Rightarrow a = 2$
wegen $e^0 = 1$

2. $f'(0) = h'(0) \Rightarrow \frac{3}{2} = a \cdot k \cdot e^{k \cdot 0}$
=> $\frac{3}{2} = a \cdot k$

Einsetzen von a = 2 ergibt $k = \frac{3}{4}$

und $\mathbf{h(x) = 2 \cdot e^{0,75 \cdot x}}$

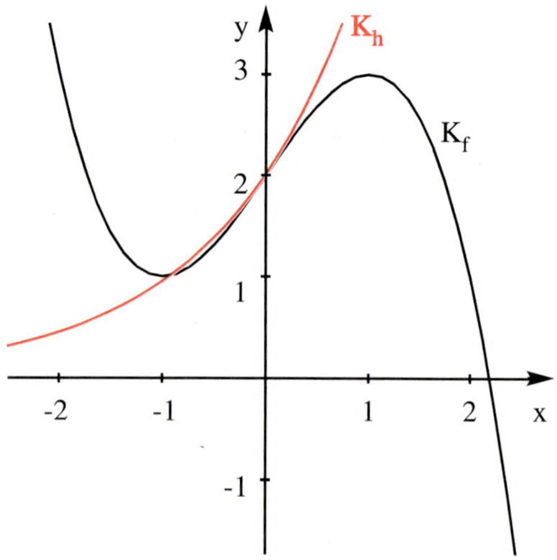

Hauptprüfung 1997

Gegeben ist die Funktion f mit

$$f(x) = -\frac{1}{2}x^3 - \frac{3}{2}x^2 + 2, \quad x \in \mathbf{R}.$$

Ihr Schaubild ist K_f.

2.1 Untersuchen Sie K_f auf Hoch-, Tief- und Wendepunkte sowie Schnittpunkte mit den Koordinatenachsen.

Zeichnen Sie K_f für $-3 \leq x \leq 1{,}5$ mit 1 LE = 2 cm.

2.2 Das Schaubild einer Funktion mit der Gleichung $y = a \cdot e^{kx}$, $x \in \mathbf{R}$, geht durch die Punkte $(-1 \mid 1)$ und $(0 \mid 2)$.

Bestimmen Sie a und k.

2.3 Gegeben ist die Funktion g mit $g(x) = 2\,e^{\ln(2) \cdot x}$, $x \in \mathbf{R}$.
Ihr Schaubild ist K_g.

Zeichnen Sie K_g in das Koordinatensystem von Teilaufgabe 2.1 für $-3 \leq x \leq 0{,}5$.

2.4 Zeigen Sie, dass sich K_f und K_g an den Stellen -1 und 0 schneiden. Berechnen Sie die dritte Schnittstelle der beiden Schaubilder mit Hilfe eines Näherungsverfahrens auf zwei Dezimalen gerundet.

2.5 K_f und K_g schließen zwischen den Schnittstellen -1 und 0 eine Fläche ein. Berechnen Sie deren Flächeninhalt auf vier Dezimalen gerundet.

Hauptprüfung 1997

2.1 **Ableitungen**: $f'(x) = -\frac{3}{2}x^2 - 3x$; $f''(x) = -3x - 3$; $f'''(x) = -3$

Extrempunkte

Bedingung: $f'(x) = 0$ $\quad -\frac{3}{2}x^2 - 3x = 0 \Leftrightarrow -x(\frac{3}{2}x + 3) = 0$

Stellen mit waagrechter Tangente $\quad x_1 = 0$, $x_2 = -2$

Nachweis: $f''(0) = -3 < 0 \Rightarrow$ lokales Max. in $x_1 = 0$; $f(0) = 2$: $\quad$ **H**$(0 \mid 2)$

$f''(-2) = 3 > 0 \Rightarrow$ lokales Min. in $x_2 = -2$; $f(-2) = 0$: $\quad$ **T**$(-2 \mid 0)$

Wendepunkt

Bedingung: $f''(x) = 0$ $\quad -3x - 3 = 0 \Rightarrow x = -1$

Mit $f'''(-1) = -3 \neq 0$ und $f(-1) = 1 \Rightarrow$ $\quad$ **W**$(-1 \mid 1)$

Schnittpunkt mit der y-Achse: $\quad f(0) = 2 \Rightarrow S_y(0 \mid 2)$

Schnittpunkte mit der x-Achse

Bedingung: $f(x) = 0$ $\quad -\frac{1}{2}x^3 - \frac{3}{2}x^2 + 2 = 0 \Leftrightarrow x^3 + 3x^2 - 4 = 0$

Bekannte (doppelte) Nullstelle: $x_{1|2} = -2$ (Extrempunkt auf der x-Achse)

Bemerkung: **Doppelte** Nullstelle von f bedeutet Extremstelle.

Polynomdivision mit $(x + 2)^2 = x^2 + 4x + 4$ liefert: $(x^3 + 3x^2 - 4) : (x^2 + 4x + 4) = x - 1$

Bemerkung: Polynomdivision mit $(x + 2)$ ergibt:

$(x^3 + 3x^2 - 4) : (x + 2) = x^2 + x - 2$

Nullstellen von f: $\quad x_{1|2} = -2$; $x_3 = 1$

Schnittpunkte mit der x-Achse $\quad N_{1|2}(-2 \mid 0)$; $N_3(1 \mid 0)$

Schaubild zu 2.1 und 2.3

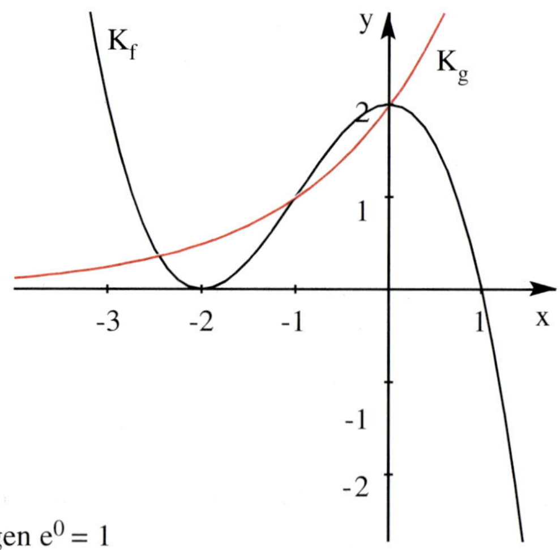

2.2 **Bedingungen für a und k** durch

Punktprobe:

$g(-1) = 1 \Rightarrow ae^{-k} = 1$

$g(0) = 2 \Rightarrow ae^0 = 2 \Leftrightarrow a = 2$ wegen $e^0 = 1$

Einsetzen von a = 2: $\quad 2e^{-k} = 1 \Rightarrow e^{-k} = \frac{1}{2} \Rightarrow -k = \ln(\frac{1}{2})$

Mit $\ln(\frac{1}{2}) = \ln 1 - \ln 2 = -\ln 2$ $\quad -k = -\ln(2) \Rightarrow k = \ln(2)$

gesuchter **Funktionsterm**: $\quad y = g(x) = 2 \cdot e^{\ln(2) \cdot x}$

Hauptprüfung 1997 (Fortsetzung)

2.4 $x = -1$ ist **Schnittstelle**, wenn $f(-1) = g(-1)$: $1 = 2e^{-\ln 2} = 2 \cdot \frac{1}{2} = 1$ wahre Aussage

wegen $e^{-\ln 2} = \frac{1}{e^{\ln 2}} = \frac{1}{2}$

$x = 0$ ist **Schnittstelle**, wenn $f(0) = g(0$

wahre Aussage

Weitere Schnittstelle durch Gleichsetzen: $f(x) = g(x)$

$-\frac{1}{2}x^3 - \frac{3}{2}x^2 + 2 = 2\,e^{\ln(2)x}$

Nullform $-\frac{1}{2}x^3 - \frac{3}{2}x^2 + 2 - 2\,e^{\ln(2)x} = 0$

Näherungsweise Lösung dieser Gleichung mit dem Newton-Verfahren

$h(x) = -\frac{1}{2}x^3 - \frac{3}{2}x^2 + 2 - 2\,e^{\ln(2)x}$

$h'(x) = -\frac{3}{2}x^2 - 3x - 2\ln 2\,e^{\ln(2)x}$

Rekursionsformel $x_1 = x_0 - \frac{h(x)}{h'(x)}$

Startwert aus der Zeichnung: $x_0 = -2{,}5$

Einsetzen ergibt die Näherungswerte: $x_1 = -2{,}4604...$; $x_2 = -2{,}4586...$;

$x_3 = -2{,}4586...$

Probe der Genauigkeit: $h(-2{,}455) \approx -0{,}007$; $h(-2{,}464) \approx 0{,}010$

Vorzeichenwechsel: x_s gerundet auf 2 Dezimalen: $x_s \approx -2{,}46$

Bemerkung: Alle Zahlen zwischen $-2{,}455$ und $-2{,}464$ werden auf $-2{,}46$ gerundet.

2.5 **Fläche zwischen K_f und K_g :**

$f(x) > g(x)$ für $-1 < x < 0$

$\int_{-1}^{0} (f(x) - g(x))dx =$

$\int_{-1}^{0} (-\frac{1}{2}x^3 - \frac{3}{2}x^2 + 2 - 2\,e^{\ln(2)x})\,dx$

$= \left[-\frac{1}{8}x^4 - \frac{1}{2}x^3 + 2x - \frac{2}{\ln 2}e^{\ln 2x} \right]_{-1}^{0}$

$= F(0) - F(-1)$

$= -\frac{2}{\ln 2} - (-\frac{13}{8} - \frac{1}{\ln 2}) = 0{,}1823...$

gesuchter **Flächeninhalt**:

$A \approx 0{,}1823$ FE

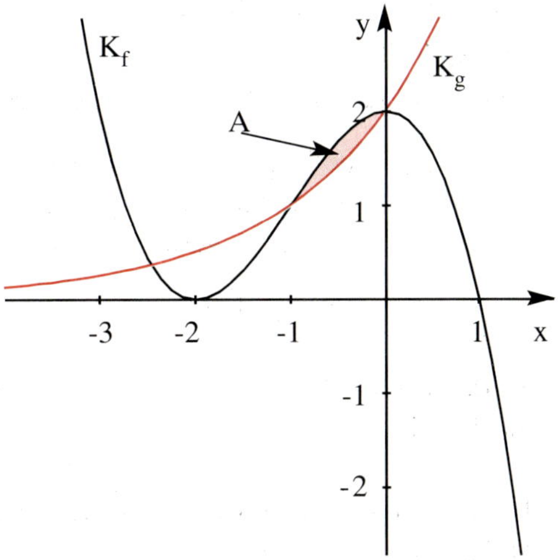

Hauptprüfung 1996

2.1 Das Schaubild einer ganzrationalen Funktion dritten Grades berührt die x-Achse im Ursprung.
An der Stelle 6 schneidet es die x-Achse mit der Tangentensteigung – 6.

Bestimmen Sie die Funktionsgleichung.

2.2 Die Funktion f ist gegeben durch

$$f(x) = -\frac{1}{6}x^3 + x^2, \; x \in \mathbf{R}.$$

Ihr Schaubild ist K_f.

Bestimmen Sie die gemeinsamen Punkte von K_f mit den Koordinatenachsen, und untersuchen Sie K_f auf Hoch-, Tief- und Wendepunkte.

Zeichnen Sie K_f für $-2 \leq x \leq 6{,}5$ mit 1 LE = 1 cm.

2.3 Die Funktion g ist bestimmt durch $g(x) = e^{0,5x} - 2x - 1, \; x \in \mathbf{R}$.

Zeichnen Sie ihr Schaubild K_f für $-1{,}5 \leq x \leq 6$ in das vorhandene Koordinatensystem ein.

Zeigen Sie, dass sich K_f und K_g im Ursprung schneiden.

Im 1. Quadranten liegt ein weiterer gemeinsamer Punkt.
Berechnen Sie die Schnittstelle x_s näherungsweise mit Hilfe eines geeigneten numerischen Verfahrens auf zwei Dezimalen gerundet.

2.4 Bestimmen Sie die Gleichung derjenigen Tangente t_f an K_f, deren Steigung maximal ist.

Bestimmen Sie die Koordinaten des Berührpunktes derjenigen Tangente an K_g, die parallel zu t_f ist.

Hauptprüfung 1996

2.1 Ansatz für eine Parabel 3.Ordnung $f(x) = ax^3 + bx^2 + cx + d$

Ableitung: $f'(x) = 3ax^2 + 2bx + c$

Bedingungen und LGS

Punktprobe	1. $f(0) = 0$	=>	$d = 0$
Punktprobe	2. $f(6) = 0$	=>	$216a + 36b + 6c + d = 0$
berührt die x-Achse	3. $f'(0) = 0$	=>	$c = 0$
Steigung – 6	4. $f'(6) = -6$	=>	$108a + 12b + c = -6$

Einsetzen von c = 0 und d = 0 ergibt ein

LGS für a und b: $216a + 36b = 0 \Rightarrow 6a + b = 0$

$108a + 12b = -6 \Rightarrow 18a + 2b = -1$

Auflösung ergibt: $a = -\frac{1}{6}$ und $b = 1$

Funktionsterm: $f(x) = -\frac{1}{6}x^3 + x^2$

2.2 **Schnittpunkte mit der x-Achse**

Bedingung: $f(x) = 0 \Rightarrow$ $-\frac{1}{6}x^3 + x^2 = 0 \Leftrightarrow -\frac{1}{6}x^2(x-6) = 0$

Nullstellen $x_{1|2} = 0;\ x_3 = 6$

Schnittpunkte mit der x-Achse: $N_1(0 \mid 0) = S_y;\ N_2(6 \mid 0)$

Bemerkung: x = 0 ist **doppelte** Nullstelle von f => x = 0 ist Extremstelle.

Ableitungen: $f'(x) = -\frac{1}{2}x^2 + 2x;\ f''(x) = -x + 2;\ f'''(x) = -1$

Extrempunkte

Bedingung: $f'(x) = 0$ $-\frac{1}{2}x^2 + 2x = 0 \Leftrightarrow -\frac{1}{2}x(x-4) = 0$

Stellen mit waagrechter Tangente $x_1 = 0;\ x_2 = 4$

Nachweis: $f''(0) = 2 > 0 \Rightarrow$ rel. Min. für $x_1 = 0$: Tiefpunkt $T(0 \mid 0)$

$f''(4) = -2 < 0 \Rightarrow$ rel. Max. für $x_2 = 4$; $f(4) = \frac{16}{3}$: Hochpunkt $H(4 \mid \frac{16}{3})$

Wendepunkt

Bedingung: $f''(x) = 0$

$-x + 2 = 0 \Rightarrow x = 2$

Mit $f'''(2) = -1 \neq 0$

und $f(2) = \frac{8}{3}$

Wendepunkt $W(2 \mid \frac{8}{3})$

Bemerkung:

Bei einer Parabel 3. Ordnung ist der Wendepunkt W der Mittelpunkt der Strecke HT.

Schaubild zu 2.2 und 2.3

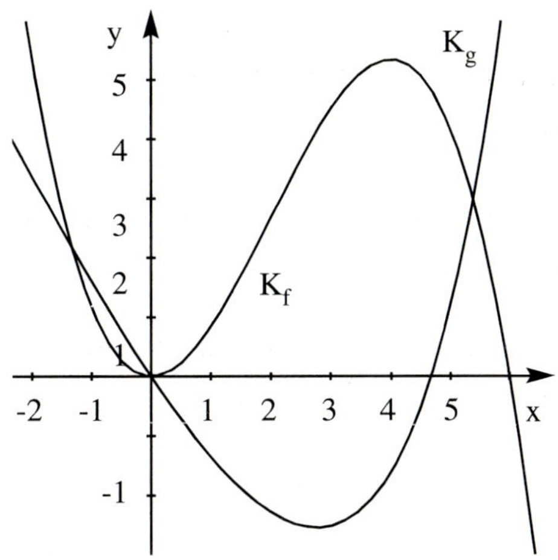

Hauptprüfung 1996 (Fortsetzung)

2.3 **Punktprobe**: $f(0) = 0$ und $g(0) = 0$

K_f und K_g schneiden sich im Ursprung.

Weiterer Schnittpunkt durch Gleichsetzen: $f(x) = g(x)$

Nullform $e^{0,5x} + \frac{1}{6}x^3 - x^2 - 2x - 1 = 0$

Lösung dieser Gleichung mit dem Newton'schen Näherungsverfahren.

Rekursionsformel: $x_1 = x_0 - \frac{h(x_0)}{h'(x_0)}$

mit $h(x) = e^{0,5x} + \frac{1}{6}x^3 - x^2 - 2x - 1$, $h'(x) = 0,5e^{0,5x} + 0,5x^2 - 2x - 2$

und einem **Startwert** aus der Zeichnung $x_0 = 5,5$

Einsetzen ergibt die Näherungen $x_1 = 5,3872...$, $x_2 = 5,3821...$, $x_3 = 5,3821...$

Probe der Genauigkeit: $h(5,375) \approx -0,06$; $h(5,384) \approx 0,01$

Vorzeichenwechsel => x_S auf 2 Dezimalen gerundet: $x_S = 5,38$

Bemerkung: Alle Zahlen zwischen 5,375 und 5,384 werden auf 5,38 gerundet.

2.4 **Maximale Steigung im Wendepunkt** $W(2 \mid \frac{8}{3}) \Rightarrow f'(2) = 2$

Einsetzen in die Punkt-Steigungsform $y = 2(x-2) + \frac{8}{3}$

Geradengleichung von t_f: t_f: $y = 2x - \frac{4}{3}$

Bedingung für die Berührstelle: $g'(x) = 2 \Rightarrow 0,5e^{0,5x} - 2 = 2$

(Parallel heißt gleiche Steigung) $e^{0,5x} = 8$

Logarithmieren $0,5x = \ln(8)$

Mit $\ln 8 = \ln(2^3) = 3\ln 2$ $x = 6\ln(2) \approx 4,16$

Einsetzen in g(x): $g(6\ln 2) = 7 - 12\ln(2) \approx -1,32$

Berührpunkt auf K_g:

B(4,16 | –1,32)

Bemerkung:

Notwendige Bedingung für **maximale Steigung:**

$(f')'(x) = f''(x) = 0$

(Vgl. Bedingung für Wendestellen)

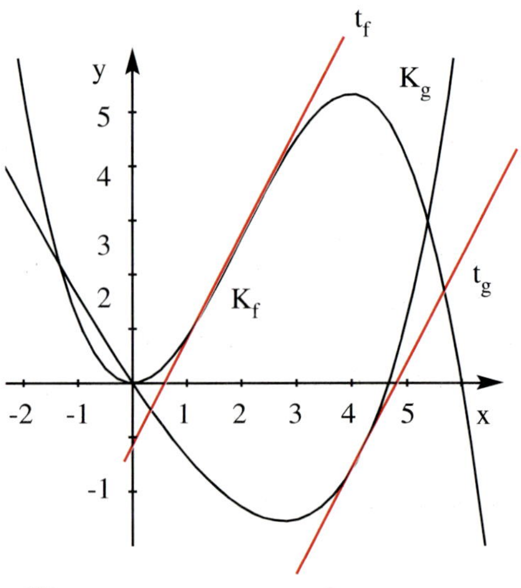

Hauptprüfung 2002

3.1 Die gezeichnete Kurve ist das Schaubild einer Funktion mit der Gleichung
$y = a + b \sin(x)$

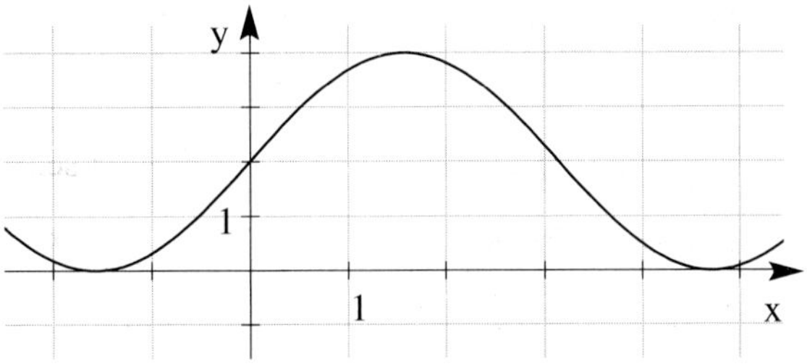

Ermitteln Sie die Werte für a und b anhand des Schaubildes und begründen Sie Ihre Entscheidung.
Geben Sie die Koordinaten der beiden Wendepunkte an.

3.2 Gegeben ist die Funktion f mit $f(x) = 2 - x + 2\sin(x)$, $x \in [-2;\ 5]$.
Ihr Schaubild ist K_f.
Untersuchen Sie K_f auf Hoch-, Tief- und Wendepunkte.
Zeichnen Sie K_f mit 1 LE = 1 cm.

3.3 Berechnen Sie mit Hilfe eines Näherungsverfahrens die Nullstelle von f auf 3 Nachkommastellen gerundet.

3.4 Zeigen Sie rechnerisch, dass die zweite Winkelhalbierende das Schaubild K_f in zwei Punkten berührt.
Berechnen Sie den Inhalt der von K_f und der zweiten Winkelhalbierenden eingeschlossenen Fläche.

3.5 Gegeben ist die Funktion g mit $g(x) = 2 \cdot (\sin(x) + 1)$, $x \in [-2; 5]$.
Ihr Schaubild ist K_g.
In den Kurvenpunkten $A(0 \mid 2)$ und $B(\pi \mid 2)$ werden die Tangenten an K_g gelegt.
Diese Tangenten schneiden sich in einem Punkt C.
Berechnen Sie die Koordinaten von C.
Weisen Sie nach, dass das Dreieck mit den Ecken A, B und C gleichschenklig ist.

Hauptprüfung 2002

3.1 Wir lesen ab: $S_y(0 \mid 2)$ => a = 2, wegen sin 0 = 0

Die y-Werte liegen zwischen 0 und 4 => b = 2

denn: y = 2 + b sin (x) hat die Amplitude | b | und

die y-Werte liegen zwischen 2 – b und 2 + b $(-1 \leq \sin(x) \leq 1)$

oder:

Tiefpunkt hat den y-Wert 0 => Bedingung für die Extremstelle: g '(x) = 0

Mit g '(x) = b cos (x) = 0 für $x_{1|2} = \pm \frac{\pi}{2}$

Aus $g(-\frac{\pi}{2}) = 0$ erhält man durch Einsetzen $(\sin(-\frac{\pi}{2}) = -1)$: 0 = 2 – b <=> b = 2

Wendepunkte: $W_1(0 \mid 2)$; $W_2(\pi \mid 2)$

3.2 **Funktionsterm** $f(x) = 2 - x + 2\sin(x)$

Ableitungen: $f'(x) = -1 + 2\cos(x)$; $f''(x) = -2\sin(x)$; $f'''(x) = -2\cos(x)$

Hoch- und Tiefpunkte von K_f

Bedingung: f '(x) = 0 $-1 + 2\cos(x) = 0 \Rightarrow \cos(x) = \frac{1}{2}$

Stellen mit waagrechter Tangente $x_1 = -\frac{\pi}{3}$; $x_2 = \frac{\pi}{3}$

Nachweis: $f''(-\frac{\pi}{3}) = \sqrt{3}$ => rel. Minimum in $x_1 \approx -1{,}05$: T(– 1,05 | 1,32)

$f''(\frac{\pi}{3}) = -\sqrt{3}$ => rel. Maximum in $x_2 \approx 1{,}05$: H(1,05 | 2,68)

Bemerkung: Die exakten y-Werte der Extrempunkte sind:

$$f(-\frac{\pi}{3}) = \frac{\pi}{3} - \sqrt{3} + 2;\ f(\frac{\pi}{3}) = -\frac{\pi}{3} + \sqrt{3} + 2$$

Wendepunkte

Bedingung: f "(x) = 0

$-2\sin(x) = 0 \Rightarrow x_1 = 0$; $x_2 = \pi$

Nachweis:

$f'''(0) = -2 \neq 0$; $f'''(\pi) = 2 \neq 0$

Wendepunkte:

$W_1(0 \mid 2)$;

$W_2(\pi \mid 2 - \pi) = W_2(3{,}14 \mid -1{,}14)$

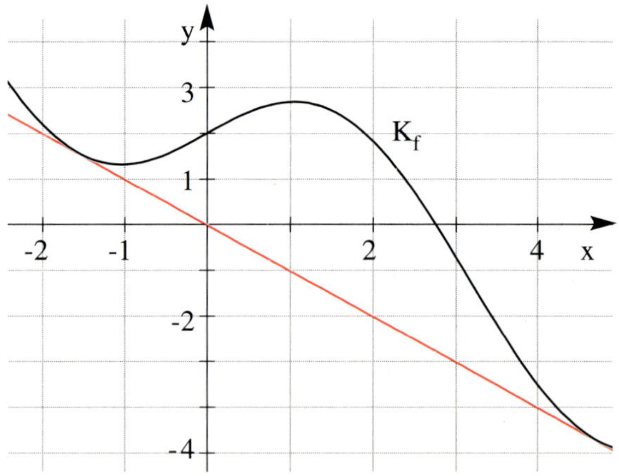

3.3 **Näherungsweise Lösung** der Gleichung f(x) = 0 mit dem Newton-Verfahren

Anwendung der **Rekursionsformel** $$x_{n+1} = x_n - \frac{f(x_n)}{f'(x_n)}$$

Hauptprüfung 2002 (Fortsetzung)

3.3 mit $f(x) = 2 - x + 2\sin(x)$ und $f'(x) = -1 + 2\cos(x)$
und dem Startwert $x_0 = 3$
ergeben sich die Näherungswerte: $x_1 = 2{,}7591...$; $x_2 = 2{,}7546...$; $x_3 = 2{,}7546...$
Nullstelle auf drei Nachkommastellen gerundet: $\mathbf{x_N = 2{,}755}$

3.4 Gleichung der 2. Winkelhalbierenden: $y = -x$ mit Steigung $m = -1$
Gleichsetzen $f(x) = -x \iff \sin(x) = -1$ für $x_1 = -\frac{\pi}{2}$; $x_2 = \frac{3\pi}{2}$
Berühren liegt vor, wenn zusätzlich die Steigungen übereinstimmen.
Mit $f'(-\frac{\pi}{2}) = -1$ und $f'(\frac{3\pi}{2}) = -1$ gilt:
die zweite Winkelhalbierende berührt das Schaubild K_f in zwei Punkten.
Flächenberechnung:
Fläche zwischen zwei Kurven in den Grenzen $x_1 = -\frac{\pi}{2}$ und $x_2 = \frac{3\pi}{2}$

$$\int_{-\frac{\pi}{2}}^{\frac{3\pi}{2}} (f(x) - y)\,dx = \int_{-\frac{\pi}{2}}^{\frac{3\pi}{2}} (2\sin(x) + 2)\,dx = \left[-2\cos(x) + 2x\right]_{-0{,}5\pi}^{1{,}5\pi} = 4\pi$$

wegen $\cos(1{,}5\pi) = 0$ und $\cos(-0{,}5\pi) = 0$
Flächeninhalt: $A = 4\pi$ FE

3.5 Das Schaubild der Funktion g ist die gezeichnete Kurve auf dem Aufgabenblatt.
$g'(x) = 2\cos(x)$
Tangente in $A(0 \mid 2)$:
Mit $g'(0) = 2$: $y = 2x + 2$
Tangente in $B(\pi \mid 2)$:
Mit $g'(\pi) = -2$: $y = -2x + 2\pi + 2$
Gleichsetzen:
$2x + 2 = -2x + 2\pi + 2 \iff x = \frac{\pi}{2}$
Koordinaten von $C(\frac{\pi}{2} \mid \pi + 2)$
Die Strecke AB ist parallel

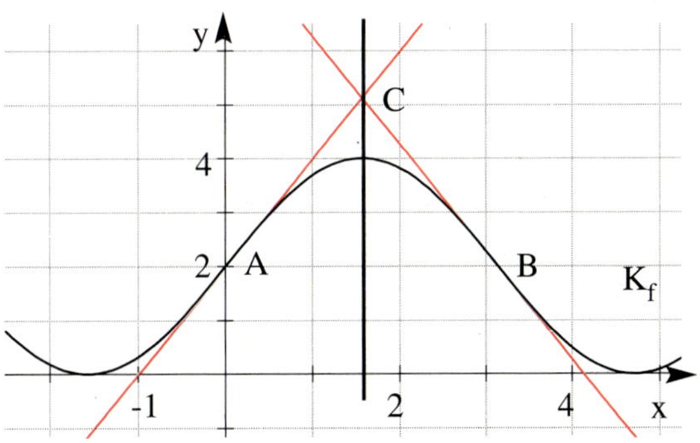

zur x-Achse. C liegt auf der Mittelsenkrechten ($x = \frac{\pi}{2}$) der Strecke AB.
=> Das Dreieck ABC ist gleichschenklig.

oder:

Die Steigung der Geraden (AC) ist 2, die Steigung der Geraden (BC) ist – 2, d. h. die Geraden bilden mit der Waagrechten AB in A bzw. in B den gleichen Winkel ($\sphericalangle$ CAB = $\sphericalangle$ ABC) => Das Dreieck ABC ist gleichschenklig.

Bemerkung: Die Berechnung der Seitenlängen mit Pythagoras macht viel mehr Rechenarbeit.

Hauptprüfung 2001

Gegeben ist die Funktion f durch

$f(x) = \frac{1}{2}x - \frac{1}{2}\sin(x) - 1 , \quad x \in [-5; 5]$

Ihr Schaubild ist K_f.

3.1 Zeigen Sie, dass K_f keine Hoch- und Tiefpunkte hat und bestimmen Sie die Wendepunkte.
Zeichnen Sie K_f mit 1 LE = 1 cm.

3.2 Begründen Sie, dass es keinen Punkt auf K_f gibt, in dem die Steigung der Tangente negativ ist.
Zeigen Sie, dass $y = \frac{x}{2} - \frac{3}{2}$ die Gleichung einer Tangente t an K_f ist.
Bestimmen Sie die Koordinaten der Berührpunkte.

3.3 Die Tangente t: $y = \frac{x}{2} - \frac{3}{2}$ schließt mit K_f ein Flächenstück ein.
Berechnen Sie dessen Flächeninhalt.

3.4 Gegeben ist die Funktion g durch
$g(x) = \frac{1}{2}x - a\sin(x) - 1 , \quad x \in [0; 5] , \quad a > \frac{1}{2}$.
Ihr Schaubild K_g schließt mit K_f eine Fläche mit dem Inhalt 5 FE ein.
Bestimmen Sie a.

Hauptprüfung 2001

$f(x) = \frac{1}{2}x - \frac{1}{2}\sin x - 1, \quad x \in [-5; 5]$

3.1 **Ableitungen** $f'(x) = \frac{1}{2} - \frac{1}{2}\cos x$; $f''(x) = \frac{1}{2}\sin x$; $f'''(x) = \frac{1}{2}\cos x$

Extrempunkte

notwendige Bedingung: $f'(x) = 0$ $\frac{1}{2} - \frac{1}{2}\cos x = 0 \iff \cos x = 1$

einzige Lösung auf D: $x_1 = 0$

Nachweis: $f''(0) = \frac{1}{2}\sin 0 = 0$

Mit $f'''(0) = \frac{1}{2}\cos 0 = \frac{1}{2} \neq 0$

erhält man: **K_f hat keine Hoch- und Tiefpunkte.**

Wendepunkt $W_1(0 \mid -1)$ ist ein **Sattelpunkt**.

Wendepunkte

notwendige Bedingung: $f''(x) = 0$ $\frac{1}{2}\sin x = 0$

Lösungen auf D: $x_1 = 0$; $x_2 = -\pi$; $x_2 = \pi$

Aus $f'''(-\pi) = \frac{1}{2}\cos(-\pi) \neq 0$ folgt mit $f(-\pi) = -\frac{\pi}{2} - 1$: $W_2(-\pi \mid -2{,}57)$

Aus $f'''(\pi) = \frac{1}{2}\cos(\pi) \neq 0$ folgt mit $f(\pi) = \frac{\pi}{2} - 1$: $W_3(\pi \mid 0{,}57)$

3.2 **Steigung einer Tangente**

$f'(x) = \frac{1}{2} - \frac{1}{2}\cos x = \frac{1}{2}(1 - \cos x)$

Da $\cos x \leqslant 1$ für alle x gilt:

$(1 - \cos x) \geqslant 0$

und damit gilt: $f'(x) \geqslant 0$

also **nicht negativ**.

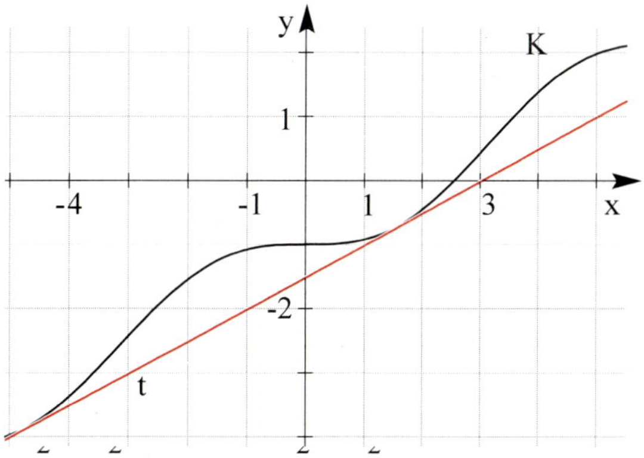

t: $y = \frac{x}{2} - \frac{3}{2}$ ist Tangente an K_f

Gleichsetzen $f(x) = t(x)$ ergibt:

Vereinfachung $\frac{1}{2}\sin x = \frac{1}{2} \iff \sin x = 1$

Lösungen auf D: $x_1 = \frac{\pi}{2}$; $x_2 = -\frac{3}{2}\pi$

Tangente heißt berühren, also **gleiche Steigung**.

Probe durch Einsetzen: $f'(\frac{\pi}{2}) = \frac{1}{2} = m_t$; $f'(-\frac{3}{2}\pi) = \frac{1}{2} = m_t$

Koordinaten der **Berührpunkte**

Mit $f(\frac{\pi}{2}) = \frac{\pi}{4} - \frac{3}{2}$ $\Rightarrow B_1(\frac{\pi}{2} \mid \frac{\pi}{4} - \frac{3}{2})$;

mit $f(-\frac{3}{2}\pi) = \frac{-3\pi}{4} - \frac{3}{2}$ $\Rightarrow B_2(\frac{\pi}{2} \mid \frac{-3\pi}{4} - \frac{3}{2})$

t berührt K_f in **zwei Punkten.**

Hauptprüfung 2001 (Fortsetzung)

3.2 **Bemerkung**: Beginnt man die Rechnung mit der Berührbedingung: $f'(x) = \frac{1}{2}$ so ergeben sich mit $\cos x = 0$ auf D vier Lösungen, die durch Einsetzen geprüft werden müssen. Dies bedeutet mehr Rechenarbeit.

3.3 **Flächenberechnung: Fläche zwischen Kurve K_f und der Tangente**

Die Integrationsgrenzen sind aus 3.2 bekannt

Differenzfunktion d mit $d(x) = f(x) - t(x) = \frac{1}{2}x - \frac{1}{2}\sin x - 1 - (\frac{1}{2}x - \frac{3}{2})$

$$d(x) = -\frac{1}{2}\sin x + \frac{1}{2}$$

Integration: $\int_{-1,5\pi}^{0,5\pi} (f(x) - t(x))\,dx = \int_{-1,5\pi}^{0,5\pi} (-\frac{1}{2}\sin x + \frac{1}{2})dx$

$$= \left[\frac{1}{2}x + \frac{1}{2}\cos x\right]_{-1,5\pi}^{0,5\pi} = (\frac{\pi}{4}) - (\frac{-3\pi}{4}) = \pi$$

=> **A = π FE**

3.4 $g(x) = \frac{1}{2}x - a\sin x - 1$, $D = [0; 5]$, $a > \frac{1}{2}$.

Schnittstellen durch Gleichsetzen:

$f(x) = g(x)$ $\qquad \frac{1}{2}x - \frac{1}{2}\sin x - 1 = \frac{1}{2}x - a\sin x - 1$

Vereinfachung und Ausklammern $\qquad \sin x\,(a - \frac{1}{2}) = 0 \iff \sin x = 0$ (wegen $a > \frac{1}{2}$)

Lösungen auf D: $\qquad x_1 = 0;\ x_2 = \pi$

Flächenberechnung: Fläche zwischen den Kurven K_g und K_f

Vorüberlegung: Die Differenzfunktion d mit d(x) = $f(x) - g(x) = \sin x\,(a - \frac{1}{2})$

nimmt auf $[0;\pi]$ **nur positive Werte** an, wegen $\sin x \geqslant 0$ und $(a - \frac{1}{2}) > 0$

also ergibt das Integral $\int_0^{\pi}(f(x) - g(x))\,dx$ einen **positiven Wert**.

Integration: $\int_0^{\pi}(f(x) - g(x))\,dx = \int_0^{\pi}(\sin x\,(a - \frac{1}{2}))\,dx$

$$\left[-(a - \frac{1}{2})\cos x\right]_0^{\pi} = (a - \frac{1}{2}) - (-(a - \frac{1}{2})) = 2a - 1$$

=> **A = (2a – 1) FE**

Bedingung für a: **2a – 1 = 5 => a = 3**

Bemerkung: Ohne die schwierige obige Überlegung liefert die Integration

$$\int_0^{\pi}(f(x) - g(x))\,dx = 2a - 1$$

Für den Flächeninhalt gilt dann $A = |2a - 1|$ (Betrag)

Bedingung für a: $|2a - 1| = 5 \iff 2a - 1 = 5$ oder $-(2a - 1) = 5$

Auflösung ergibt: **a = 3** oder a = –2 (keine Lösung wegen a > 0,5)

Hauptprüfung 2000

3.1 Das Schaubild einer Funktion f mit $f(x) = a \cdot x + \pi + b \cdot \sin(x)$, $x \in \mathbf{R}$, hat im Punkt $P(\pi \mid 0)$ die Steigung – 2.

Bestimmen Sie a und b.

3.2 Gegeben ist die Funktion f mit

$$f(x) = -x + \pi + \sin(x), \quad x \in [-0{,}5; 6{,}5].$$

Ihr Schaubild ist K_f.

Untersuchen Sie K_f auf Hoch-, Tief- und Wendepunkte.

Zeichnen Sie K_f mit 1 LE = 1 cm.

3.3 Gegeben ist die Funktion g mit

$$g(x) = -x + \pi - \frac{3}{2} \cdot \sin(x), \quad x \in [-0{,}5; 6{,}5].$$

Ihr Schaubild ist K_g.

Berechnen Sie die Hoch- und Tiefpunkte von K_g.

Geben Sie deren Koordinaten auf zwei Nachkommastellen gerundet an.

Berechnen Sie die Schnittpunkte von K_f und K_g.

Zeichnen Sie K_g in das vorhandene Koordinatensystem ein.

3.4 Berechnen Sie die Gleichung der Tangente t an K_g im Punkt $B(\pi \mid g(\pi))$.

Zeigen Sie, dass t mit der Normalen zu K_f in $P(\pi \mid 0)$ übereinstimmt.

3.5 K_f und K_g schließen für $0 \leq x \leq \pi$ eine Fläche ein.

Berechnen Sie deren Flächeninhalt.

3.6 Eine Funktion h ist gegeben durch $h(x) = -x + \pi - c \cdot \sin(x)$, $x \in \mathbf{R}$.

Bestimmen Sie $c \in \mathbf{R}$ so, dass $\int_0^{\pi} (f(x) - h(x))\,dx = 4$ ist.

Hauptprüfung 2000

3.1 **Funktionsterm** $f(x) = a \cdot x + \pi + b \cdot \sin(x)$

Ableitung $f'(x) = a + b \cdot \cos(x)$

Bedingungen für a und b: $f(\pi) = 0 \Rightarrow \quad a \cdot \pi + \pi = 0 \quad \Rightarrow \mathbf{a = -1}$

$f'(\pi) = -2 \Rightarrow a - b = -2$

Einsetzen von a = –1 ergibt: **b = 1**

3.2 Funktionsterm $f(x) = -x + \pi + \sin(x)$

Ableitungen: $f'(x) = -1 + \cos(x)$; $f''(x) = -\sin(x)$; $f'''(x) = -\cos(x)$

Hoch- und Tiefpunkte von K_f

Bedingung: $f'(x) = 0$ $\quad -1 + \cos(x) = 0 \Rightarrow \cos(x) = 1$

Stellen mit waagrechter Tangente $x_1 = 0$; $x_2 = 2\pi$

Nachweis: $f''(0) = 0$; $f''(2\pi) = 0$

Bemerkung: Mit Hilfe von f''(x) kann der Nachweis für die Extremstellen nicht geführt werden. Wir untersuchen zunächst einmal die Wendestellen. Vielleicht sind $x_1 = 0$ und $x_2 = 2\pi$ Wendestellen und somit keine Extremstellen.

Wendepunkte

Bedingung: $f''(x) = 0$ $\quad -\sin(x) = 0 \Rightarrow x_1 = 0$; $x_2 = \pi$; $x_3 = 2\pi$

Nachweis: $f'''(0) = -1 \neq 0$; $f'''(2\pi) = -1 \neq 0$; $f'''(\pi) = 1 \neq 0$

Wendepunkte:

$W_1(0 \mid \pi)$; $W_2(\pi \mid 0)$;

$W_3(2\pi \mid -\pi)$

Bemerkung:

Die Wendepunkte $W_1(0 \mid \pi)$ und $W_3(2\pi \mid -\pi)$ sind Punkte mit waagrechter Tangente, also Sattelpunkte.

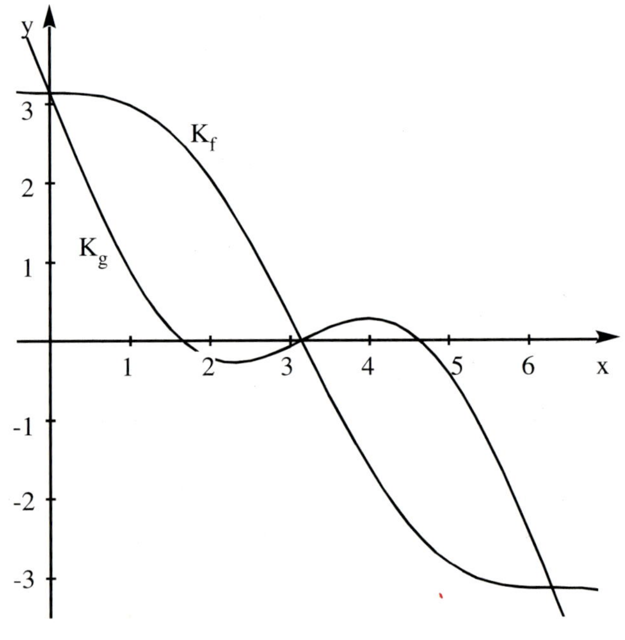

3.3 **Funktionsterm**

$g(x) = -x + \pi - \frac{3}{2} \cdot \sin(x)$

Ableitungen: $g'(x) = -1 - \frac{3}{2}\cos(x)$; $\quad g''(x) = \frac{3}{2}\sin(x)$; $g'''(x) = \frac{3}{2}\cos(x)$

Hauptprüfung 2000 (Fortsetzung)

3.3 **Hoch- und Tiefpunkte von K_g**

Bedingung: $g'(x) = 0$ $\qquad -1 - \frac{3}{2}\cos(x) = 0 \Rightarrow \cos(x) = -\frac{2}{3}$

Stellen mit waagrechter Tangente in D: $\qquad x_1 \approx 2{,}30;\ x_2 = 2\pi - x_1 \approx 3{,}98$

Nachweis: $g''(x_1) \approx 1{,}12 > 0 \Rightarrow$ lokales Minimum in x_1;

Mit $g(2{,}30) \approx -0{,}28$: Tiefpunkt $\quad$ **T**$(2{,}30 \mid -0{,}28)$

$g''(x_2) \approx -1{,}12 < 0 \Rightarrow$ lokales Maximum in x_2;

Mit $g(3{,}98) \approx 0{,}28$: $\quad$ Hochpunkt $\quad$ **H** $(3{,}98 \mid 0{,}28)$

Schnittpunkte von K_f und K_g

Bedingung: $f(x) = g(x)$ $\qquad -x + \pi + \sin(x) = -x + \pi - \frac{3}{2}\sin(x)$

$\frac{5}{2}\sin(x) = 0 \Rightarrow \sin(x) = 0$

Schnittstellen für $x \in [-0{,}5;\ 6{,}5]$: $\qquad x_1 = 0;\ x_2 = \pi;\ x_3 = 2\pi$

Schnittpunkte $\qquad S_1(0 \mid \pi);\ S_2(\pi \mid 0);\ S_3(2\pi \mid -\pi)$

3.4 **Berührpunkt** : Mit $y_B = g(\pi) = 0$ $\qquad B(\pi \mid 0)$

Mit der Steigung $g'(\pi) = \frac{1}{2}$ ergibt die PSF: $\qquad y = \frac{1}{2}(x - \pi)$

Gleichung der Tangente t_g: $\qquad y = \frac{1}{2}x - \frac{\pi}{2}$

Normale zu K_f in P(π | 0)

Steigung im Punkt P: $\qquad f'(\pi) = -2$

Steigung der Normalen n_f in P: $\qquad m_{n_f} = \frac{1}{2}$ (negativer Kehrwert)

Gleichung der Normalen n_f $\qquad y = \frac{1}{2}x - \frac{\pi}{2}$

Damit ist die **Gleichheit** gezeigt: $\qquad t_g = n_f$

3.5 Schnittstellen (Integrationsgrenzen): $\qquad x_1 = 0;\ x_2 = \pi$

Fläche zwischen K_f und K_g: $\qquad f(x) > g(x)$ für $0 < x < \pi$

$$\int_0^\pi (f(x) - g(x))\,dx = \int_0^\pi \frac{5}{2}\sin(x)\,dx = \left[-\frac{5}{2}\cos(x)\right]_0^\pi$$

$$= -\frac{5}{2}\cos(\pi) + \frac{5}{2}\cos(0) = 5$$

wegen $\cos(\pi) = -1$ und $\cos 0 = 1$

Flächeninhalt: A = 5 FE

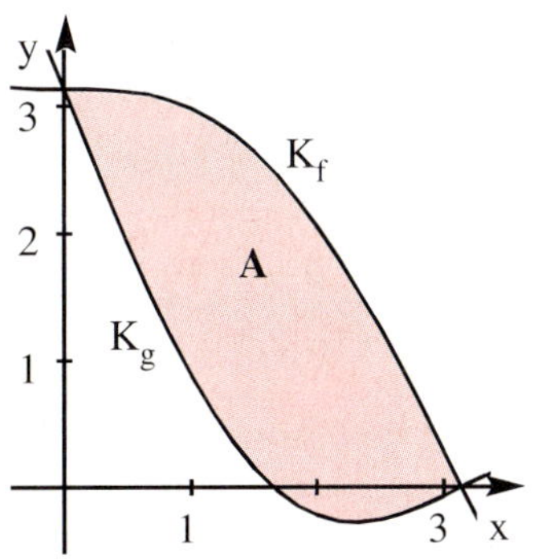

3.6 **Ansatz:** $\int_0^\pi (f(x) - h(x))\,dx = 4$

$$\int_0^\pi (f(x) - h(x))\,dx = \int_0^\pi (\sin(x) + c\sin(x)\,dx$$

$$= \int_0^\pi (1 + c)\sin(x))dx = \left[-(1 + c)\cos(x)\right]_0^\pi$$

$$= -(1 + c)\cos(\pi) + (1 + c)\cos(0) = 1 + c + 1 + c = 2 + 2c$$

Bedingung für c: $2 + 2c = 4 \iff$ **c = 1**

8 Bohner/Ihlenburg/Ott – ISBN 3-8120-0459-3

Hauptprüfung 1999

3.1 Das Schaubild einer Funktion f mit

$$f(x) = a\cdot x + b\cdot \cos(x),\ x \in \mathbf{R},$$

hat im Punkt $Q(\frac{\pi}{2} \mid \frac{\pi}{4})$ die Steigung $-\frac{1}{2}$.

Bestimmen Sie a und b.

3.2 Gegeben ist die Funktion f mit $f(x) = \frac{1}{2}x + \cos(x),\ x \in [-\pi; 2\pi]$.
Ihr Schaubild heißt K_f.

Untersuchen Sie K_f auf Hoch-, Tief- und Wendepunkte.
Zeichnen Sie K_f im angegebenen Definitionsbereich mit 1 LE = 1 cm.

3.3 Bestimmen Sie mit Hilfe eines Näherungsverfahrens die Nullstelle von f im Intervall $[-2 ; 0]$ auf zwei Nachkommastellen gerundet.

3.4 Das Schaubild der Funktion g mit $g(x) = \frac{1}{2}x,\ x \in \mathbf{R}$,

schließt mit K_f für $-\frac{\pi}{2} \leq x \leq \frac{\pi}{2}$ eine Fläche ein.
Berechnen Sie deren Flächeninhalt A_1.

3.5 Die Tangente an K_f im Punkt $R(0 \mid f(0))$ und K_f begrenzen im ersten Quadranten für $x \leq 2\pi$ eine weitere Fläche.
Berechnen Sie die Koordinaten des weiteren gemeinsamen Punktes der Tangente und K_f für $0 \leq x \leq 2\pi$ sowie den Flächeninhalt A_2 der beschriebenen Fläche.

Hauptprüfung 1999

3.1 **Ansatz:** $f(x) = a \cdot x + b \cdot \cos(x)$; Ableitung: $f'(x) = a - b \cdot \sin(x)$

$Q(\frac{\pi}{2} \mid \frac{\pi}{4})$: $f(\frac{\pi}{2}) = a \cdot \frac{\pi}{2} + b \cdot \cos(\frac{\pi}{2}) = a \cdot \frac{\pi}{2}$ => $a \cdot \frac{\pi}{2} = \frac{\pi}{4}$ => $\mathbf{a = \frac{1}{2}}$;

Steigung $-\frac{1}{2}$ $f'(\frac{\pi}{2}) = a - b \cdot \sin(\frac{\pi}{2}) = a - b$ => $a - b = -\frac{1}{2}$

Einsetzen von $a = \frac{1}{2}$ ergibt: $\mathbf{b = 1}$

3.2 **Ableitungen**: $f'(x) = \frac{1}{2} - \sin(x)$; $f''(x) = -\cos(x)$; $f'''(x) = \sin(x)$

Hoch- und Tiefpunkte

Notwendige Bedingung: $f'(x) = 0$ $\frac{1}{2} - \sin(x) = 0 \iff \sin(x) = \frac{1}{2}$

Lösungen auf $[-\pi; 2\pi]$: $x_1 = \frac{\pi}{6} \approx 0{,}52$; $x_2 = \frac{5\pi}{6} \approx 2{,}62$

Hinreichende Bedingung:

$f''(\frac{\pi}{6}) = -\cos(\frac{\pi}{6}) < 0$ => rel. Max. in $x_1 = \frac{\pi}{6}$; $f(\frac{\pi}{6}) \approx 1{,}13$; **H**$(0{,}52 \mid 1{,}13)$

$f''(\frac{5\pi}{6}) = -\cos(\frac{5\pi}{6}) > 0$ => rel. Min. in $x_2 = \frac{5\pi}{6}$; $f(\frac{5\pi}{6}) \approx 0{,}44$; **T**$(2{,}62 \mid 0{,}44)$

Wendepunkte

Notwendige Bedingung: $f''(x) = 0$ $-\cos(x) = 0$

Lösungen auf $[-\pi; 2\pi]$: $x_1 = -\frac{\pi}{2}$; $x_2 = \frac{\pi}{2}$; $x_3 = \frac{3\pi}{2}$

Nachweis durch Einsetzen in $f'''(x)$: $f'''(-\frac{\pi}{2}) = -1$; $f'''(\frac{\pi}{2}) = 1$; $f'''(\frac{3\pi}{2}) = -1 \neq 0$

somit Wendestellen

Mit $f(-\frac{\pi}{2}) = -\frac{\pi}{4} \approx -0{,}79$

$W_1(-\frac{\pi}{2} \mid -\frac{\pi}{4})$

Mit $f(\frac{\pi}{2}) = \frac{\pi}{4} \approx 0{,}79$

$W_2(\frac{\pi}{2} \mid \frac{\pi}{4})$

Mit $f(\frac{3\pi}{2}) = \frac{3\pi}{4} \approx 2{,}36$

$W_3(\frac{3\pi}{2} \mid \frac{3\pi}{4})$

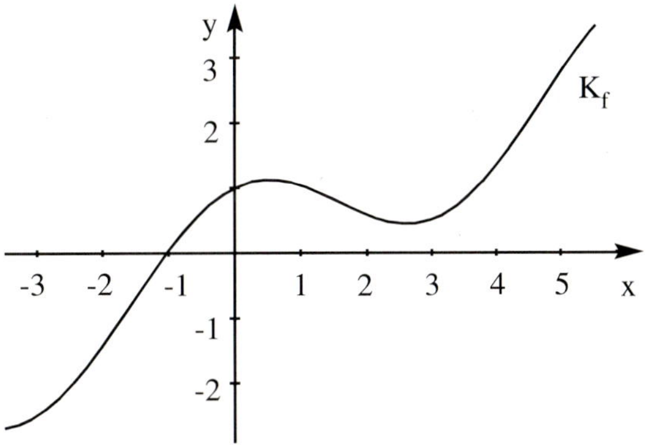

Schaubild K_f

3.3 **Näherungsweise Lösung** der Gleichung $f(x) = 0$ mit dem Newton-Verfahren

Anwendung der **Rekursionsformel** $$\mathbf{x_{n+1} = x_n - \frac{f(x_n)}{f'(x_n)}}$$

mit $f(x) = \frac{1}{2}x + \cos(x)$ und $f'(x) = \frac{1}{2} - \sin(x)$ und dem Startwert $x_0 = -1$

ergeben sich die Näherungswerte: $x_1 = -1{,}030...$; $x_2 = -1{,}029...$; $x_3 = -1{,}029...$

Nullstelle auf zwei Nachkommastellen gerundet: $\mathbf{x_N = -1{,}03}$

Wegen $f(-1{,}029) \approx 0{,}001$ und $f(-1{,}034) \approx -0{,}006$ ist $\mathbf{x_N}$ die gesuchte Nullstelle.

Bemerkung: Alle Zahlen zwischen $-1{,}034$ und $-1{,}029$ werden auf $-1{,}03$ gerundet.

Hauptprüfung 1999 (Fortsetzung)

3.4 **Integrationsgrenzen** (Schnittstellen) durch Gleichsetzen: $f(x) = g(x)$

$\frac{1}{2}x + \cos(x) = \frac{1}{2}x$

für $-\frac{\pi}{2} \leqslant x \leqslant \frac{\pi}{2}$ $\cos(x) = 0 \iff x_1 = -\frac{\pi}{2}\,;\ x_2 = \frac{\pi}{2}$

Integration über die **Differenzfunktion** $f(x) - g(x) = \cos(x)$

$f(x) > g(x)$ für $-\frac{\pi}{2} < x < \frac{\pi}{2}$

$$\int_{-\frac{\pi}{2}}^{\frac{\pi}{2}} (\cos(x))\,dx = \left[\sin(x)\right]_{-0{,}5\pi}^{0{,}5\pi} = F\left(\frac{\pi}{2}\right) - F\left(-\frac{\pi}{2}\right) = 1 - (-1) = 2$$

Flächeninhalt $A_1 = 2$ FE

3.5 **Tangente** an K_f im Punkt $R(0 \mid f(0))$: $f(0) = 1;\ f'(0) = \frac{1}{2}$

Einsetzen in die PSF ergibt $t\colon y = \frac{1}{2}x + 1$

Integrationsgrenzen (Schnittstellen) durch Gleichsetzen: $f(x) = t(x)$

$\frac{1}{2}x + \cos(x) = \frac{1}{2}x + 1$

$\cos(x) = 1 \iff x_1 = 0\,;\ x_2 = 2\pi$

Mit $t(2\pi) = \pi + 1$ weiterer **Schnittpunkt** $S(2\pi \mid \pi + 1)$

Integration über die **Differenzfunktion** $t(x) - f(x) = 1 - \cos(x)$

$t(x) > f(x)$ für $0 < x < 2\pi$

$$\int_0^{2\pi} (1 - \cos(x))\,dx = \left[x - \sin(x)\right]_0^{2\pi} = F(2\pi) - F(0) = 2\pi - (0) = 2\pi$$

Flächeninhalt $A_2 = 2\pi$ FE

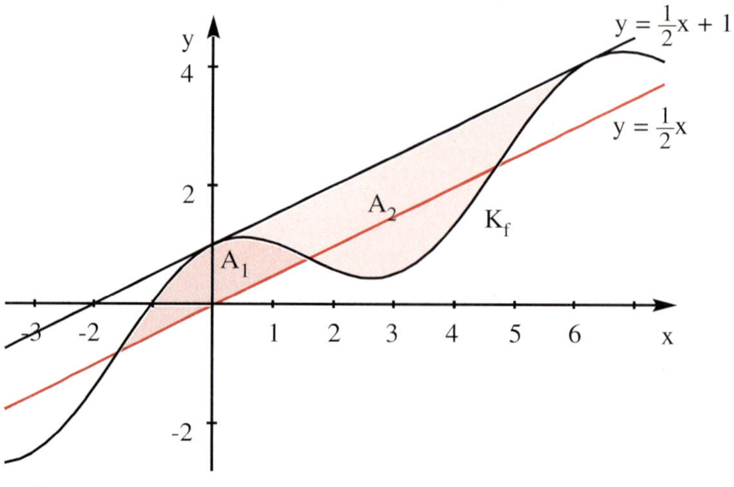

Hauptprüfung 1998

3.1 Bestimmen Sie a und b so, dass das Schaubild der Funktion

$$x \mapsto a \cdot x + b \cdot \cos(x),\ x \in \mathbf{R},$$

im Punkt $P(\frac{\pi}{2} \mid -\frac{\pi}{4})$ die Steigung $-\frac{5}{2}$ hat.

3.2 Gegeben ist die Funktion f mit

$$f(x) = -\frac{1}{2}x + 2\cos(x),\ x \in [-2; 5].$$

Ihr Schaubild ist K_f.

Untersuchen Sie K_f auf Hoch-, Tief- und Wendepunkte.

Zeichnen Sie K_f mit 1 LE = 1 cm.

3.3 Die Funktion hat im Intervall $[1 ; 2]$ eine Nullstelle.
Berechnen Sie diese mit Hilfe eines Näherungsverfahrens auf zwei Dezimalstellen gerundet.

3.4 Gegeben ist zusätzlich die Funktion g mit

$$g(x) = -\frac{1}{2}x - \cos(x),\ x \in [-2; 5].$$

Zeichnen Sie K_g in das vorhandene Koordinatensystem ein.
K_f und K_g begrenzen ein Flächenstück im 4. Quadranten.
Berechnen Sie dessen Inhalt.

3.5 Bestimmen Sie diejenigen Stellen im Definitionsintervall, an denen die Tangenten an K_f und K_g zueinander parallel sind.

Hauptprüfung 1998

3.1 Ansatz: $f(x) = a \cdot x + b \cdot \cos(x)$; Ableitung: $f'(x) = a - b \cdot \sin(x)$

$Q(\frac{\pi}{2} \mid -\frac{\pi}{4})$ $\quad f(\frac{\pi}{2}) = a \cdot \frac{\pi}{2} + b \cdot \cos(\frac{\pi}{2}) = a \cdot \frac{\pi}{2}$ $\quad \Rightarrow a \cdot \frac{\pi}{2} = -\frac{\pi}{4} \Rightarrow$ $\mathbf{a = -\frac{1}{2}}$

Steigung $-\frac{5}{2}$ $\quad f'(\frac{\pi}{2}) = a - b \cdot \sin(\frac{\pi}{2}) = a - b$ $\quad \Rightarrow a - b = -\frac{5}{2}$

Einsetzen von $a = -\frac{1}{2}$ ergibt: $\quad$ $\mathbf{b = 2}$

3.2 Ableitungen: $f'(x) = -\frac{1}{2} - 2\sin(x)$; $f''(x) = -2\cos(x)$; $f'''(x) = 2\sin(x)$

Hoch- und Tiefpunkte

Notwendige Bedingung: $f'(x) = 0$ $\quad -\frac{1}{2} - 2\sin(x) = 0 \Leftrightarrow \sin(x) = -\frac{1}{4}$

Lösungen auf $[-2; 5]$: $\quad x_1 \approx -0{,}25$; $x_2 \approx 3{,}39$

Hinreichende Bedingung: $f''(-0{,}25) \approx -1{,}94 < 0 \Rightarrow$ relatives Maximum in x_1

Mit $f(-0{,}25) \approx 2{,}06$: $\quad$ Hochpunkt $\mathbf{H}(-0{,}25 \mid 2{,}06)$

$f''(3{,}39) \approx 1{,}94 > 0 \Rightarrow$ relatives Minimum in x_2

Mit $f(3{,}39) \approx -3{,}63$: $\quad$ Tiefpunkt $\mathbf{T}(3{,}39 \mid -3{,}63)$

Wendepunkte

Notwendige Bedingung: $f''(x) = 0$ $\quad -2\cos(x) = 0$

Lösungen auf $[-2; 5]$: $\quad x_1 = -\frac{\pi}{2} \approx -1{,}57$; $x_2 = \frac{\pi}{2}$; $x_3 = \frac{3\pi}{2} \approx 4{,}71$

Nachweis durch Einsetzen in $f'''(x)$: $f'''(x_1) = -2$; $f'''(x_2) = 2$; $f'''(x_3) = -2 \neq 0$

somit Wendestellen

Mit $f(-\frac{\pi}{2}) = \frac{\pi}{4} \approx 0{,}79$

$W_1(-\frac{\pi}{2} \mid \frac{\pi}{4})$

Mit $f(\frac{\pi}{2}) = -\frac{\pi}{4} \approx -0{,}79$

$W_2(\frac{\pi}{2} \mid -\frac{\pi}{4})$

Mit $f(\frac{3\pi}{2}) = -\frac{3\pi}{4} \approx -2{,}36$

$W_3(\frac{3\pi}{2} \mid -\frac{3\pi}{4})$

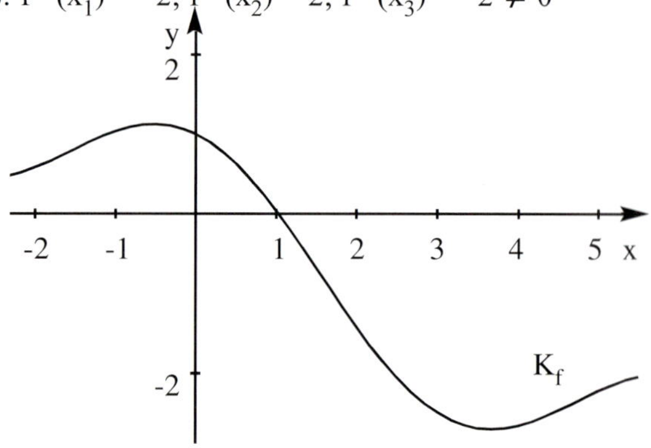

Schaubild K_f

3.3 Näherungsweise Lösung der Gleichung $f(x) = 0$ mit dem Newton-Verfahren

Anwendung der **Rekursionsformel** $\quad \mathbf{x_{n+1} = x_n - \frac{f(x_n)}{f'(x_n)}}$

Mit $f(x) = -\frac{1}{2}x + 2\cos(x)$ und $f'(x) = -\frac{1}{2} - 2\sin(x)$ und dem Startwert $x_0 = 1{,}5$ ergeben sich die Näherungswerte: $x_1 = 1{,}256...$; $x_2 = 1{,}252...$; $x_3 = 1{,}252...$

Nullstelle auf zwei Nachkommastellen gerundet: $\mathbf{x_N = 1{,}25}$

Wegen $f(1{,}250) = 0{,}0056 > 0$ und $f(1{,}255) = -0{,}006 < 0$ ($f(x)$ wechselt das Vorzeichen) ist x_N die gesuchte Nullstelle.

Bemerkung: Alle Zahlen zwischen 1,250 und 1,255 werden auf 1,25 gerundet.

Hauptprüfung 1998 (Fortsetzung)

3.3 Lösungsvariante mit dem Intervallhalbierungsverfahren

mit Startwert $x_1 = 1{,}2$

n	x_n	$f(x_n)$
1	1,2	0,1247
2	1,3	– 0,115
3	1,25	0,0056
4	1,255	– 0,0064

$1{,}25 < x < 1{,}255 \Rightarrow$ $\mathbf{x_N = 1{,}25}$

3.4 **Integrationsgrenzen** (Schnittstellen) durch Gleichsetzen: $f(x) = g(x)$

$-\frac{1}{2}x + 2\cos(x) = -\frac{1}{2}x - \cos(x)$

$3\cos(x) = 0$

Schnittstellen auf $[0; 5]$:

$x_1 = \frac{\pi}{2}$; $x_2 = \frac{3\pi}{2}$

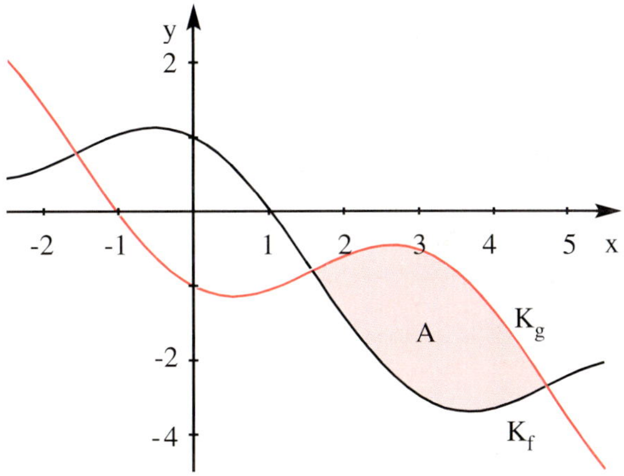

Integration über die **Differenzfunktion** $g(x) - f(x) = -3\cos(x)$

$g(x) > f(x)$ für $\frac{\pi}{2} < x < \frac{3\pi}{2}$

$$\int_{\frac{\pi}{2}}^{\frac{3\pi}{2}} (g(x) - f(x))\,dx = \int_{\frac{\pi}{2}}^{\frac{3\pi}{2}} (-3\cos(x))\,dx$$

$$= \left[-3\sin(x)\right]_{0{,}5\pi}^{1{,}5\pi} = F\left(\frac{3\pi}{2}\right) - F\left(\frac{\pi}{2}\right)$$

$$= 3 - (-3) = 6$$

Flächeninhalt $A = 6$ FE

3.5 Bedingung für parallel: $f'(x) = g'(x)$

(gleiche Steigung) $-\frac{1}{2} - 2\sin(x) = -\frac{1}{2} + \sin(x)$

$3\sin(x) = 0$

Lösungen auf $[-2; 5]$: $\mathbf{x_1 = 0;\ x_2 = \pi}$

Hauptprüfung 1997

Gegeben ist die Funktion f
mit $f(x) = x - 2\cos(x),\ x \in [-1;\, 7]$.
Ihr Schaubild ist K_f.

3.1 Untersuchen Sie K_f auf Extrem- und Wendepunkte.
Zeichnen Sie K_f mit 1 LE = 1 cm.

3.2 Bestimmen Sie die Gleichungen der Tangenten an K_f in den Punkten
$W_1(\frac{\pi}{2} \mid \frac{\pi}{2})$ und $W_2(\frac{3\pi}{2} \mid \frac{3\pi}{2})$.
Berechnen Sie den Schnittpunkt S dieser Tangenten.

Zeichnen Sie die Tangenten in das Koordinatensystem von Teilaufgabe 3.1 ein.

3.3 Die Punkte $S(\pi \mid 2\pi)$, $W_1(\frac{\pi}{2} \mid \frac{\pi}{2})$ und $W_2(\frac{3\pi}{2} \mid \frac{3\pi}{2})$
bilden ein Dreieck.
Zeigen Sie, dass das Dreieck SW_1W_2 rechtwinklig ist,
und berechnen Sie seinen Flächeninhalt.

3.4 Die Strecke $\overline{W_1W_2}$ und K_f umschließen eine Fläche.
Berechnen Sie deren Flächeninhalt.

Hauptprüfung 1997

3.1 $f(x) = x - 2\cos(x),\ x \in [-1; 7]$.

Ableitungen: $f'(x) = 1 + 2\sin(x)$; $f''(x) = 2\cos(x)$; $f'''(x) = -2\sin(x)$

Hoch- und Tiefpunkte

Notwendige Bedingung: $f'(x) = 0$ $\quad 1 + 2\sin(x) = 0 \iff \sin(x) = -\frac{1}{2}$

Lösungen auf $[-1; 7]$: $\quad x_1 = -\frac{\pi}{6} \approx -0{,}52$; $x_2 = \frac{7\pi}{6} \approx 3{,}67$

$x_3 = \frac{11\pi}{6} \approx 5{,}76$

Berechnung der **Ordinaten**: $f(-\frac{\pi}{6}) \approx -2{,}26$; $f(\frac{7\pi}{6}) \approx 5{,}40$; $f(\frac{11\pi}{6}) \approx 4{,}03$

Hinreichende Bedingung:

$f''(-\frac{\pi}{6}) = \sqrt{3} > 0$ => rel. Minimum in x_1 ; Tiefpunkt **T**$(-0{,}52 \mid -2{,}26)$

$f''(\frac{7\pi}{6}) = -\sqrt{3} < 0$ => rel. Maximum in x_2 ; Hochpunkt **H**$(3{,}67 \mid 5{,}40)$

$f''(\frac{11\pi}{6}) = \sqrt{3} > 0$ => rel. Minimum in x_3 ; Tiefpunkt **T**$(5{,}76 \mid 4{,}03)$

Wendepunkte

Notwendige Bedingung: $f''(x) = 0$ $\quad 2\cos(x) = 0$

Lösungen auf $[-1; 7]$: $\quad x_1 = \frac{\pi}{2} \approx 1{,}57$ $x_2 = \frac{3\pi}{2} \approx 4{,}71$

Nachweis durch Einsetzen in $f'''(x)$: $\quad f'''(x_1) = -2 \neq 0$; $f'''(x_2) = 2 \neq 0$

somit Wendestellen

Mit $f(\frac{\pi}{2}) = \frac{\pi}{2} \approx 1{,}57$

$W_1(\frac{\pi}{2} \mid \frac{\pi}{2})$

Mit $f(\frac{3\pi}{2}) = \frac{3\pi}{2} \approx 4{,}71$

$W_2(\frac{3\pi}{2} \mid \frac{3\pi}{2})$

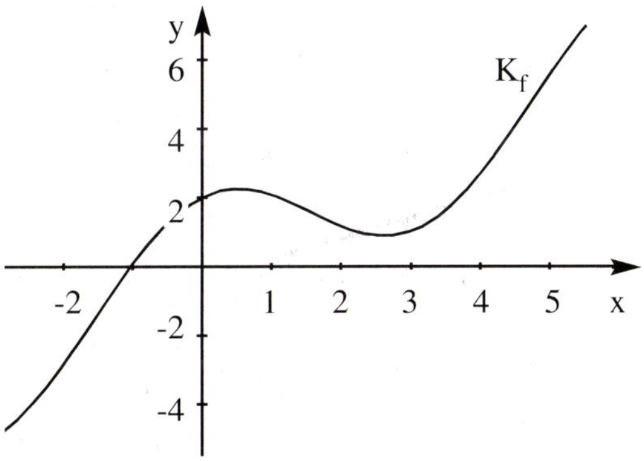

Schaubild K_f

3.2 **Tangente t_1** im Punkt $W_1(\frac{\pi}{2} \mid \frac{\pi}{2})$: $\quad f'(\frac{\pi}{2}) = 3$

Einsetzen in die PSF ergibt $\quad y = 3(x - \frac{\pi}{2}) + \frac{\pi}{2}$

Tangentengleichung $\quad t_1$: $y = 3x - \pi$

Tangente t_2 im Punkt $W_2(\frac{3\pi}{2} \mid \frac{3\pi}{2})$: $\quad f'(\frac{3\pi}{2}) = -1$

Einsetzen in die PSF ergibt $\quad t_2$: $y = -1(x - \frac{3\pi}{2}) + \frac{3\pi}{2}$

Tangentengleichung $\quad t_2$: $y = -x + 3\pi$

Schnittstelle durch Gleichsetzen: $t_1(x) = t_2(x) \iff 3x - \pi = -x + 3\pi$

$4x = 4\pi \iff x = \pi$

Mit $t_1(\pi) = 2\pi$ erhält man $\quad S(\pi \mid 2\pi)$.

Hauptprüfung 1997 (Fortsetzung)

3.3 Die Punkte $W_1(\frac{\pi}{2} \mid \frac{\pi}{2})$ und $W_2(\frac{3\pi}{2} \mid \frac{3\pi}{2})$ liegen auf der

1. Winkelhalbierenden g: $y = x$

oder:

$$m(W_1W_2) = \frac{\frac{3\pi}{2} - \frac{\pi}{2}}{\frac{3\pi}{2} - \frac{\pi}{2}} = 1$$

$t_2 = (W_2S)$: $y = -x + 3\pi$

Das Dreieck SW_1W_2 ist rechtwinklig bei W_2, da die Geraden $t_2 = (W_2S)$ und $g = (W_1W_2)$ aufeinander senkrecht stehen: $m_{t_2} = -\frac{1}{m_g}$

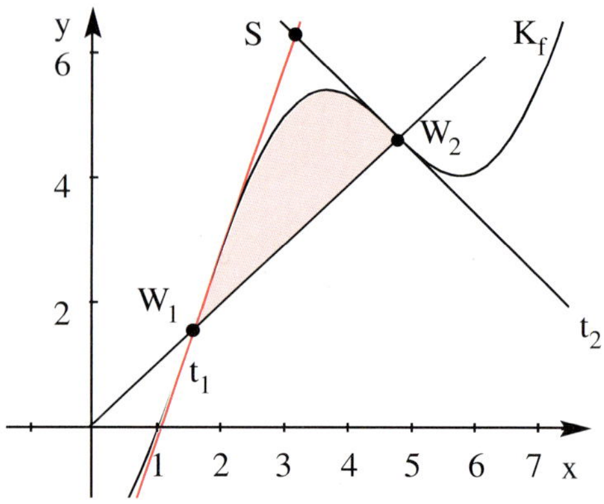

Mit $\overline{W_1W_2} = \sqrt{(\frac{3\pi}{2} - \frac{\pi}{2})^2 + (\frac{3\pi}{2} - \frac{\pi}{2})^2} = \sqrt{\pi^2 + \pi^2} = \pi\sqrt{2}$

und $\overline{SW_2} = \sqrt{(\frac{3\pi}{2} - \pi)^2 + (\frac{3\pi}{2} - 2\pi)^2} = \sqrt{(\frac{\pi}{2})^2 + (\frac{\pi}{2})^2} = \frac{1}{2}\sqrt{2}\pi$

Inhalt des Dreieck SW_1W_2: $A = \frac{1}{2} \cdot \overline{W_1W_2} \cdot \overline{SW_2} = \frac{1}{2} \cdot \pi\sqrt{2} \cdot \frac{1}{2}\sqrt{2}\pi$

$A = \frac{1}{2}\pi^2$

Alternative Berechnung des Dreiecksinhalts:

$$A_{Dreieck} = A_{Rechteck} - (A_1 + A_2 + A_3)$$

$$= \pi \cdot \frac{3}{2}\pi - \frac{1}{2}(\frac{\pi}{2} \cdot \frac{3}{2}\pi + \pi \cdot \pi + \frac{\pi}{2} \cdot \frac{\pi}{2})$$

$$= \frac{3}{2}\pi^2 - \frac{1}{2}(\frac{3}{4}\pi^2 + \pi^2 + \frac{1}{4}\pi^2)$$

$$A_{Dreieck} = \frac{3}{2}\pi^2 - \pi^2 = \frac{1}{2}\pi^2$$

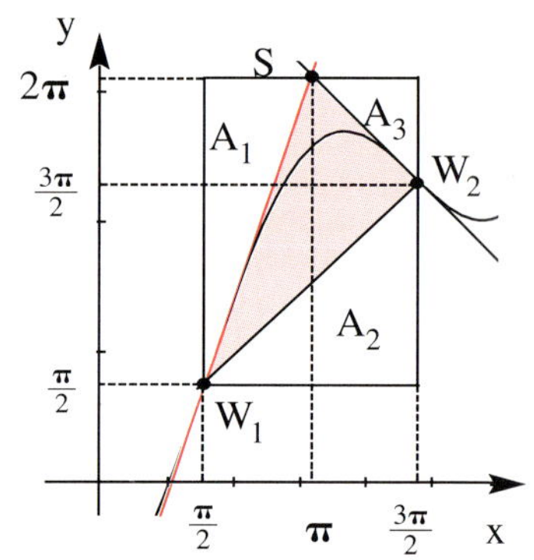

3.4 Integrationsgrenzen (Schnittstellen) durch Gleichsetzen: $f(x) = x$

$x - 2\cos(x) = x \iff 2\cos(x) = 0$

Schnittstellen auf $[-1; 7]$: $x_1 = \frac{\pi}{2}$; $x_2 = \frac{3\pi}{2}$

Bemerkung: Die Integrationsgrenzen lassen sich auch aus der Zeichnung ablesen.

Integration über die **Differenzfunktion** $f(x) - x = -2\cos(x)$

$f(x) > x$ für $\frac{\pi}{2} < x < \frac{3\pi}{2}$

$$\int_{\frac{\pi}{2}}^{\frac{3\pi}{2}} (-2\cos(x))\,dx = \left[-2\sin(x)\right]_{0,5\pi}^{1,5\pi} = F(\tfrac{3\pi}{2}) - F(\tfrac{\pi}{2}) = 2 - (-2) = 4$$

Flächeninhalt **A = 4 FE**

Hauptprüfung 1996

3.1 Eine Funktion hat eine Funktionsgleichung der Form

$$y = a \cdot x + b \cdot \sin(x) + c,\ x \in \mathbf{R}.$$

Ihr Schaubild schneidet die x-Achse an der Stelle π.

Im Punkt $P(0 \mid \frac{\pi}{2})$ hat das Schaubild die Steigung $\frac{3}{2}$.

Bestimmen Sie a, b und c.

3.2 Gegeben ist die Funktion f durch

$$f(x) = -\frac{1}{2}x + 2\sin(x) + \frac{\pi}{2},\ -0{,}5 \leq x \leq 6{,}5.$$

Ihr Schaubild ist K_f.

Untersuchen Sie K_f auf Hoch-, Tief- und Wendepunkte.

3.3 Zeichnen Sie K_f für $-0{,}5 \leq x \leq 6{,}5$ mit 1 LE = 1 cm.

3.4 Bestimmen Sie die Gleichung der Geraden durch die Punkte $P(0 \mid \frac{\pi}{2})$ und $Q(\pi \mid 0)$.

Zeichnen Sie diese Gerade in das vorhandene Koordinatensystem ein.

3.5 Die Gerade K_g mit $y = -\frac{1}{2}x + \frac{\pi}{2}$ schließt mit K_f im 1. Quadranten eine Fläche ein.

Berechnen Sie deren Flächeninhalt.

3.6 Der Funktionsterm einer Funktion h hat die Form

$$h(x) = -\frac{1}{2}x + b\sin(x) + \frac{\pi}{2},\ x \in \mathbf{R}.$$

Ihr Schaubild ist K_h.

Bestimmen Sie $b \in \mathbf{R}$ so, dass die Normale zu K_h an der Stelle π parallel zur 1. Winkelhalbierenden ist.

Hauptprüfung 1996

3.1 Ansatz: $f(x) = y = a \cdot x + b \cdot \sin(x) + c$, Ableitung: $f'(x) = a + b \cdot \cos(x)$

$N(\pi|0)$: $f(\pi) = a \cdot \pi + b \cdot \sin(\pi) + c = 0 \iff a \cdot \pi + c = 0$

$P(0|\frac{\pi}{2})$: $f(0) = a \cdot 0 + b \cdot \sin(0) + c = \frac{\pi}{2} \iff c = \frac{\pi}{2}$

Steigung $\frac{3}{2}$ $f'(0) = a + b \cdot \cos(0) = \frac{3}{2} \iff a + b = \frac{3}{2}$

Auflösen ergibt: $\mathbf{a = -\frac{1}{2}; b = 2}$

3.2 $f(x) = -\frac{1}{2}x + 2\sin(x) + \frac{\pi}{2}, -0{,}5 \leq x \leq 6{,}5.$

Ableitungen: $f'(x) = -\frac{1}{2} + 2\cos(x)$; $f''(x) = -2\sin(x)$; $f'''(x) = -2\cos(x)$

Hoch- und Tiefpunkte

Notwendige Bedingung: $f'(x) = 0$ $-\frac{1}{2} + 2\cos(x) = 0 \iff \cos(x) = \frac{1}{4}$

Lösungen auf $[-0{,}5; 6{,}5]$: $x_1 \approx 1{,}32$; $x_2 \approx 4{,}97$

Hinreichende Bedingung:

$f''(1{,}32) \approx -1{,}94 < 0$ => relatives Maximum in x_1

Mit $f(1{,}32) \approx 2{,}85$ => Hochpunkt **H**$(1{,}32 | 2{,}85)$

$f''(4{,}97) \approx 1{,}94 > 0$ => relatives Minimum in x_2;

Mit $f(4{,}97) \approx -2{,}85$ => Tiefpunkt **T**$(4{,}97 | -2{,}85)$

Wendepunkte

Notwendige Bedingung: $f''(x) = 0$ $-2\sin(x) = 0$

Lösungen auf $[-0{,}5; 6{,}5]$: $x_1 = 0$; $x_2 = \pi$; $x_3 = 2\pi$

Nachweis durch Einsetzen in $f'''(x)$: $f'''(x_1) = -2$; $f'''(x_2) = 2$; $f'''(x_3) = -2 \neq 0$

somit Wendestellen

Mit $f(0) = \frac{\pi}{2} \approx 1{,}57$; $f(\pi) = 0$; $f(2\pi) = -\frac{\pi}{2} \approx -1{,}57$:

Wendepunkte $W_1(0 | \frac{\pi}{2})$; $W_2(\pi | 0)$; $W_3(2\pi | -\frac{\pi}{2})$

3.3 **Schaubild K_f**

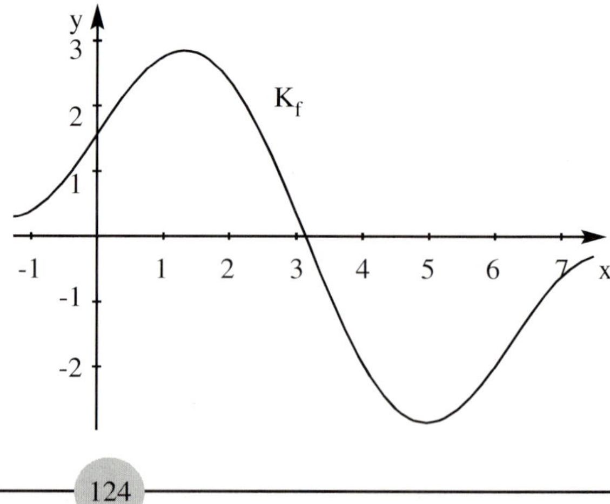

Hauptprüfung 1996 (Fortsetzung)

3.4 **Gleichung der Geraden K_g** durch $P(0 \mid \frac{\pi}{2})$ und $Q(\pi \mid 0)$:

Mit der Zweipunkteform: $\frac{y-0}{x-\pi} = \frac{0{,}5\pi - 0}{0 - \pi} = -\frac{1}{2}$

erhält man $y = -\frac{1}{2}(x - \pi) = -\frac{1}{2}x + \frac{\pi}{2}$

oder: mit $m_g = \frac{y_2 - y_1}{x_2 - x_1} = \frac{0{,}5\pi - 0}{0 - \pi} = -\frac{1}{2}$ und der **PSF**: $y = -\frac{1}{2}(x - \pi)$

3.5 Integrationsgrenzen (Schnittstellen) durch Gleichsetzen: $f(x) = g(x)$

$-\frac{1}{2}x + 2\sin(x) + \frac{\pi}{2} = -\frac{1}{2}x + \frac{\pi}{2}$

Nullform $2\sin(x) = 0$

Schnittstellen $x_1 = 0;\ x_2 = \pi$

Integration über die **Differenzfunktion** $f(x) - g(x) = 2\sin(x)$

$f(x) > g(x)$ für $0 < x < \pi$

$$\int_0^{\pi}(f(x) - g(x))\,dx = \int_0^{\pi}(2\sin(x))\,dx = \left[-2\cos(x)\right]_0^{\pi} = F(\pi) - F(0) = 2 - (-2) = 4$$

Flächeninhalt $A = 4$ FE

3.5 Normale an der Stelle π ist **parallel** zur 1. Winkelhalbierenden , also $m_n = 1$
=> $h'(\pi) = -1$ (Tangentensteigung ist der negative Kehrwert von m_n)

Ableitung: $h'(x) = -\frac{1}{2} + b\cos(x)$

Bedingung für b: $h'(\pi) = -1$ $-\frac{1}{2} + b\cos(\pi) = -1$

Mit $\cos(\pi) = -1$ $-\frac{1}{2} - b = -1 \iff b = \frac{1}{2}$

Gesuchter Wert für b:

$\mathbf{b = \frac{1}{2}}$

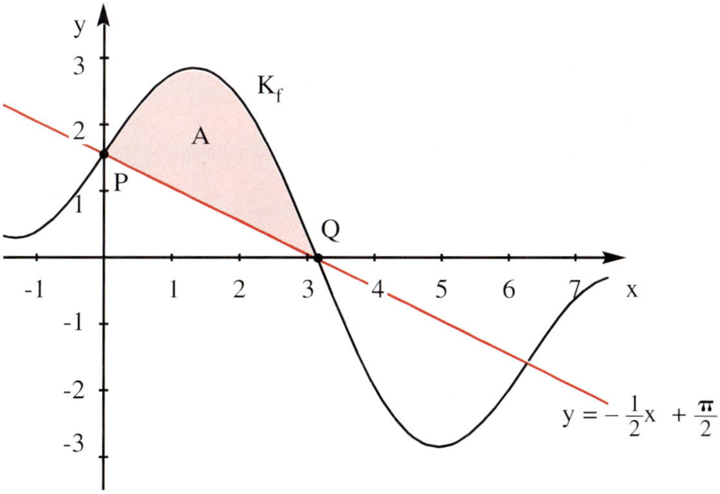

Hauptprüfung 2002

7.1 Die Kosten eines Betriebes lassen sich durch eine ganzrationale Funktion 3. Grades berechnen.
Der Verkaufspreis je Mengeneinheit (ME) ist durch den Markt vorgegeben und beträgt 15 Geldeinheiten (GE). Bei diesem Preis liegt die Nutzungsschwelle bei 2 ME und das Betriebsminimum bei 3 ME.
Die kurzfristige Preisuntergrenze beträgt 5 GE.
Der Fixkostenanteil an den Gesamtkosten ist 18 GE.

Ermitteln Sie den Funktionsterm für die Kostenfunktion.

7.2 Die Gesamtkostenfunktion K und die Erlösfunktion E sind für $0 \leq x \leq 6$ gegeben durch

$$K(x) = x^3 - 6x^2 + 14x + 18 \quad \text{und} \quad E(x) = 15x.$$

7.2.1 Zeichnen Sie die Schaubilder von K und E. (1 ME $\triangleq$ 1 cm ; 10 GE $\triangleq$ 1 cm).

7.2.2 Ermitteln Sie aus dem Schaubild die Nutzungsschwelle und überprüfen Sie ihr Ergebnis durch Rechnung.
Berechnen Sie die Nutzengrenze.

7.3 Berechnen Sie die Produktionsmenge, die zum maximalen Gewinn führt.
Wie groß ist der maximale Gewinn?

7.4 Berechnen Sie näherungsweise (auf zwei Nachkommastellen gerundet) die Produktionsmenge, bei welcher der Gewinn je ME am größten ist.
Wie groß ist der maximale Gewinn je ME und der Gesamtgewinn bei dieser Produktionsmenge?

Hauptprüfung 2002

7.1 Ansatz für die Kostenfunktion : $K(x) = ax^3 + bx^2 + cx + d$

für die variablen Stückkosten: $k_v(x) = ax^2 + bx + cx$; $k_v'(x) = 2ax + b$

Erlösfunktion $E(x) = 15\ x$

Bedingungen:	$K(2) = E(2) = 30$	$8a + 4b + 2c + d = 30$
	$k_v(3) = 5$	$9a + 3b + c = 5$
	$k_v'(3) = 0$	$6a + b = 0$
	$K(0) = 18$	$d = 18$

Einsetzen ergibt ein LGS für a, b c

$$\left(\begin{array}{ccc|c} 8 & 4 & 2 & 12 \\ 9 & 3 & 1 & 5 \\ 6 & 1 & 0 & 0 \end{array}\right) \sim \left(\begin{array}{ccc|c} 8 & 4 & 2 & 12 \\ 10 & 2 & 0 & -2 \\ 6 & 1 & 0 & 0 \end{array}\right) \sim \left(\begin{array}{ccc|c} 8 & 4 & 2 & 12 \\ 10 & 2 & 0 & -2 \\ -2 & 0 & 0 & -2 \end{array}\right)$$

Auflösung ergibt: $a = 1;\ b = -6;\ c = 14;\ d = 18$

Kostenfunktion: $K(x) = x^3 - 6x^2 + 14x + 18$

Bemerkungen:

Betriebsminimum = Ausbringung mit minimalen variablen Stückkosten: $k_v'(3) = 0$

kurzfristige Preisuntergrenze = minimale variable Stückkosten $k_v(3)$

7.2.1 Schaubilder von K und E

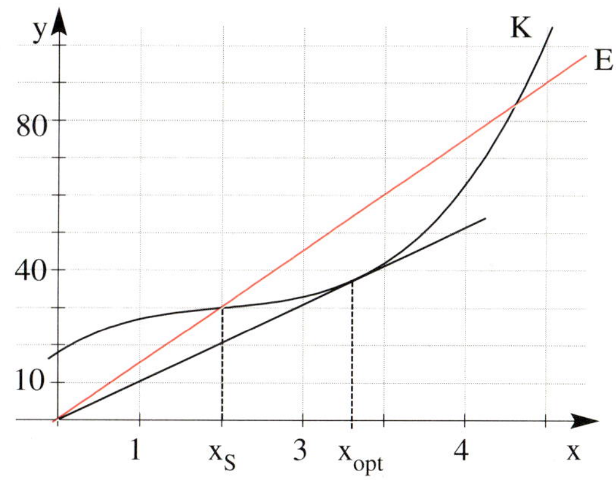

7.2.2 Aus der Zeichnung:

Nutzenschwelle $x_S = 2$

Überprüfung durch Einsetzen

$E(2) = K(2) = 30$

Nutzengrenze

Bedingung $E(x) = K(x)$

$15x = x^3 - 6x^2 + 14x + 18 \iff x^3 - 6x^2 - x + 18 = 0$

eine Lösung ist bekannt: $x_S = 2$

Lösung mit Polynomdivision oder Hornerschema ergibt $x_{2|3} = 2 \pm \sqrt{13}$

wegen $x_g > 0$ **einzige sinnvolle Lösung** $x_2 = 2 + \sqrt{13} \approx 5{,}61$

Nutzengrenze $x_g = 5{,}61$

Bemerkung: $x_2 = 2 - \sqrt{13} < 0$

Hauptprüfung 2002 (Fortsetzung)

7.3 Gewinnfunktion $G(x) = E(x) - K(x)$ $\quad G(x) = 15x - (x^3 - 6x^2 + 14x + 18)$

$G(x) = -x^3 + 6x^2 + x - 18$

Ableitungen: $G'(x) = -3x^2 + 12x + 1$; $G''(x) = -6x + 12$

Maximaler Gewinn

Bedingung: $G'(x) = 0$ $\quad -3x^2 + 12x + 1 = 0$

Lösung mit Formel ergibt $\quad x_1 = 4{,}08 \quad (x_2 = -0{,}08 \notin [0; 6])$

Nachweis: $G''(4{,}08) = -12{,}5 < 0 \Rightarrow$ relatives (lokales) Maximum

Absoluter maximaler Gewinn: $\quad G(4{,}08) = 18{,}04$ (GE)

Bemerkung: x_1 ist auf $[0 ; 6]$ die **einzige Stelle** mit waagrechter Tangente, somit ist $G(x_1)$ das absolute Maximum, $G(x_S) = G(x_g) = 0$

7.4 Bei festem Stückpreis ($p = 15$) wird der maximale Gewinn pro ME bei derjenigen Produktionsmenge erzielt, bei der die Kosten pro ME minimal sind. Dies ist der Fall im Betreibsoptimum (Minimum der Stückkosten).

Rechnerische Lösung

Bedingung: $K'(x) = k(x)$ $\quad 3x^2 - 12x + 14 = x^2 - 6x + 14 + \frac{18}{x}$

$2x^3 - 6x^2 - 18 = 0$

Bestimmung der Lösung mit dem Newton-Verfahren:

$g(x) = 2x^3 - 6x^2 - 18$

$g'(x) = 6x^2 - 12x$

Rekursionsformel $\quad x_{n+1} = x_n - \frac{g(x_n)}{g'(x_n)}$

Startwert aus der Zeichnung: $\quad x_0 = 3{,}5$

Einsetzen ergibt die Näherungswerte: $\quad x_1 = 3{,}6825...; x_2 = 3{,}6688...; x_3 = 3{,}6687...;$

$g(3{,}665) = -0{,}14 < 0$; $g(3{,}674) = 0{,}020 > 0$

Die gesuchte Lösung x_{opt} liegt zwischen 3,665 und 3,674

Lösung (Betriebsoptimum)

auf zwei Nachkommastellen gerundet: $\quad x_{opt} = 3{,}67$ (ME)

Bemerkung: Die Bedingung $k'(x) = 0 \Leftrightarrow 2x - 6 - \frac{18}{x^2} = 0$

führt ebenfalls auf $\quad 2x^3 - 6x^2 - 18$

Gewinn pro ME

$g(x) = \frac{G(x)}{x} = -x^2 + 6x + 1 - \frac{18}{x}$

einsetzen von $x_{opt} = 3{,}67$ $\quad g(3{,}67) = 4{,}65$

Der maximale Gewinn pro ME beträgt 4,65 GE.

Gesamtgewinn bei dieser Produktionsmenge $\quad G(x_{opt}) = 17{,}05$ GE

Hauptprüfung 2001

7. Die Gesamtkosten für die Herstellung eines Produktes, für das der Hersteller ein Monopol besitzt, sind gegeben durch die Funktion K mit

$$K(x) = 0{,}05x^3 - 1{,}2x^2 + 10x + 156\ ,\ 0 \leqslant x \leqslant 26\ .$$

Die Erlösfunktion E ist gegeben durch

$$E(x) = -1{,}25x^2 + 50x.$$

Die Produktionsmenge wird in Mengeneinheiten (ME), die Kosten werden in Geldeinheiten (GE) angegeben.

7.1 Zeichnen Sie die Schaubilder der Kostenfunktion und der Erlösfunktion für $0 \leqslant x \leqslant 26$ (2 ME $\triangleq$ 1 cm ; 50 GE $\triangleq$ 1 cm) .

7.2 Berechnen Sie die Nutzengrenze, wenn die Nutzenschwelle bei $x_s = 4$ ME liegt.

7.3 Berechnen Sie den maximalen Gewinn und den Cournot'schen Punkt.

7.4 Ermitteln Sie grafisch einen Näherungswert für das Betriebsoptimum. Kennzeichnen Sie das Betriebsoptimum im Schaubild von 7.1 . Berechnen Sie x_{opt} mit Hilfe eines Näherungsverfahrens auf 3 Dezimalen gerundet.

7.5 Für ein anderes Produkt sind die Gesamtkosten K^* durch eine ganzrationale Funktion 3. Grades bestimmt .
Bei vollständiger Konkurrenz gilt für die Erlösfunktion $E^*(x) = 22\,x$.
Die Nutzengrenze liegt bei $x_g = 30$ ME .
Bei 20 ME beträgt der Gewinn 140 GE.
Das Minimum der Differentialkosten liegt bei einer Fertigungsmenge von 10 ME . Die fixen Geldkosten betragen 60 GE .
Bestimmen Sie die Gesamtkostenfunktion K^* .

9 Bohner/Ihlenburg/Ott – ISBN 3-8120-0459-3

Hauptprüfung 2001

7. Gesamtkosten K mit $K(x) = 0{,}05x^3 - 1{,}2x^2 + 10x + 156$, $0 \leq x \leq 26$.
Erlösfunktion E mit $E(x) = -1{,}25x^2 + 50x$.

7.1

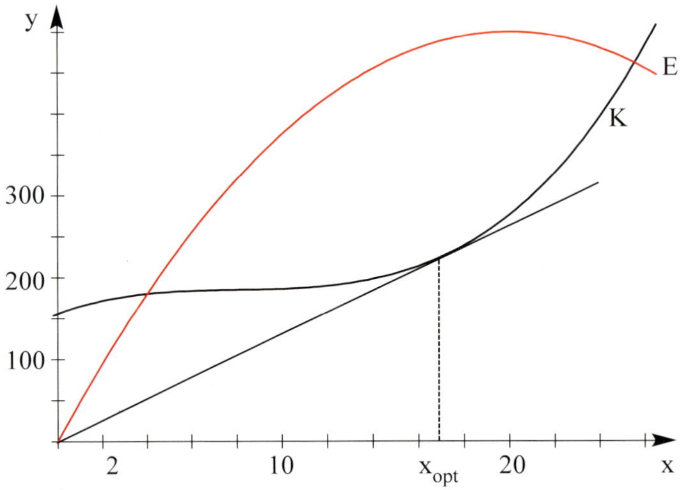

7.2 **Berechnung der Nutzengrenze**

Bedingung: $K(x) = E(x)$ $\quad 0{,}05x^3 - 1{,}2x^2 + 10x + 156 = -1{,}25x^2 + 50x$

Nullform $\quad 0{,}05x^3 + 0{,}05x^2 - 40x + 156 = 0$

$x^3 + x^2 - 800x + 3120 = 0$

Nutzenschwelle liegt bei $x_s = 4$ ME

Polynomdivision mit $(x - 4)$: $(x^3 + x^2 - 800x + 3120) : (x - 4) = x^2 + 5x - 780$

weitere Lösungen für $\quad x^2 + 5x - 780 = 0$

Lösung mit der Formel ergibt: $\quad x_2 = 25{,}54$; $x_3 = -30{,}54 < 0$

Nutzengrenze $\quad x_g = 25{,}54$ (auf 2 Dezimalen gerundet)

7.3 **Maximaler Gewinn**

Gewinn: $G(x) = E(x) - K(x)$ $\quad G(x) = -0{,}05x^3 - 0{,}05x^2 + 40x - 156$

Ableitung : $\quad G'(x) = -0{,}15x^2 - 0{,}1x + 40$

Maximaler Gewinn

Bedingung: $G'(x) = 0$ $\quad -0{,}15x^2 - 0{,}1x + 40 = 0$

Lösung mit Formel $\quad x_1 = 16$ $\left(x_2 = -\frac{50}{3} \notin [0; 26]\right)$

Nachweis: x_1 ist auf $[0; 26]$ die einzige Stelle mit waagrechter Tangente,
G'(x) isteine nach unten geöffnete Parabel,
somit ist $G(16) = 266{,}4$ (GE) das absolute Maximum.

Berechnung des Cornot'schen Preises p

Aus $p(x) = \frac{E(x)}{x}$ folgt für x = 16 => $\quad p(16) = \frac{E(16)}{16} = \frac{480}{16} = 30$

Gesuchter Stückpreis p $\quad p = 30$ GE

Cournot'scher Punkt $\quad C(16 \mid 30)$

Hauptprüfung 2001 (Fortsetzung)

7.4 **Graphische** Bestimmung des Betriebsoptimums:

Die Tangente an K durch den Ursprung berührt die Kostenkurve K im optimalen Kostenpunkt $B(x_{opt} \mid K(x_{opt}))$

Das Betriebsoptimum liegt bei 17 ME (vgl. Zeichung bei 7.1)

Rechnerische Lösung

Bedingung: $K'(x) = k(x)$ $\quad 0{,}15x^2 - 2{,}4x + 10 = 0{,}05x^2 - 1{,}2x + 10 + \frac{156}{x}$

$0{,}1x'' - 1{,}2x - \frac{156}{x} = 0$

$x^3 - 12x^2 - 1560 = 0$

Bestimmung der Lösung mit dem Newton-Verfahren:

$g(x) = x^3 - 12x^2 - 1560$

$g'(x) = 3x^2 - 24x$

Rekursionsformel $\quad x_{n+1} = x_n - \frac{g(x_n)}{g'(x_n)}$

Startwert: $x_0 = 17$

Einsetzen ergibt die Näherungswerte $x_1 = 17{,}2505...;\ x_2 = 17{,}2453...;$

Probe der Gennauigkeit:

$(17{,}2445) = -0{,}4... < 0;\ g(17{,}2454) = 0{,}04... > 0$

=> die gesuchte Lösung x_{opt} liegt zwischen 17,2445 und 17,2454

oder statt der Probe der Gennauigkeit

weitere Näherungen $x_3 = 17{,}2453...;\ x_4 = 17{,}2453...;$

Lösung (Betriebsoptimum)

auf drei Nachkommastellen gerundet: $x_{opt} = 17{,}245$

7.5 **Ansatz** $\quad K^*(x) = ax^3 + bx^2 + cx + 204$

Ableitungen $\quad K^{*\prime}(x) = 3ax^2 + 2bx + c$

$K^{*\prime\prime}(x) = 6ax + 2b$

Bedingungen für a, b, c und d:

fixen Geldkosten 60 GE $\quad d = 60$ (eingesetzt)

$E(30) = K^*(30) = 660$ $\quad 660 = 27\,000a + 900b + 30c + 60$

=> $\mathbf{900\,a + 30\,b + c = 20}$

$G(20) = 140 \iff K(20) = E(20) - 140 = 440 - 140 = 300$

$\iff K(20) = 300$ $\quad 300 = 8\,000a + 400b + 20c + 60$

=> $\mathbf{400a + 20b + c = 12}$

Minimum von $K^{*\prime}$: $K^{*\prime\prime}(10) = 0$ $\quad \mathbf{60a + 2b = 0}$

Auflösung ergibt: $a = 0{,}04;\ b = -1{,}2;\ c = 20$

Kostenfunktion K* $\quad K^*(x) = 0{,}04x^3 - 1{,}2x^2 + 20x + 60$

Hauptprüfung 2000

7.1 Die Differentialkosten eines Unternehmens sind gegeben durch

$$K'(x) = 0{,}06\,x^2 - 3{,}8x + c,\quad c \in \mathbf{R}\,.$$

Bestimmen Sie die Kostenfunktion, wenn bei einer Herstellung von 50 Mengeneinheiten (ME) Gesamtkosten von 1200 Geldeinheiten (GE) entstehen und bei 70 ME die Stückkosten 32 GE betragen.

7.2 Zeichnen Sie das Schaubild der Kostenfunktion K mit

$$K(x) = 0{,}02\,x^3 - 1{,}9x^2 + 62x + 350$$

für $0 \leq x \leq 90$ (10 ME $\triangleq$ 1 cm; 500 GE $\triangleq$ 1 cm).

7.3 Bestimmen Sie die Erlösfunktion, wenn der Preis konstant ist und die Nutzenschwelle bei 20 ME liegt.

Zeichnen Sie das Schaubild der Erlösfunktion in das Koordinatensystem von Teilaufgabe 7.2 ein.

Berechnen Sie die Nutzengrenze.

7.4 Ermitteln Sie graphisch einen Näherungswert für das Betriebsoptimum.

Berechnen Sie das Betriebsoptimum mit Hilfe eines geeigneten Näherungsverfahrens auf zwei Nachkommastellen gerundet.

Geben Sie den minimalen Verkaufspreis an, damit langfristig eine verlustfreie Produktion möglich ist.

Hauptprüfung 2000

7.1 **K'(x) aufleiten** ergibt den Ansatz für K(x): $K(x) = 0{,}02x^3 - 1{,}9x^2 + cx + d$

Bedingungen:	$K(50) = 1200$	$2500 - 4750 + 50c + d = 1200$
		$\Rightarrow 50c + d = 3450$
	$K(70) = 32 \cdot 70$	$6860 - 9310 + 70c + d = 2240$
		$\Rightarrow 70c + d = 4690$
Auflösung ergibt:		$c = 62;\ d = 350$
Kostenfunktion:		$K(x) = 0{,}02x^3 - 1{,}9x^2 + 62x + 350$

Bemerkungen:

$k(70) = \frac{K(70)}{70} = 32 \Rightarrow K(70) = 32 \cdot 70$

Stückkostenfunktion: $k(x) = \frac{K(x)}{x} = 0{,}02x^2 - 1{,}9x + c + \frac{d}{x}$

Bedingung: $k(70) = 32 \Rightarrow$ $98 - 133 + c + \frac{d}{70} = 32 \Rightarrow 70c + d = 4690$

7.2

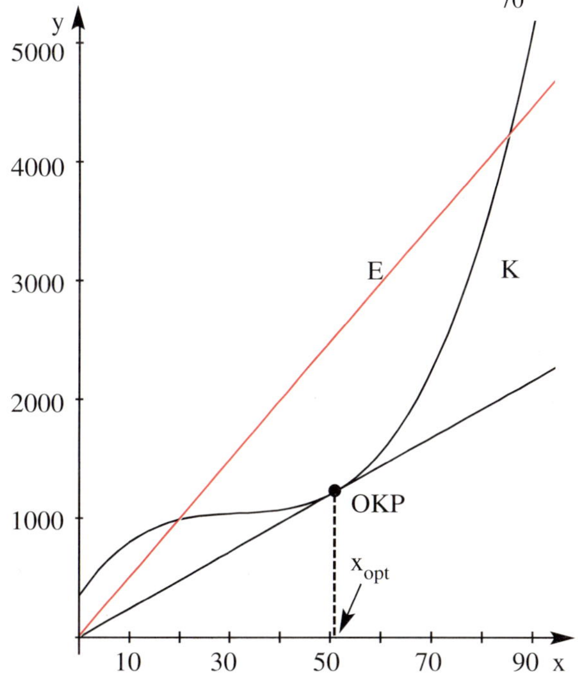

7.3 Ansatz für die Erlösfunktion: $E(x) = px$

Nutzenschwelle bei 20 ME $E(20) = K(20) \Rightarrow 20p = 990$

konstanter Stückpreis $p = 49{,}5$

Erlösfunktion: $E(x) = 49{,}5x$

Hauptprüfung 2000 (Fortsetzung)

7.3 **Berechnung der Nutzengrenze**

Ansatz: $K(x) - E(x) = 0$ $\quad 0{,}02x^3 - 1{,}9x^2 + 12{,}5x + 350 = 0$

Erste Lösung: $\quad x_1 = x_s = 20$

Polynomdivision mit (x – 20):

$$(0{,}02x^3 - 1{,}9x^2 + 12{,}5x + 350) : (x - 2) = 0{,}02x^2 - 1{,}5x - 17{,}5$$

weitere Lösung, wenn $\quad 0{,}02\,x^2 - 1{,}5x - 17{,}5 = 0 \quad |\cdot 50$

Vereinfachung $\quad x^2 - 75x - 875 = 0$

weitere Lösung $\quad x_2 = 85{,}26 \quad (x_3 = -10{,}26 < 0)$

Nutzengrenze $\quad x_g = 85{,}26$

7.4 Graphische Bestimmung des Betriebsoptimums:

Die **Tangente an K** durch den Ursprung berührt K im **optimalen Kostenpunkt B**$(x_{opt} \mid K(x_{opt}))$

Das Betriebsoptimum liegt bei 51 ME (vgl. Zeichnung bei 7.2)

Rechnerische Lösung

Bedingung: $K'(x) = k(x)$ $\quad 0{,}06x^2 - 3{,}8x + 62 = 0{,}02x^2 - 1{,}9x + 62 + \frac{350}{x}$

$\quad 0{,}04x^3 - 1{,}9x^2 - 350 = 0$

Bestimmung der Lösung mit dem Newton-Verfahren:

$\quad g(x) = 0{,}04x^3 - 1{,}9x^2 - 350$

$\quad g'(x) = 0{,}12x^2 - 3{,}8x$

Rekursionsformel $\quad x_{n+1} = x_n - \frac{g(x_n)}{g'(x_n)}$

Startwert: $\quad x_0 = 51$

Einsetzen ergibt die Näherungswerte: $\quad x_1 = 50{,}880...;\ x_2 = 50{,}879...;\ x_3 = 50{,}879...;$

$g(50{,}879) = -0{,}115 < 0;\ g(50{,}880) = 0{,}002 > 0$

Die gesuchte Lösung x_{opt} liegt zwischen 50,879 und 50,880

Lösung (Betriebsoptimum)

auf zwei Nachkommastellen gerundet: $\quad x_{opt} = 50{,}88$ (ME)

Minimaler Verkaufspreis $\quad K'(x_{opt}) = 23{,}98$

Der minimale Verkaufspreis ist 23,98 GE

oder

langfristige Preisuntergrenze $\quad k(x_{opt}) = 23{,}98$

Bemerkung: Der Verkaufspreis von 23,98 GE deckt alle Kosten ab, es wird aber kein Gewinn erzielt.

Hauptprüfung 1999

7 Die Gesamtkosten für ein Produkt eines Betriebes werden durch die Funktion K mit

$$K(x) = 2x^3 - 20x^2 + 74x + 204, \quad x \in [\,0; 11\,],$$

bestimmt.

Die Produktionsmenge wird in Mengeneinheiten (ME), die Kosten werden in Geldeinheiten (GE) angegeben.

7.1 Fertigen Sie eine Wertetabelle an und zeichnen Sie das Schaubild der Gesamtkostenfunktion K für $0 \leq x \leq 11$ (1 ME $\triangleq$ 1 cm; 100 GE $\triangleq$ 1 cm).

7.2 Zu welchem konstanten Preis p verkauft der Betrieb sein Produkt, wenn die Nutzenschwelle bei 3 ME liegt?

7.3 Die Erlösfunktion ist gegeben durch $E(x) = 100x, \ x \in \mathbf{R}$.
Zeichnen Sie das Schaubild der Erlösfunktion für $0 \leq x \leq 11$ in das vorhandene Koordinatensystem ein.

7.4 Berechnen Sie die Nutzengrenze.

7.5 Berechnen Sie die Produktionsmenge, bei der der Gewinn maximal ist und berechnen Sie diesen maximalen Gewinn.

7.6 Ermitteln Sie zunächst grafisch die Produktionsmenge x_{opt} im Betriebsoptimum.
Berechnen Sie x_{opt} mit Hilfe eines Näherungsverfahrens.
Runden Sie dabei auf 3 Stellen nach dem Komma.

7.7 Für ein anderes Produkt hat die Kostenfunktion folgende Gestalt:

$$K^*(x) = ax^3 + bx^2 + cx + 204, \ x \in \mathbf{R}.$$

Die Erlösfunktion ist auch hier $E(x) = 100x, \ x \in \mathbf{R}$.
Die Nutzengrenze liegt bei 10 ME, das Minimum der variablen Stückkosten wird bei einer Ausbringung von 5 ME erreicht. Der Gewinn beträgt bei dieser Ausbringungsmenge 148 GE.

Berechnen Sie a, b und c.

Hauptprüfung 1999

7.1

x	0	1	2	3	4	5	6	7	8	9	10	11
K(x)	204	260	288	300	308	324	360	428	540	708	944	1260

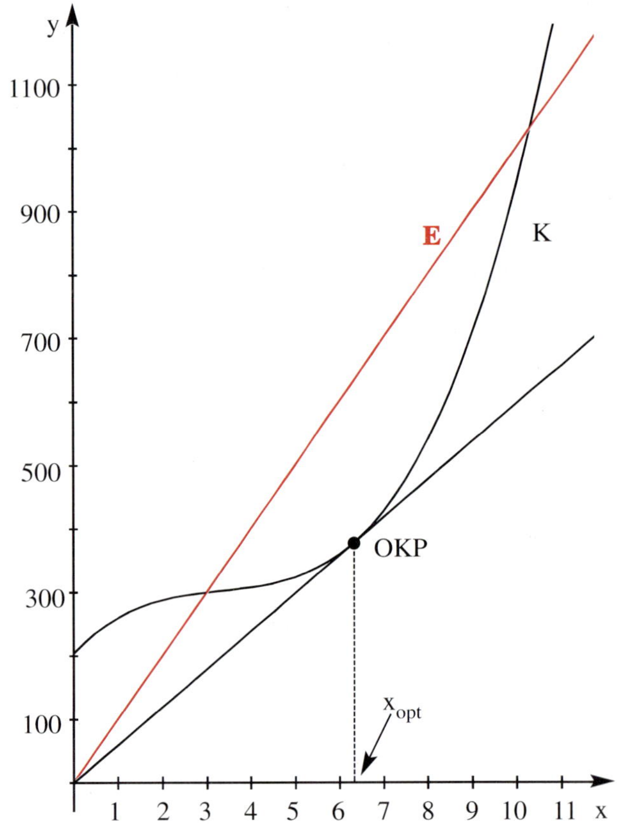

7.2 **Erlösfunktion:**
$E(x) = px$
Nutzenschelle $x = 3$;
$E(3) = K(3)$
$3p = 300 \Rightarrow p = 100$
konstanter Verkaufspreis:
$p = 100$ GE/ME

7.3 Gerade siehe bei 7.1

7.4 Bedingung für die **Nutzengrenze x_g**: $K(x) = E(x) \Leftrightarrow K(x) - E(x) = 0$

$2x^3 - 20x^2 + 74x + 204 - 100x = 0$

$x^3 - 10x^2 - 13x + 102 = 0$

Erste Lösung: $x_1 = x_s = 3$;

Polynomdivision mit $(x - 3)$: $(x^3 - 10x^2 - 13x + 102):(x - 3) = x^2 - 7x - 34$

Weitere Lösung, wenn $x^2 - 7x - 34 = 0$

$x_2 = 10{,}30 \quad (x_3 = -3{,}30 \notin [0; 11])$

Nutzengrenze x_g : $x_g = 10{,}30$

7.5 **Gewinn**: $G(x) = E(x) - K(x)$ $\quad G(x) = -2x^3 + 20x^2 + 26x - 204$

Ableitungen: $G'(x) = -6x^2 + 40x + 26$; $G''(x) = -12x + 40$

Maximaler Gewinn

Bedingung: $G'(x) = 0$ $\quad -6x^2 + 40x + 26 = 0$

Hauptprüfung 1999 (Fortsetzung)

7.5 Vereinfachte Gleichung $3x^2 - 20x - 13 = 0$

Lösung mit Formel $x_1 = 7{,}26$ $(x_2 = -0{,}60 \notin [\,0;\,11\,])$

Nachweis: $G''(7{,}26) = -47{,}2 < 0$ => relatives (lokales) Maximum

Absoluter maximaler Gewinn: $G(7{,}26) = 273{,}60$ (GE)

Bemerkung: x_1 ist auf $[\,0\,;\,11\,]$ die **einzige Stelle** mit waagrechter Tangente, somit ist $G(x_1)$ das absolute Maximum, $G(x_s) = G(x_g) = 0$

7.6 **Graphische Bestimmung** des Betriebsoptimums:

Vom Ursprung aus die Tangente an die Kostenkurve legen.

Aus der Zeichnung (bei 7.1) kann man ablesen: $x_{opt} \approx 6{,}3$

Rechnerische Bestimmung

Bedingung: $K'(x) = k(x)$ $6x^2 - 40x + 74 = 2x^2 - 20x + 74 + \frac{204}{x}$

Vereinfachung $x^3 - 5x^2 - 51 = 0$

Bestimmung der Lösung mit dem Newton-Verfahren:

$$g(x) = x^3 - 5x^2 - 51;\quad g'(x) = 3x^2 - 10x$$

Rekursionsformel $x_{n+1} = x_n - \frac{g(x_n)}{g'(x_n)}$

Startwert: $x_0 = 6{,}3$

Einsetzen ergibt: $x_1 = 6{,}28935...;\ x_2 = 6{,}28932...$

$g(6{,}2893) = -0{,}0013... < 0;\ g(6{,}2894) = 0{,}004... > 0$

Für die Lösung x_{opt} gilt: $6{,}2893 < x_{opt} < 6{,}2894$

Lösung (**Betriebsoptimum**) auf drei Nachkommastellen gerundet: $x_{opt} = 6{,}289$ (ME)

Bemerkung: Bedingung für x_{opt}: $k'(x) = 0 = 4x - 20 - \frac{204}{x^2} = 0$

führt ebenfalls auf $x^3 - 5x^2 - 51 = 0$

7.7 **Ansatz für die Kostenfunktion:** $K^*(x) = ax^3 + bx^2 + cx + 204$

Ableitung $K^{*\prime}(x) = 3ax^2 + 2bx + c$

variable Stückkosten: $k_v^*(x) = ax^2 + bx + c$

Ableitung: $k_v^{*\prime}(x) = 2ax + b$

Gewinnfunktion: $G^*(x) = E(x) - K^*(x) = 100x - (ax^3 + bx^2 + cx + 204)$

$= -ax^3 - bx^2 + (100 - c)x - 204$

Bedingungen: $E(10) = K^*(10)$ $1000 = 1000a + 100b + 10c + 204$

=> $\mathbf{1000a + 100b + 10c = 796}$

$k_v^{*\prime}(5) = 0$ $\mathbf{10a + b = 0}$

$G^*(5) = 148$ $-125a - 25b + 500 - 5c - 204 = 148$

=> $\mathbf{125a + 25b + 5c = 148}$

Auflösung ergibt: $a = 2;\ b = -20;\ c = 79{,}6$

Kostenfunktion K* $K^*(x) = 2x^3 - 20x^2 + 79{,}6x + 204$

Hauptprüfung 1998

7.1 Bei der Produktion einer Ware ist der Verlauf der Grenzkosten durch die Funktion $K'(x) = 3x^2 - 24x + 60$ festgelegt.
Die Gesamtkosten bei einer Produktion von 4 ME (Mengeneinheiten) betragen 210 GE (Geldeinheiten).

Bestimmen Sie die Gesamtkostenfunktion.

7.2 Das Unternehmen bietet als einziges am Markt diese Ware an.
Dadurch hängt der Preis von der nachgefragten Stückzahl ab.
Die Erlöskurve hat folgende Eigenschaften: Sie ist eine Parabel, welche die x-Achse an der Stelle $x = 12$ schneidet.
Der maximale Erlös beträgt 360 GE.

Berechnen Sie die Erlösfunktion.

7.3 Gesamtkostenfunktion und Erlösfunktion sich durch

$$K(x) = x^3 - 12x^2 + 60x + 98, \quad 0 \leq x \leq 8{,}5 \quad \text{und}$$

$$E(x) = -\,10x^2 + 120x, \quad 0 \leq x \leq 8{,}5 \quad \text{gegeben.}$$

7.3.1 Zeichnen Sie die Gesamtkostenkurve und die Erlöskurve für $0 \leq x \leq 8{,}5$ in ein Koordinatensystem
(1 ME $\triangleq$ 1 cm; 30 GE $\triangleq$ 1 cm).

7.3.2 Entnehmen Sie der Zeichnung die Nutzenschwelle und die Nutzengrenze, und kennzeichnen Sie die entsprechenden Produktionsmengen im Schaubild.

Berechnen Sie die Nutzengrenze mit einem geeigneten Näherungsverfahren auf zwei Nachkommastellen gerundet.

7.3.3 Berechnen Sie das Gewinnmaximum.
Welchen Preis muss der Monopolist festlegen, damit er maximalen Gewinn erwirtschaftet?

7.3.4 Berechnen Sie die Produktionsmenge, bei der die Stückkosten am niedrigsten sind (Betriebsoptimum).
Zeigen Sie zeichnerisch und rechnerisch, dass das Betriebsoptimum bei 7 ME leigt.

Hauptprüfung 1998

7.1 **K'(x) aufleiten** ergibt den Ansatz für K(x): $K(x) = x^3 - 12x^2 + 60x + d$

Bedingung: K(4) = 210 => $64 - 192 + 240 + d = 210$ => **d = 98**

(d = 98 = K_{fix})

Gesamtkostenfunktion: $K(x) = x^3 - 12x^2 + 60x + 98$

7.2 **Bemerkung**:

Erlös beim Monopolist $E(x) = p(x) \cdot x$ mit $p(x) = ax + b$ mit $a < 0$

Ansatz für die Erlösfunktion: $E(x) = ax^2 + bx + c$

Für die Erlösfunktion muss gelten: $E(0) = 0$ => $c = 0$

Bedingungen: $E(12) = 0$ $144a + 12b = 0$

$E(6) = 360$ $36a + 6b = 360$

Auflösung ergibt: $a = -10$; $b = 120$

Erlösfunktion: $E(x) = -10x^2 + 120x$

Bemerkung: Die Parabel (mit $a < 0$ nach unten geöffnet) hat ihren maximalen Wert im Scheitel mit $x_S = \frac{x_1 + x_2}{2} = \frac{0 + 12}{2} = 6$

=> **E_{max} = E(6)**

7.3.1

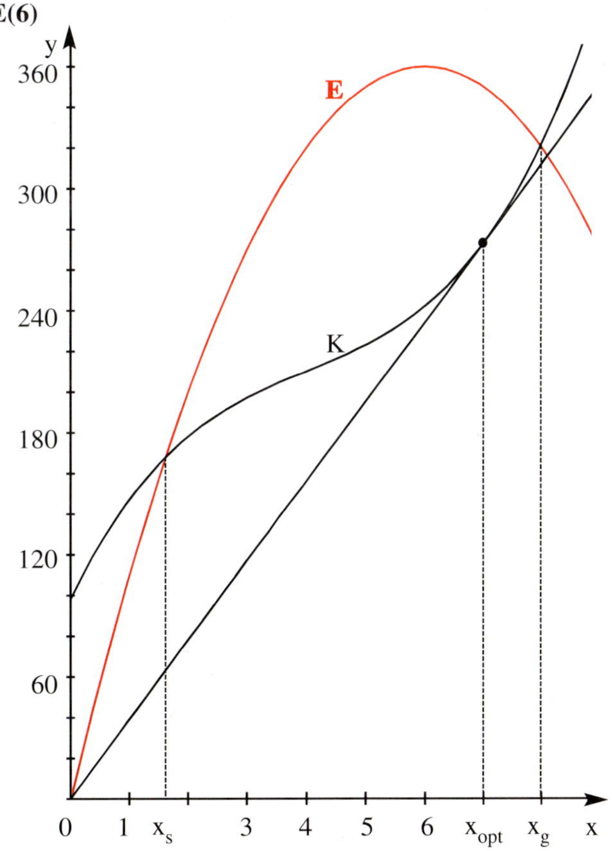

7.3.2 Aus der Zeichnung:

Nutzenschelle

$x_s \approx 1{,}6$

Nutzengrenze

$x_g \approx 8$

Hauptprüfung 1998 (Fortsetzung)

7.3.2 **Rechnerische Bestimmung der Nutzengrenze** x_g

Bedingung: $E(x) = K(x)$ $\quad -10x^2 + 120x = x^3 - 12x^2 + 60x + 98$

Nullform $\quad x^3 - 2x^2 - 60x + 98 = 0$

Bestimmung der Lösung mit dem Newton-Verfahren:

$g(x) = x^3 - 2x^2 - 60x + 98;\ g'(x) = 3x^2 - 4x - 60$

Rekursionsformel $\quad x_{n+1} = x_n - \frac{g(x_n)}{g'(x_n)}$

Startwert: $\quad x_0 = 8$

Einsetzen ergibt die Näherungen $\quad x_1 = 7{,}98;\ x_2 = 7{,}9799...;\ x_3 = 7{,}9799...$

$g(7{,}978) = -0{,}189 < 0;\ g(7{,}980) = 0{,}009 > 0$

Für die Lösung x_g gilt: $\quad 7{,}978 < x_g < 7{,}980$

Die **Nutzengrenze x_g** auf zwei Nachkommastellen gerundet: $x_g = 7{,}98$ (ME)

7.3.3 Gewinnfunktion $\quad G(x) = E(x) - K(x) = -x^3 + 2x^2 + 60x - 98$

Ableitungen: $\quad G'(x) = -3x^2 + 4x + 60;\ \ G''(x) = -6x + 4$

Maximaler Gewinn

Bedingung: $G'(x) = 0$ $\quad -3x^2 + 4x + 60 = 0$

Lösung mit Formel $\quad x_1 = 5{,}19\ (x_2 = -3{,}85 \notin [\,0;\ 8{,}5\,])$

Nachweis: $G''(5{,}19) = -27{,}14 < 0 \Rightarrow$ relatives (lokales) Maximum

Absoluter maximaler Gewinn: $\quad G(5{,}19) =$ **127,47** (GE)

Bemerkung: x_1 ist auf $[\,0;\ 8{,}5\,]$ die einzige Stelle mit waagrechter Tangente, somit ist $G(x_1)$ das absolute Maximum.

Berechnung des Preises p

$$p(x) = \frac{E(x)}{x} = \frac{-10x^2 + 120\,x}{x} = -10x + 120 \Rightarrow p(5{,}19) = 68{,}1 \text{ (GE)}$$

Alternative:

$G(5{,}19) = E(5{,}19) - K(5{,}19) \Rightarrow$ $\quad E(5{,}19) = G(5{,}19) + K(5{,}19) = 353{,}4$

Gesuchter Preis p: $\quad p = \frac{E(5{,}19)}{5{,}19} = \frac{353{,}4}{5{,}19} = 68{,}1$ (GE)

7.3.4 **Zeichnerische Lösung**: $\quad x_{opt} \approx 7$

Rechnerische Lösung durch Einsetzen

Bedingung: $K'(x) = k(x)$ $\quad 3x^2 - 24x + 60 = x^2 - 12x + 60 + \frac{98}{x}$

$x^3 - 6x^2 - 49 = 0$

Einsetzen von $x = 7$ ergibt: $\quad 0 = 0$ wahre Aussage

Bemerkung: Die Bedingung $k'(x) = 0 \Leftrightarrow 2x - 12 - \frac{98}{x^2} = 0$

führt ebenfalls auf $\quad x^3 - 6x^2 - 49 = 0$

Hauptprüfung 1997

7.1 In einem Fertigungsbetrieb werden die Gesamtkosten K mit Hilfe einer ganzrationalen Funktion 3. Grades berechnet.
Bei einem Verkaufspreis von 20 Geldeinheiten (GE) je Mengeneinheit (ME) liegt die Nutzenschwelle bei 2 ME.
Bei einer Produktionsmenge von 4 ME wird der größtmögliche Gewinn erzielt; die Stückkosten betragen bei dieser Menge 15 GE je ME.
Die Fixkosten belaufen sich auf 20 GE.

Berechnen Sie den Funktionsterm K(x).

7.2 Die Gesamtkostenfunktion K ist durch

$$K(x) = 1{,}25x^3 - 7{,}5x^2 + 20x + 20,\ \ 0 \leq x \leq 6\text{ , gegeben,}$$

die Erlösfunktion E durch $E(x) = 20x,\ 0 \leq x \leq 6$.

7.2.1 Zeichnen Sie in ein Koordinatensystem die Gesamtkostenkurve und die Erlösgerade für $0 \leq x \leq 6$
(1 ME $\triangleq$ 1 cm; 20 GE $\triangleq$ 1 cm).

7.2.2 Berechnen Sie die Nutzenschwelle und die Nutzengrenze, und kennzeichnen Sie die entsprechenden Produktionsmengen im Schaubild von 7.2.1.

7.2.3 Ermitteln Sie aus der Zeichnung einen ersten Näherungswert für das Betriebsoptimum x_{opt}, und bestimmen Sie durch ein geeignetes Näherungsverfahren x_{opt} auf zwei Nachkommastellen gerundet.

Hauptprüfung 1997

7.1 **Kostenfunktion** $K(x) = ax^3 + bx^2 + cx + d$

Stückkostenfunktion $k(x) = ax^2 + bx + c + \frac{d}{x}$

Erlösfunktion $E(x) = 20x$

Bedingungen und LGS für a, b, c und d:

Fixkosten 20 GE:	$K(0) = 20$	=> $d = 20$ (eingesetzt)
$x_s = 2$ bedeutet:	$K(2) = E(2) = 40$	=> $8a + 4b + 2c + 20 = 40$
$G_{max} = G(4)$ <=>	$K'(4) = E'(4)$	=> $48a + 8b + c = 20$
	$k(4) = 15$	=> $16a + 4b + c + 5 = 15$

Auflösung in Matixschreibweise

$$\left(\begin{array}{ccc|c} 8 & 4 & 2 & 20 \\ 48 & 8 & 1 & 20 \\ 16 & 4 & 1 & 10 \end{array}\right) \sim \left(\begin{array}{ccc|c} 8 & 4 & 2 & 20 \\ 88 & 12 & 0 & 20 \\ 32 & 4 & 0 & 10 \end{array}\right) \sim \left(\begin{array}{ccc|c} 8 & 4 & 2 & 20 \\ 88 & 12 & 0 & 20 \\ 8 & 0 & 0 & 10 \end{array}\right)$$

ergibt: $a = 1{,}25;\ b = -7{,}5;\ c = 20$

Kostenfunktion: $K(x) = 1{,}25x^3 - 7{,}5x^2 + 20x + 20$

Bemerkung: $k(4) = 15 \iff K(4) = 4 \cdot 15 = 60$

ergibt $64a + 16b + 4c = 40$

Vereinfachung $16a + 4b + c = 10$

7.2.1

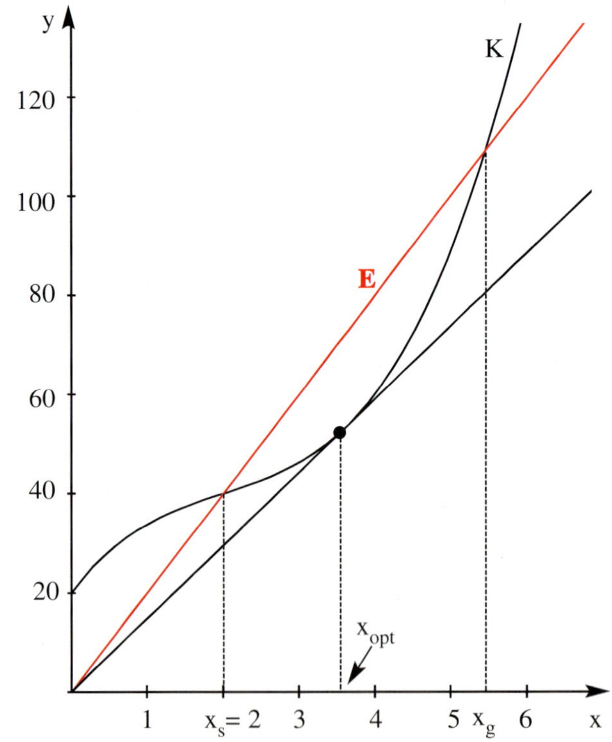

Hauptprüfung 1997 (Fortsetzung)

7.2.2 **Rechnerische Bestimmung der Nutzengrenze** x_g

Bedingung: E(x) = K(x) $20x = 1{,}25x^3 - 7{,}5x^2 + 20x + 20$

$-1{,}25x^3 + 7{,}5x^2 - 20 = 0$

Aus der Zeichnung oder aus 7.1: **Nutzenschwelle** $x_s = 2$

Probe durch Einsetzen 0 = 0 wahre Aussage

Polynomdivision mit (x – 2)

$(-1{,}25x^3 + 7{,}5x^2 - 20) : (x - 2) = -1{,}25x^2 + 5x^2 + 10$

Weitere Lösungen, wenn $-1{,}25x^2 + 5x^2 + 10 = 0$

$5x^2 - 20x^2 - 40 = 0$

Vereinfachte Gleichung $x^2 - 4x^2 - 8 = 0$

Lösung mit Formel $x_1 = 2 + \sqrt{12}$ $(x_2 = 2 - \sqrt{12} \notin [\,0; 6\,])$

Nutzengrenze $x_g = 2 + \sqrt{12} \approx 5{,}46$

7.23 **Bedingung für x_{opt} :** $K'(x) = k(x)$

$3{,}75x^2 - 15x + 20 = 1{,}25x^2 - 7{,}5x + 20 + \frac{20}{x}$

$2{,}5x^3 - 7{,}5x^2 - 20 = 0$

Bestimmung der Lösung mit dem Newton-Verfahren:

$g(x) = 2{,}5x^3 - 7{,}5x^2 - 20$

$g'(x) = 7{,}5x^2 - 15x$

Rekursionsformel $x_{n+1} = x_n - \frac{g(x_n)}{g'(x_n)}$

Aus der Zeichnung: $x_{opt} \approx 3{,}5$

Startwert: $x_0 = 3{,}5$

Einsetzen ergibt die Näherungswerte: $x_1 = 3{,}6190...$; $x_2 = 3{,}6129...$; $x_3 = 3{,}6128...$

$g(3{,}612) = -0{,}03 < 0$; $g(3{,}613) = 0{,}005 > 0$

Für die Lösung x_{opt} gilt: $3{,}612 < x_{opt} < 3{,}613$

Das **Betriebsoptimum** x_{opt}

auf zwei Nachkommastellen gerundet: $\mathbf{x_{opt} = 3{,}61}$ (ME)

Bemerkung:

Es genügt auch zu berechnen: $g(3{,}605) = -0{,}026 < 0$

$g(3{,}614) = 0{,}0037 > 0$

Für die Lösung x_{opt} gilt somit: $3{,}605 < x < 3{,}614$ => $\mathbf{x_{opt} = 3{,}61}$

Alle Zahlen zwischen 3,605 und 3,614 werden auf 3,61 gerundet.

Hauptprüfung 1996

7.1 Ein Betrieb erzielt für sein Produkt einen Verkaufserlös von 22 GE (Geldeinheiten) pro ME (Mengeneinheit).
Die Gesamtkosten sind durch eine ganzrationale Funktion 3. Grades bestimmt.
Die fixen Kosten betragen 20 GE.
Bei einer Ausbringung von 2 ME entstehen Kosten von 44 GE, bei einer Ausbringung von 1 ME tritt ein Verlust von 15 GE auf.
Bei 4 ME betragen die Stückkosten 13 GE.

Bestimmen Sie den Funktionsterm der Gesamtkostenfunktion.

7.2 Die Gesamtkostenfunktion ist gegeben durch :

$$K(x) = x^3 - 8x^2 + 24x + 20 .$$

Erstellen Sie eine Wertetabelle für $0 \leq x \leq 8$, und zeichnen Sie die Schaubilder der Kostenfunktion sowie der Erlösfunktion (1 ME $\triangleq$ 1 cm ; 20 GE $\triangleq$ 1 cm) .

7.3 Berechnen Sie die Nutzengrenze, wenn die Nutzenschwelle bei einer Ausbringung von 2 ME liegt.

7.4 Berechnen Sie den maximalen Gewinn.

7.5 Ermitteln Sie aus der Zeichnung einen ersten Näherungswert für das Betriebsoptimum.
Berechnen Sie mit einem Näherungsverfahren einen genaueren Wert (drei Dezimalen gerundet).

7.6 Welcher Erlös p_1 muss pro ME erzielt werden, wenn bei einer Ausbringung von 5 ME ein Gewinn von 60 GE erzielt werden soll ?

Hauptprüfung 1996

7.1 **Erlösfunktion** $E(x) = 22x$

Ansatz für die Kostenfunktion: $K(x) = ax^3 + bx^2 + cx + d$

Stückkosten $k(x) = ax^2 + bx + c + \frac{d}{x}$

Bedingungen und LGS

Fixkosten 20 GE: $K(0) = 20$ => $d = 20$

$K(2) = 44$ => $8a + 4b + 2c + d = 44$

Verlust $E(1) - K(1) = -15$ => $22 - (a + b + c + d) = -15$

"negativer Gewinn"

$k(4) = 13$ => $16a + 4b + c + \frac{d}{4} = 13$

Gleichungssystem für a, b, c
(Einsetzen von d = 20)

$8a + 4b + 2c = 24$
$a + b + c = 17$
$16a + 4b + c = 8$

Auflösung in Matrixform:

$$\left(\begin{array}{ccc|c} 8 & 4 & 2 & 24 \\ 1 & 1 & 1 & 17 \\ 16 & 4 & 1 & 8 \end{array}\right) \sim \left(\begin{array}{ccc|c} 8 & 4 & 2 & 24 \\ 6 & 2 & 0 & -10 \\ 15 & 3 & 0 & -9 \end{array}\right) \sim \left(\begin{array}{ccc|c} 8 & 4 & 2 & 24 \\ 3 & 1 & 0 & -5 \\ 5 & 1 & 0 & -3 \end{array}\right) \sim \left(\begin{array}{ccc|c} 8 & 4 & 2 & 24 \\ 3 & 1 & 0 & -5 \\ 2 & 0 & 0 & 2 \end{array}\right)$$

$a = 1$; $b = -8$; $c = 24$

Funktionsterm:

$K(x) = x^3 - 8x^2 + 24x + 20$

Bemerkung:

$k(4) = 13 \iff K(4) = 13 \cdot 4 = 52$

ergibt:

$64a + 16b + 4c + d = 52$

vereinfacht und $d = 20$

$16a + 4b + c = 8$

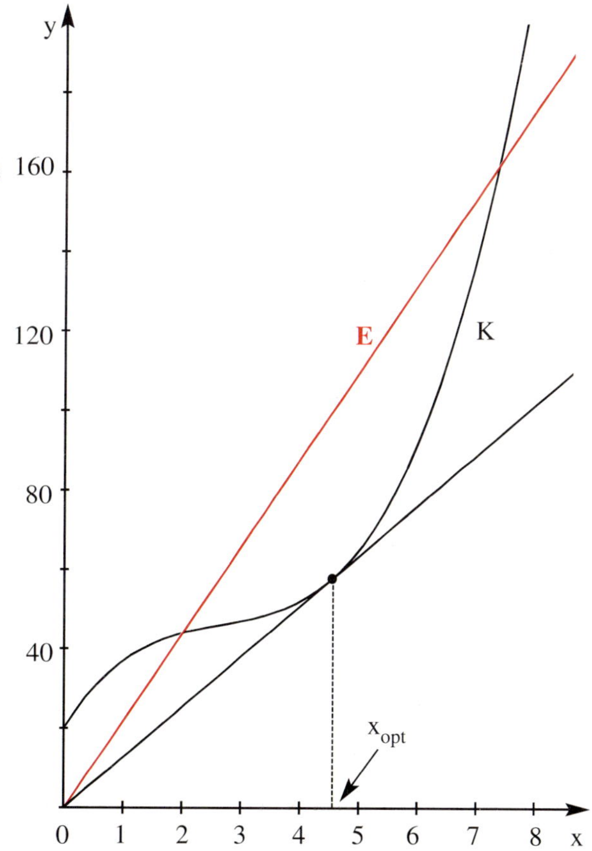

7.2 Wertetabelle (mit dem ETR)
Schaubilder von K und E

x	0	1	2	3	4
K(x)	20	37	44	47	52

x	5	6	7	8
K(x)	65	92	139	212

10 Bohner/Ihlenburg/Ott – ISBN 3-8120-0459-3

Hauptprüfung 1996 (Fortsetzung)

7.3 **Berechnung der Nutzengrenze**

Bedingung: $E(x) = K(x)$ $\quad 22x = x^3 - 8x^2 + 24x + 20$

$x^3 - 8x^2 + 2x + 20 = 0$

Nutzenschwelle $x_s = 2$ (Erste Lösung)

Polynomdiviosion mit $(x - 2)$ $\quad (x^3 - 8x^2 + 2x + 20): (x - 2) = x^2 - 6x^2 - 10$

Weitere Lösungen, wenn $\quad x^2 - 6x^2 - 10 = 0$

$x_1 = 3 + \sqrt{19} \quad (x_2 = 3 - \sqrt{19} \notin [\,0; 8\,])$

Nutzengrenze $\quad x_1 = x_g = 3 + \sqrt{19} \approx 7{,}36$

7.4 **Gewinnfunktion** G mit $G(x) = E(x) - K(x) = - x^3 + 8x^2 - 2x - 20$

Ableitungen: $\quad G'(x) = - 3x^2 + 16x - 2; \; G''(x) = - 6x + 16$

Maximaler Gewinn

Bedingung: $G'(x) = 0$ $\quad - 3x^2 + 16x - 2 = 0$

Lösung mit Formel $\quad x_1 = 5{,}21 \quad (x_2 = - 3{,}85 < 0)$

Nachweis: $G''(5{,}21) = - 15{,}23 < 0$ => relatives (lokales) Maximum

Absoluter maximaler Gewinn: $\quad G(5{,}21) =$ **45,31 (GE)**

Bemerkung: x_1 ist auf der Gewinnzone $[\,2; 7{,}36\,]$ die einzige Stelle mit waagrechter Tangente, somit ist $G(x_1)$ das absolute Maximum.

7.5 **Bedingung für x_{opt}**: $K'(x) = k(x)$ $\quad 3x^2 - 16x + 24 = x^2 - 8x + 24 + \frac{20}{x} \quad | \cdot x$

Nullform $\quad 2x^3 - 8x^2 - 20 = 0$

Vereinfachung $\quad x^3 - 4x^2 - 10 = 0$

Bestimmung der Lösung mit dem Newton-Verfahren:

$$g(x) = x^3 - 4x^2 - 10; \; g'(x) = 3x^2 - 8x$$

Rekursionsformel $\quad x_{n+1} = x_n - \frac{g(x_n)}{g'(x_n)}$

Aus der Zeichnung: $\quad x_{opt} \approx 4{,}5$

Startwert: $\quad x_0 = 4{,}5$

Einsetzen ergibt die Näherungen: $\quad x_1 = 4{,}49495...; \; x_2 = 4{,}49494...$

$g(4{,}4949) = - 0{,}00098 < 0; \; g(4{,}4950) = 0{,}00149 > 0$

Das **Betriebsoptimum x_{opt}** auf drei Nachkommastellen gerundet: $\mathbf{x_{opt} = 4{,}495}$ (ME)

7.6 **Ansatz für die Erlösfunktion** $\quad E(x) = p_1x$

Bedingung: $E(5) - K(5) = 60$ <=> $\quad 5p_1 - 65 = 60$ => $\mathbf{p_1 = 25}$

Umständliche Alternative:

Gewinnfunktion: $G_1(x) = E(x) - K(x)$ $\quad G_1(x) = - x^3 + 8x^2 + (p_1 - 24)x - 20$

Bedingung: $G_1(5) = 60$ $\quad - 125 + 200 + 5p_1 - 120 - 20 = 60$

Neuer Erlös: $\quad p_1 = 25$

Schwerpunkt: Aufstellen von Kostenfunktionen

1. Die Gesamtkosten eines Betriebes hängen von der Ausbringungsmenge ab und werden durch eine ganzrationale Funktion 3. Grades beschrieben. Der Verkaufspreis je ME (Mengeneinheit) beträgt 100 GE (Geldeinheiten). Die fixen Kosten betragen 1 820 GE. Kostendeckung wird bei einer Ausbringungsmenge von 70 ME erzielt. Bei 40 ME betragen die Stückkosten 65,5 GE und bei 50 ME die variablen Kosten 1 500 GE. Bestimmen Sie die Gleichung der Gesamtkostenfunktion. (Hauptprüfung 1995)
2. Die zweite Ableitung der Gesamtkostenfunktion K eines Unternehmens ist gegeben durch $K''(x) = 240\,x - 1200$
   Bei einer Produktion von 5 ME entstehen Gesamtkosten von 7600 GE.
   Bei einer Produktion von 10 ME betragen die variablen Stückkosten 1120 GE.
   Bestimmen Sie den Funktionsterm der Gesamtkostenfunktion K.
   Zeigen Sie, dass dann das Minimum der Grenzkosten bei 5 ME liegt.
3. Die Gesamtkostenfunktion K eines Betriebes ist durch eine ganzrationale Funktion 3. Grades bestimmt. Der Verkaufserlös beträgt 250 GE je ME. Die fixen Kosten betragen 2560 GE. Die Nutzengrenze liegt bei einer Produktionsmenge von 80 ME. Das Betriebsminimum (Minimum der variablen Stückkosten) liegt bei 51 ME. Das Gewinnmaximum wird bei einer Produktionsmenge von 60 ME erreicht. Bestimmen Sie die Gesamtkostenfunktion K und die lineare Erlösfunktion. (Hauptprüfung 1992)
4. Die Gesamtkostenfunktion K eines Betriebes ist durch eine ganzrationale Funktion 3. Grades bestimmt. Die Ware ist zu einem konstanten Preis von 720 GE je ME am Markt absetzbar. Die fixen Kosten betragen 6000 GE. Die Nutzenschwelle liegt bei 40 ME. Im Betriebsminimum x = 90 betragen die Differentialkosten 320 GE. Bestimmen Sie die Terme für die Erlös- und die Gesamtkostenfunktion.
5. In einem Betrieb ist die Abhängigkeit der Gesamtkosten K (in GE) von der erzeugten Menge (in ME) durch eine ganzrationale Funktion 3. Grades bestimmt. Bei vollständiger Konkurrenz gilt für die Erlösfunktion $E(x) = p \cdot x$ mit konstantem Stückpreis p. Die Funktion der variablen Stückkosten k_v ist gegeben durch
   $k_v(x) = \frac{1}{12}x^2 - \frac{2}{3}x + 12;\; x \in [\,0;\, 13\,]$.
   Bestimmen Sie die Gesamtkostenfunktion K und die Erlösfunktion E, wenn bei einer Ausbringungsmenge von 2 ME ein Erlös von 36 GE und Kostendeckung erzielt wird.
6. Die Gesamtkosten eines Unternehmens hängen von der Ausbringungsmenge xab und werden durch eine ganzrationale Funktion 3. Grades beschrieben.
   Bei einer Fertigungsmenge von 3 ME entstehen Gesamtkosten von 59 GE und Differentialkosten (Grenzkosten) von 15 GE.
   Die Stückkosten betragen bei 5 ME 23,4 GE. Die fixen Kosten liegen bei 32 GE. Bestimmen Sie den Funktionsterm.

1. **Erlösfunktion** $E(x) = 100x$

Ansatz für die Kostenfunktionen: $K(x) = ax^3 + bx^2 + cx + d$

variable Kosten $K_v(x) = ax^3 + bx^2 + cx$

Stückkosten $k(x) = ax^2 + bx + c + \frac{d}{x}$

Bedingungen:

$K(0) = 1820 \Rightarrow d = 1820$

$K(70) = E(70) \Rightarrow 343\,000a + 4\,900b + 70c + d = 7000$

$k(40) = 65{,}5 \Rightarrow 1\,600a + 40b + c + \frac{d}{40} = 65{,}5$

$K_v(50) = 1500 \Rightarrow 125\,000a + 2\,500b + 50c = 1500$

Gleichungssystem
(Einsetzen von d = 1820)

$4\,900a + 70b + c = 74$

$1\,600a + 40b + c = 20$

$2\,500a + 50b + c = 30$

Auflösung in Matrixformergibt: $a = 0{,}04 = \frac{1}{25}$; $b = -2{,}6 = -\frac{13}{5}$; $c = 60$

Funktionsterm: $K(x) = \frac{1}{25}x^3 - \frac{13}{5}x^2 + 60x + 1820$

Bemerkung: $k(40) = 65{,}5 \Rightarrow K(40) = 40 \cdot 65{,}5$ führt auch auf $1\,600a + 40b + c = 20$

2. Aufleiten ergibt: $K'(x) = 120x^2 - 1200x + c$; $K(x) = 40x^3 - 600x^2 + cx + d$;

Bedingungen: $K(5) = 5000 - 15000 + 5c + d = 7600$

$K(10) = 10 \cdot 1120 + d \Rightarrow 40000 - 60000 + 10c + d = 11200 + d$

Funktionsterm: $K(x) = 40x^3 - 600x^2 + 3120x + 2000$

Die Bedingung $K''(5) = 0$ ist erfüllt.

3. Bedingungen: $E(x) = 250x$; $K(0) = 2560 = d$;

$K(80) = E(80) = 17440 = 512000a + 6400b + 80c + 2560$

$k_v'(51) = 0 = 102a + b$

$G'(60) = 0 \Leftrightarrow K'(60) = E'(60) = 250 = 10\,800a + 120b + c$

Auflösung ergibt den Funktionsterm: $K(x) = 0{,}1x^3 - 10{,}2x^2 + 394x + 2560$

4. Ansatz: $K(x) = ax^3 + bx^2 + cx + d$; $k_v(x) = ax^2 + bx + c$; $k'_v(x) = 2ax + b$

Bedingungen: $E(x) = 720x$; $K(0) = 6000 \Rightarrow d = 6000$

$K(40) = E(40) = 28800 = 64\,000a + 1600b + 40c + 6000$

$k_v'(90) = 0 = 180a + b$; $K'(90) = 320 = 24300a + 180b + c$

Auflösung ergibt den Funktionsterm: $K(x) = 0{,}1x^3 - 18x^2 + 1130x + 6000$

5. $K(x) = \frac{1}{12}x^3 - \frac{2}{3}x^2 + 12x + d$;

Bedingungen: $K(2) = E(2) = 36 \Rightarrow E(x) = 18x$ und $\frac{2}{3} - \frac{8}{3} + 24 + d = 36$

Auflösung ergibt den Funktionsterm: $K(x) = \frac{1}{12}x^3 - \frac{2}{3}x^2 + 12x + 14$

6. Ansatz: $K(x) = ax^3 + bx^2 + cx + d$; $K'(x) = 3ax^2 + 2bx + c$

Bedingungen: $K(0) = 32 \Rightarrow d = 32$; $K(3) = 59 = 27a + 9b + 3c + 32$

$K'(3) = 15 = 27a + 6b + c$;

$k(5) = 23{,}4 \Rightarrow K(5) = 117 = 125a + 25b + 5c + 32$

Auflösung ergibt den Funktionsterm: $K(x) = x^3 - 4x^2 + 12x + 32$

Prüfungsaufgaben mit Lösungen

Hauptprüfungen 1997 – 2002

Wahlthemen:

Lineare Gleichungssysteme und Matrizen

Vektorielle Geometrie

Stochastik

Hauptprüfung 2002

5.1 Gegeben sind die Matrix M und die Vektoren $\vec{b}_1$ und $\vec{b}_2$ durch

$$M = \begin{pmatrix} 1 & -2 & -3 \\ 1 & -4 & -13 \\ -3 & 5 & 4 \end{pmatrix}; \quad \vec{b}_1 = \begin{pmatrix} 2 \\ 14 \\ 0 \end{pmatrix}; \quad \vec{b}_2 = \begin{pmatrix} 2 \\ 14 \\ 2 \end{pmatrix}.$$

5.1.1 Bestimmen Sie den allgemeinen Lösungsvektor des linearen Gleichungssystems $M \cdot \vec{x} = \vec{b}_1$.

Wie lautet der Lösungsvektor, wenn $x_1 = 4$ ist?

5.1.2 Lösen Sie das lineare Gleichungssystem $M \cdot \vec{x} = \vec{b}_2$.

5.2 Gegeben ist die Matrix N durch $N = \begin{pmatrix} 0 & 2 \\ 2 & 4 \end{pmatrix}$.

Lösen Sie die Matrizengleichung nach X auf und berechnen Sie die Matrix X:

$$X + N \cdot X = N^2$$

5.3 Drei nach dem Leontief-Modell verflochtenen Zweigwerke W_1, W_2 und W_3 beliefern sich gegenseitig und den Markt. W_1 produziert 12 Einheiten, W_2 20 Einheiten und W_3 16 Einheiten.

Die Technologiematrix ist gegeben durch

$$A_{R;Z} = \begin{pmatrix} \frac{1}{6} & \frac{1}{5} & \frac{1}{8} \\ \frac{1}{3} & \frac{1}{5} & \frac{1}{8} \\ \frac{1}{3} & \frac{1}{10} & \frac{1}{8} \end{pmatrix}.$$

5.3.1 Wie viele Produktionseinheiten liefert jedes der Werke an sich selbst, an die beiden anderen und an den Markt?

Stellen Sie dazu die Verflechtungstabelle auf.

5.3.2 In Zukunft rechnet man mit dem Produktionsvektor $\vec{x} = \begin{pmatrix} 18 \\ 30 \\ 16 \end{pmatrix}$.

Bestimmen Sie den dazugehörigen Marktvektor $\vec{y}$.

Hauptprüfung 2002

5.1.1 Das lineare Gleichungssystem in Matrixform

$$(A|\vec{b}_1) = \left(\begin{array}{ccc|c} 1 & -2 & -3 & 2 \\ 1 & -4 & -13 & 14 \\ -3 & 5 & 4 & 0 \end{array}\right) \sim \left(\begin{array}{ccc|c} 1 & -2 & -3 & 2 \\ 0 & -2 & -10 & 12 \\ 0 & 1 & 5 & -6 \end{array}\right) \sim \left(\begin{array}{ccc|c} 1 & -2 & -3 & 2 \\ 0 & -2 & -10 & 12 \\ 0 & 0 & 0 & 0 \end{array}\right)$$

Wahl von $x_3 = r$ beliebig ($r \in \mathbf{R}$) ergibt $\quad x_2 = -6 - 5r$

Einsetzen ergibt $\quad x_1 = -10 - 7r$

allgemeiner Lösungsvektor $\quad \vec{x} = \begin{pmatrix} -10 - 7r \\ -6 - 5r \\ r \end{pmatrix}$ mit $r \in \mathbf{R}$

Aus $x_1 = 4$ folgt $r = -2$ und damit $\vec{x} = \begin{pmatrix} 4 \\ 4 \\ -2 \end{pmatrix}$

Bemerkung: Bei **Wahl von** $x_2 = s$

allgemeiner Lösungsvektor $\quad \vec{x} = \frac{1}{5}\begin{pmatrix} -8 + 7s \\ 5s \\ -6 - s \end{pmatrix}$ mit $s \in \mathbf{R}$

5.1.2 Das lineare Gleichungssystem in Matrixform

$$(A|\vec{b}_2) = \left(\begin{array}{ccc|c} 1 & -2 & -3 & 2 \\ 1 & -4 & -13 & 14 \\ -3 & 5 & 4 & 2 \end{array}\right) \sim \left(\begin{array}{ccc|c} 1 & -2 & -3 & 2 \\ 0 & -2 & -10 & 12 \\ 0 & 1 & 5 & -8 \end{array}\right) \sim \left(\begin{array}{ccc|c} 1 & -2 & -3 & 2 \\ 0 & -2 & -10 & 12 \\ 0 & 0 & 0 & 4 \end{array}\right)$$

Das LGS ist unlösbar.

5.2 Auflösen nach X: $\quad X + N \cdot X = N^2$

Ausklammern $\quad (E + N) \cdot X = N^2$

falls $(E + N)^{-1}$ existiert $\quad X = (E + N)^{-1} N^2$

Berechnung von X: $\quad E + N = \begin{pmatrix} 1 & 2 \\ 2 & 5 \end{pmatrix}$

$$(E + N)^{-1} : \left(\begin{array}{cc|cc} 1 & 2 & 1 & 0 \\ 2 & 5 & 0 & 1 \end{array}\right) \sim \left(\begin{array}{cc|cc} 1 & 2 & 1 & 0 \\ 0 & 1 & -2 & 1 \end{array}\right) \sim \left(\begin{array}{cc|cc} 1 & 0 & 5 & -2 \\ 0 & 1 & -2 & 1 \end{array}\right)$$

$$(E + N)^{-1} = \begin{pmatrix} 5 & -2 \\ -2 & 1 \end{pmatrix} ; \; N^2 = \begin{pmatrix} 0 & 2 \\ 2 & 4 \end{pmatrix} \cdot \begin{pmatrix} 0 & 2 \\ 2 & 4 \end{pmatrix} = \begin{pmatrix} 4 & 8 \\ 8 & 20 \end{pmatrix}$$

$$X = (E + N)^{-1} N^2 = \begin{pmatrix} 5 & -2 \\ -2 & 1 \end{pmatrix}\begin{pmatrix} 4 & 8 \\ 8 & 20 \end{pmatrix} = \begin{pmatrix} 4 & 0 \\ 0 & 4 \end{pmatrix} = 4E$$

Hauptprüfung 2002 (Fortsetzung)

5.3.1

Lieferung an		W_1	W_2	W_3	Markt	Produktion
Lieferung von	W_1	2	4	2	4	12
	W_2	4	4	2	10	20
	W_3	4	2	2	8	16

Beispiel: $a_{11} = \frac{1}{6} \cdot 12 = 2$; $a_{12} = \frac{1}{5} \cdot 20 = 4$

5.3.2 Aus $\vec{y} = (E - A)\,\vec{x}$ folgt durch Multiplikation

$$\begin{pmatrix} \frac{1}{6} & \frac{1}{5} & \frac{1}{8} \\ \frac{1}{3} & \frac{1}{5} & \frac{1}{8} \\ \frac{1}{3} & \frac{1}{10} & \frac{1}{8} \end{pmatrix} \cdot \begin{pmatrix} 18 \\ 30 \\ 16 \end{pmatrix} = \begin{pmatrix} 7 \\ 16 \\ 5 \end{pmatrix}$$

Mit Hilfe der Tabelle lässt sich der Marktvektor ebenfalls aufstellen.

	W_1	W_2	W_3	Markt	Produktion
W_1	3	6	2	**7**	18
W_2	6	6	2	**16**	30
W_3	6	3	2	**5**	16

Hauptprüfung 2001

5.1 Gegeben sind die Matrizen M , N und der Vektor $\vec{c}$ durch:

$$M = \begin{pmatrix} 1 & 2 & 1 \\ -1 & 1 & 0 \\ 2 & 0 & 1 \end{pmatrix} \; ; \; N = \begin{pmatrix} 3 & 2 & 0 \\ 1 & 3 & -1 \\ 4 & 2 & 2 \end{pmatrix} \; ; \quad \vec{c} = \begin{pmatrix} 6 \\ -1 \\ 6 \end{pmatrix}$$

5.1.1 Berechnen Sie die Inverse M^{-1}.

5.1.2 Berechnen Sie den Lösungsvektor des linearen Gleichungssystems $M \cdot \vec{x} = \vec{c}$.

5.1.3 Lösen Sie nachstehende Matrizengleichung nach X auf und berechnen Sie die Matrix X :

$$X \cdot M - N = 2 \cdot E$$

5.2 Die drei Zweigwerke eines Industrieunternehmens sind nach dem Leontief-Modell miteinander verflochten.
Die folgende Tabelle zeigt die Verflechtung zwischen diesen Werken und dem Markt in Mengeneinheiten:

	W_1	W_2	W_3	Markt
W_1	4	4	8	24
W_2	8	4	8	40
W_3	4	2	4	30

5.2.1 Bestimmen Sie den Produktionsvektor $\vec{x}$ und die Technologiematrix A .

5.2.2 Für die nächste Produktionsperiode rechnet man mit der

Produktion $\vec{x} = \begin{pmatrix} 40 \\ 60 \\ 60 \end{pmatrix}$

Mit welcher Marktabgabe wird gerechnet ?

5.2.3 In einem anderen Wirtschaftsereich ist die Technologiematrix gegeben durch :

$$A = \begin{pmatrix} 0{,}2 & 0{,}2 \\ 0{,}2 & 0{,}4 \end{pmatrix}.$$

Welche Produktion muss geplant werden, wenn mit dem Marktvektor $\vec{y} = \begin{pmatrix} 36 \\ 24 \end{pmatrix}$ gerechnet wird ?

Hauptprüfung 2001

5.1.1 **Berechnung der Inversen M^{-1}**

$$(M \mid E) = \left(\begin{array}{ccc|ccc} 1 & 2 & 1 & 1 & 0 & 0 \\ -1 & 1 & 0 & 0 & 1 & 0 \\ 2 & 0 & 1 & 0 & 0 & 1 \end{array}\right) \sim \left(\begin{array}{ccc|ccc} 1 & 2 & 1 & 1 & 0 & 0 \\ 0 & 3 & 1 & 1 & 1 & 0 \\ 0 & 4 & 1 & 2 & 0 & -1 \end{array}\right)$$

$$\sim \left(\begin{array}{ccc|ccc} 1 & 2 & 1 & 1 & 0 & 0 \\ 0 & 3 & 1 & 1 & 1 & 0 \\ 0 & 0 & 1 & -2 & 4 & 3 \end{array}\right) \sim \left(\begin{array}{ccc|ccc} 1 & 2 & 0 & 3 & -4 & -3 \\ 0 & 3 & 0 & 3 & -3 & -3 \\ 0 & 0 & 1 & -2 & 4 & 3 \end{array}\right)$$

$$\sim \left(\begin{array}{ccc|ccc} -3 & 0 & 0 & -3 & 6 & 3 \\ 0 & 1 & 0 & 1 & -1 & -1 \\ 0 & 0 & 1 & -2 & 4 & 3 \end{array}\right) \sim \left(\begin{array}{ccc|ccc} 1 & 0 & 0 & 1 & -2 & 1 \\ 0 & 1 & 0 & 1 & -1 & -1 \\ 0 & 0 & 1 & -2 & 4 & 3 \end{array}\right)$$

$$\mathbf{M^{-1}} = \begin{pmatrix} 1 & -2 & 1 \\ 1 & -1 & -1 \\ -2 & 4 & 3 \end{pmatrix}$$

5.1.2 Das lineare Gleichungssystem $M \cdot \vec{x} = \vec{c}$ lösen wir mit Hilfe der **Inversen der Koeffizientenmatrix** M^{-1}: $\vec{x} = M^{-1}\,\vec{c}$

$$\vec{x} = \begin{pmatrix} 1 & -2 & 1 \\ 1 & -1 & -1 \\ -2 & 4 & 3 \end{pmatrix}\begin{pmatrix} 6 \\ -1 \\ 6 \end{pmatrix} = \begin{pmatrix} 2 \\ 1 \\ 2 \end{pmatrix}$$

Lösungsalternative durch Umformung von $(M \mid \vec{c})$ in die erweiterte Dreiecksform:

$$\left(\begin{array}{ccc|c} 1 & 2 & 1 & 6 \\ -1 & 1 & 0 & -1 \\ 2 & 0 & 1 & 6 \end{array}\right) \sim \left(\begin{array}{ccc|c} 1 & 2 & 1 & 6 \\ 0 & 3 & 1 & 5 \\ 0 & 4 & 1 & 6 \end{array}\right) \sim \left(\begin{array}{ccc|c} 1 & 2 & 1 & 6 \\ 0 & 3 & 1 & 5 \\ 0 & 0 & 1 & 2 \end{array}\right)$$

Aus der 3. Zeile folgt: $x_3 = 2$

Einsetzen ergibt den Lösungsvektor: $\vec{x} = \begin{pmatrix} 2 \\ 1 \\ 2 \end{pmatrix}$

5.1.3 **Auflösung der Matrizengleichung**

nach X: $X \cdot M - N = 2 \cdot E$

$X \cdot M = 2 \cdot E + N$

Multiplikation mit M^{-1} $X = (2 \cdot E + N) \cdot M^{-1}$

Berechnung der Matrix X:

$$2 \cdot E + N = \begin{pmatrix} 2 & 0 & 0 \\ 0 & 2 & 0 \\ 0 & 0 & 2 \end{pmatrix} + \begin{pmatrix} 3 & 2 & 0 \\ 1 & 3 & -1 \\ 4 & 2 & 2 \end{pmatrix} = \begin{pmatrix} 5 & 2 & 0 \\ 1 & 5 & -1 \\ 4 & 2 & 4 \end{pmatrix}$$

Multiplikation $X = (2 \cdot E + N) \cdot M^{-1} = \begin{pmatrix} 5 & 2 & 0 \\ 1 & 5 & -1 \\ 4 & 2 & 4 \end{pmatrix}\begin{pmatrix} 1 & -2 & 1 \\ 1 & -1 & -1 \\ -2 & 4 & 3 \end{pmatrix}$

$$X = \begin{pmatrix} 7 & -12 & -7 \\ 8 & -11 & -9 \\ -2 & 6 & 6 \end{pmatrix}$$

Hauptprüfung 2001 (Fortsetzung)

5.2.1 **Produktionsvektor** $\vec{x} = \begin{pmatrix} 40 \\ 60 \\ 40 \end{pmatrix}$

Technologie-Matrix A $A = \begin{pmatrix} \frac{1}{10} & \frac{1}{15} & \frac{1}{5} \\ \frac{1}{5} & \frac{1}{15} & \frac{1}{5} \\ \frac{1}{10} & \frac{1}{30} & \frac{1}{10} \end{pmatrix}$

gemeinsamen Faktor ausklammern $A = \frac{1}{30}\begin{pmatrix} 3 & 2 & 6 \\ 6 & 2 & 6 \\ 3 & 1 & 3 \end{pmatrix}$

5.2.2 Es gilt die Leontief-Gleichung : $\vec{y} = (E - A)\,\vec{x}$

Mit $E - A = \frac{1}{30}\left(\begin{pmatrix} 30 & 0 & 0 \\ 0 & 30 & 0 \\ 0 & 0 & 30 \end{pmatrix} - \begin{pmatrix} 3 & 2 & 6 \\ 6 & 2 & 6 \\ 3 & 1 & 3 \end{pmatrix}\right) = \frac{1}{30}\begin{pmatrix} 27 & -2 & -6 \\ -6 & 28 & -6 \\ -3 & -1 & 27 \end{pmatrix}$

Berechnung von $\vec{y}$: $\vec{y} = (E - A)\,\vec{x} = \frac{1}{30}\begin{pmatrix} 27 & -2 & -6 \\ -6 & 28 & -6 \\ -3 & -1 & 27 \end{pmatrix}\begin{pmatrix} 40 \\ 60 \\ 60 \end{pmatrix} = \frac{1}{30}\begin{pmatrix} 600 \\ 1080 \\ 1728 \end{pmatrix}$

Konsumvektor $\vec{y} = \begin{pmatrix} 20 \\ 36 \\ 48 \end{pmatrix}$

Bemerkung: DieserAufgabenteil lässt sich auch **nur mit Hilfe der Verflechtungstabelle** lösen. Der Produktionsvektor und die Inputmatrix sind bekannt, die Tabelle lässt sich vollständig ausfüllen.

5.2.3 Es gilt die Leontief-Gleichung : $\vec{y} = (E - A)\,\vec{x}$

Berechnung von $\vec{x}$ mit Hilfe des LGS: $\vec{y} = (E - A)\,\vec{x}$

$$(E - A \mid \vec{y}) = \left(\begin{array}{cc|c} 0{,}8 & -0{,}2 & 36 \\ -0{,}2 & 0{,}6 & 24 \end{array}\right) = \frac{1}{10}\left(\begin{array}{cc|c} 8 & -2 & 360 \\ -2 & 6 & 240 \end{array}\right) \sim \left(\begin{array}{cc|c} 8 & -2 & 360 \\ -2 & 6 & 240 \end{array}\right)$$

$$\sim \left(\begin{array}{cc|c} 8 & -2 & 360 \\ 0 & 22 & 1320 \end{array}\right) \Rightarrow x_2 = 60;\ x_1 = 60$$

Produktionsvektor: $\vec{x} = \begin{pmatrix} 60 \\ 60 \end{pmatrix}$

Lösungsalternative: Berechnung von $(E - A)^{-1} = \frac{1}{22}\begin{pmatrix} 30 & 10 \\ 10 & 40 \end{pmatrix}$

Berechnung von $\vec{x}$ durch $\vec{x} = (E - A)^{-1}\,\vec{y}$

Hauptprüfung 2000

5.1 Berechnen Sie den allgemeinen Lösungsvektor $\vec{x}$ des linearen Gleichungssystems

$$\begin{aligned} 2x + 3y - z &= -2 \\ 4x - y + 5z &= 10 \\ 2x + 10y - 8z &= -16 \end{aligned}$$

Ist $\vec{c} = \begin{pmatrix} 2 \\ -2 \\ 0 \end{pmatrix}$ eine Lösung dieses Systems?

5.2 Gegeben sind die Matrizen $A = \begin{pmatrix} 2 & 4 \\ 1 & 3 \end{pmatrix}$ und $B = \begin{pmatrix} 1 & 1 \\ 2 & 3 \end{pmatrix}$.

Berechnen Sie $(A + B)^2 - (A^2 + 2AB + B^2)$.

Lösen Sie die Gleichung $AX = B + X$
nach X auf und berechnen Sie X.

5.3 Ein Produktionsprozess, bei dem aus Rohstoffen Zwischenprodukte und aus diesen Endprodukte gefertigt werden, wird beschrieben durch die Matrizen
$A_{R;Z} = \begin{pmatrix} 2 & 4 \\ 1 & 3 \end{pmatrix}$ und $C_{R;E} = \begin{pmatrix} 10 & 14 \\ 7 & 10 \end{pmatrix}$.

Wie viele Rohstoffe braucht man für den Auftrag $\vec{e} = \begin{pmatrix} 25 \\ 20 \end{pmatrix}$?

Wie viele Endprodukte lassen sich aus den Rohstoffen $\vec{r} = \begin{pmatrix} 440 \\ 310 \end{pmatrix}$ fertigen?

Wie viele der beiden Zwischenprodukte benötigt man je Endprodukt?

5.4 Die Rohstoffkosten je Endprodukt sind $(62 \quad 88)$.
Berechnen Sie die Rohstoffpreise.

Hauptprüfung 2000

5.1 Das lineare Gleichungssystem in Matrixform

$$(A|\vec{b}) = \left(\begin{array}{ccc|c} 2 & 3 & -1 & -2 \\ 4 & -1 & 5 & 10 \\ 2 & 10 & -8 & -16 \end{array}\right) \sim \left(\begin{array}{ccc|c} 2 & 3 & -1 & -2 \\ 0 & -7 & 7 & 14 \\ 0 & 7 & -7 & -14 \end{array}\right) \sim \left(\begin{array}{ccc|c} 2 & 3 & -1 & -2 \\ 0 & -1 & 1 & 2 \\ 0 & 0 & 0 & 0 \end{array}\right)$$

Wahl von $x_3 = r$ beliebig ($r \in \mathbf{R}$) ergibt $x_2 = -2 + r$

Einsetzen ergibt $x_1 = 2 - r$

allgemeiner Lösungsvektor $\vec{x} = \begin{pmatrix} 2 - r \\ -2 + r \\ r \end{pmatrix}$ mit $r \in \mathbf{R}$

$\vec{c} = \begin{pmatrix} 2 \\ -2 \\ 0 \end{pmatrix}$ ist Lösung für r = 0.

oder wenn das
Einsetzen eine wahre Aussage ergibt: $\begin{pmatrix} 2 & 3 & -1 \\ 4 & -1 & 5 \\ 2 & 10 & -8 \end{pmatrix} \cdot \begin{pmatrix} 2 \\ -2 \\ 0 \end{pmatrix} = \begin{pmatrix} -2 \\ 10 \\ -16 \end{pmatrix}$ w. A.

5.2 Ausmultiplizieren unter Beachtung der Reihenfolge:

$(A + B)^2 - (A^2 + 2AB + B^2) = (A + B)(A + B) - A^2 - 2AB - B^2$

$= A^2 + BA + AB + B^2 - A^2 - 2AB - B^2 = BA - AB$

Berechnung (im Schema) ergibt $BA = \begin{pmatrix} 1 & 1 \\ 2 & 3 \end{pmatrix} \cdot \begin{pmatrix} 2 & 4 \\ 1 & 3 \end{pmatrix} = \begin{pmatrix} 3 & 7 \\ 7 & 17 \end{pmatrix}$

und $AB = \begin{pmatrix} 2 & 4 \\ 1 & 3 \end{pmatrix} \cdot \begin{pmatrix} 1 & 1 \\ 2 & 3 \end{pmatrix} = \begin{pmatrix} 10 & 14 \\ 7 & 10 \end{pmatrix}$

$\Rightarrow BA - AB = \begin{pmatrix} 3 & 7 \\ 7 & 17 \end{pmatrix} - \begin{pmatrix} 10 & 14 \\ 7 & 10 \end{pmatrix} = \begin{pmatrix} -7 & -7 \\ 0 & 7 \end{pmatrix} = -7\begin{pmatrix} 1 & 1 \\ 0 & -1 \end{pmatrix}$

Auflösen nach X: $AX = B + X \Leftrightarrow AX - X = B$

Ausklammern $(A - E)\,X = B$

$X = (A - E)^{-1}\,B$ falls $(A - E)^{-1}$ existiert

$$(A - E)^{-1}: \left(\begin{array}{cc|cc} 1 & 4 & 1 & 0 \\ 1 & 2 & 0 & 1 \end{array}\right) \sim \left(\begin{array}{cc|cc} 1 & 4 & 1 & 0 \\ 0 & 2 & 1 & -1 \end{array}\right) \sim \left(\begin{array}{cc|cc} 1 & 0 & -1 & 2 \\ 0 & 2 & 1 & -1 \end{array}\right) \sim \left(\begin{array}{cc|cc} 2 & 0 & -2 & 4 \\ 0 & 2 & 1 & -1 \end{array}\right)$$

$$(A - E)^{-1} = \frac{1}{2}\begin{pmatrix} -2 & 4 \\ 1 & -1 \end{pmatrix} = \begin{pmatrix} -1 & 2 \\ 0{,}5 & -0{,}5 \end{pmatrix}$$

Hauptprüfung 2000 (Fortsetzung)

5.3 Es gilt: $C_{R;E} \cdot \vec{e} = \vec{r}$

Einsetzen ergibt:
$$\begin{pmatrix} 10 & 14 \\ 7 & 10 \end{pmatrix} \begin{pmatrix} 25 \\ 20 \end{pmatrix} = \begin{pmatrix} 530 \\ 375 \end{pmatrix}$$

Für den Auftrag braucht man 530 Rohstoffe R_1 und 375 Rohstoffe R_2.

Einsetzen von $\vec{r}$ ergibt ein lineares Gleichungssystem: $C_{R;E} \cdot \vec{e} = \vec{r}$

in Matrixform:
$$\left(\begin{array}{cc|c} 10 & 14 & 440 \\ 7 & 10 & 310 \end{array}\right) \sim \left(\begin{array}{cc|c} 10 & 14 & 440 \\ 0 & 2 & 20 \end{array}\right)$$

Das LGS ist eindeutig lösbar mit $e_2 = 10$; $e_1 = 30$

Aus den gegebenen Rohstoffen lassen sich 30 ME der Endprodukte E_1 und 10 ME von E_2 fertigen.

Die Matrix $B_{Z;E}$ beschreibt, wie viele ME der Zwischenprodukte für jeweils eine ME der Endprodukte benötigt werden.

Dabei gilt: $A_{R;Z} \cdot B_{Z;E} = C_{R;E}$ => $B_{Z;E} = A_{R;Z}^{-1} \cdot C_{R;E}$

Inverse von $A_{R;Z}$:
$$\left(\begin{array}{cc|cc} 2 & 4 & 1 & 0 \\ 1 & 3 & 0 & 1 \end{array}\right) \sim \left(\begin{array}{cc|cc} 2 & 4 & 1 & 0 \\ 0 & -2 & 1 & -2 \end{array}\right) \sim \left(\begin{array}{cc|cc} 2 & 0 & 3 & -4 \\ 0 & -2 & 1 & -2 \end{array}\right) \sim \left(\begin{array}{cc|cc} 2 & 0 & 3 & -4 \\ 0 & 2 & -1 & 2 \end{array}\right)$$

$$A_{R;Z}^{-1} = \frac{1}{2}\begin{pmatrix} 3 & -4 \\ -1 & 2 \end{pmatrix} \Rightarrow B_{Z;E} = \frac{1}{2}\begin{pmatrix} 3 & -4 \\ -1 & 2 \end{pmatrix}\begin{pmatrix} 10 & 14 \\ 7 & 10 \end{pmatrix} = \frac{1}{2}\begin{pmatrix} 2 & 2 \\ 4 & 6 \end{pmatrix} = \begin{pmatrix} 1 & 1 \\ 2 & 3 \end{pmatrix}$$

oder als LGS: $A_{R;Z} \cdot B_{Z;E} = C_{R;E}$ <=> $\left(A_{R;Z} \mid C_{R;E}\right)$

$$\left(\begin{array}{cc|cc} 2 & 4 & 10 & 14 \\ 1 & 3 & 7 & 10 \end{array}\right) \sim \left(\begin{array}{cc|cc} 2 & 4 & 10 & 14 \\ 0 & 2 & 4 & 6 \end{array}\right) \sim \left(\begin{array}{cc|cc} 2 & 0 & 2 & 2 \\ 0 & 2 & 4 & 6 \end{array}\right) \sim \left(\begin{array}{cc|cc} 1 & 0 & 1 & 1 \\ 0 & 1 & 2 & 3 \end{array}\right)$$

$$\Rightarrow B_{Z;E} = \begin{pmatrix} 1 & 1 \\ 2 & 3 \end{pmatrix}$$

5.4 Rohstoffkosten je Endprodukt: $\vec{k}_E = (62 \quad 88)$; Rohstoffkosten $\vec{k}_R = (k_1 \quad k_2)$

Es gilt: $\vec{k}_R \cdot C_{R;E} = \vec{k}_E = (62 \quad 88)$

LGS für k_1 und k_2: $(k_1 \quad k_2)\begin{pmatrix} 10 & 14 \\ 7 & 10 \end{pmatrix} = (62 \quad 88)$ <=> $10k_1 + 7k_2 = 62$
$14k_1 + 10k_2 = 88$

in Matrixform:
$$\left(\begin{array}{cc|c} 10 & 7 & 62 \\ 14 & 10 & 88 \end{array}\right) \sim \left(\begin{array}{cc|c} 10 & 7 & 62 \\ 0 & 1 & 6 \end{array}\right) \Rightarrow k_2 = 6;\ k_1 = 2$$

Rohstoffpreise $\vec{k}_R = (2 \quad 6)$

Hauptprüfung 1999

5.1 Gegeben sind die Matrix M und der Vektor $\vec{u}$ durch

$$M = \begin{pmatrix} 1 & 2 & -3 \\ 2 & 1 & 0 \\ -1 & 1 & -3 \end{pmatrix} \text{ und } \vec{u} = \begin{pmatrix} -3 \\ 1 \\ 0 \end{pmatrix}.$$

5.1.1 Berechnen Sie den Vektor $M \cdot \vec{u} = \vec{b}$.
Geben Sie alle Lösungen des linearen Gleichungssystems
$M \cdot \vec{x} = \vec{b}$ an.
Wie lautet derjenige Lösungsvektor, dessen zweite Komponente gleich 5 ist?

5.1.2 Die Matrix N ist gegeben durch $N = \begin{pmatrix} 3 & 0 & 1 \\ 3 & 4 & 2 \\ 4 & 3 & 3 \end{pmatrix}$.

Berechnen Sie die Matrix X aus der Gleichung
$X \cdot N = M + 2 \cdot X$.

5.2 In einem Betrieb werden aus Rohstoffen die Zwischenprodukte und aus diesen die Endprodukte gefertigt .
Die folgenden Tabellen geben an, wieviel Mengeneinheiten der einzelnen Rohstoffe bzw. der einzelnen Zwischenprodukte zu je einer Mengeneinheit eines Endproduktes benötigt werden.

	E_1	E_2	E_3
R_1	18	12	9
R_2	13	7	8
R_3	25	18	10

	E_1	E_2	E_3
Z_1	1	0	1
Z_2	3	2	2
Z_3	4	3	1

5.2.1 Ein Kunde erteilt einen Auftrag über 150 ME E_1 , 100 ME E_2 und 50 ME E_3 .
Wieviele Rohstoffe und wieviele Zwischenprodukte von jeder Sorte werden für diesen Auftrag benötigt?

5.2.2 Bestimmen Sie die Matrix, die den Bedarf an Rohstoffen für je eine ME der Zwischenprodukte angibt.

5.2.3 Die Rohstoffkosten betragen 4 GE für 1 ME R_1, 2 GE für 1 ME R_2 und 6 GE für 1 ME R_3.
Berechnen Sie die gesamten Rohstoffkosten für die Produktion von 200 ME von Z_1 , 750 ME von Z_2 und 950 ME von Z_3 .

Hauptprüfung 1999

5.1.1 $M \cdot \vec{u} = \begin{pmatrix} 1 & 2 & -3 \\ 2 & 1 & 0 \\ -1 & 1 & -3 \end{pmatrix} \cdot \begin{pmatrix} -3 \\ 1 \\ 0 \end{pmatrix} = \begin{pmatrix} -1 \\ -5 \\ 4 \end{pmatrix} = \vec{b}$

Das lineare Gleichungssystem in Matrixform $M \cdot \vec{x} = \vec{b}$

$$(M \mid \vec{b}) = \left(\begin{array}{ccc|c} 1 & 2 & -3 & -1 \\ 2 & 1 & 0 & -5 \\ -1 & 1 & -3 & 4 \end{array}\right) \sim \left(\begin{array}{ccc|c} 1 & 2 & -3 & -1 \\ 0 & -3 & 6 & -3 \\ 0 & 3 & -6 & 3 \end{array}\right) \sim \left(\begin{array}{ccc|c} 1 & 2 & -3 & -1 \\ 0 & -3 & 6 & -3 \\ 0 & 0 & 0 & 0 \end{array}\right)$$

Aus der 2. Zeile $-3x_2 + 6x_3 = -3$

Wahl von $x_3 = r$ beliebig ($r \in \mathbf{R}$) ergibt $-3x_2 + 6r = -3$

$x_2 = 1 + 2r$

Einsetzen ergibt $x_1 = -3 - r$

allgemeiner Lösungsvektor $\vec{x} = \begin{pmatrix} -3-r \\ 1+2r \\ r \end{pmatrix} = \begin{pmatrix} -3 \\ 1 \\ 0 \end{pmatrix} + r\begin{pmatrix} -1 \\ 2 \\ 1 \end{pmatrix}; r \in \mathbf{R}$

Lösung mit $x_2 = 5$: $1 + 2r = 5 \Leftrightarrow r = 2$, also $\vec{x} = \begin{pmatrix} -5 \\ 5 \\ 2 \end{pmatrix}$

5.1.2 Auflösen nach X: $X \cdot N = M + 2 \cdot X$

$X \cdot N - 2 \cdot X = M$

Ausklammern $X(N - 2E) = M$

falls $(N - 2E)^{-1}$ existiert $X = M(N - 2E)^{-1}$

$$N - 2E = \begin{pmatrix} 1 & 0 & 1 \\ 3 & 2 & 2 \\ 4 & 3 & 1 \end{pmatrix}$$

$$(N-2E)^{-1}: \left(\begin{array}{ccc|ccc} 1 & 0 & 1 & 1 & 0 & 0 \\ 3 & 2 & 2 & 0 & 1 & 0 \\ 4 & 3 & 1 & 0 & 0 & 1 \end{array}\right) \sim \left(\begin{array}{ccc|ccc} 1 & 0 & 1 & 1 & 0 & 0 \\ 0 & 2 & -1 & -3 & 1 & 0 \\ 0 & 3 & -3 & -4 & 0 & 1 \end{array}\right)$$

$$\sim \left(\begin{array}{ccc|ccc} 1 & 0 & 1 & 1 & 0 & 0 \\ 0 & 2 & -1 & -3 & 1 & 0 \\ 0 & 0 & -3 & 1 & -3 & 2 \end{array}\right) \sim \left(\begin{array}{ccc|ccc} 3 & 0 & 0 & 4 & -3 & 2 \\ 0 & 6 & 0 & -10 & 6 & -2 \\ 0 & 0 & -3 & 1 & -3 & 2 \end{array}\right) \sim \left(\begin{array}{ccc|ccc} 6 & 0 & 0 & 8 & -6 & 4 \\ 0 & 6 & 0 & -10 & 6 & -2 \\ 0 & 0 & 6 & -2 & 6 & -4 \end{array}\right)$$

$$(N-2E)^{-1} = \frac{1}{6}\begin{pmatrix} 8 & -6 & 4 \\ -10 & 6 & -2 \\ -2 & 6 & -4 \end{pmatrix}$$

$$X = M(N-2E)^{-1} = \frac{1}{6}\begin{pmatrix} 1 & 2 & -3 \\ 2 & 1 & 0 \\ -1 & 1 & -3 \end{pmatrix} \cdot \begin{pmatrix} 8 & -6 & 4 \\ -10 & 6 & -2 \\ -2 & 6 & -4 \end{pmatrix} = \frac{1}{6}\begin{pmatrix} -6 & -12 & 12 \\ 6 & -6 & 6 \\ -12 & -6 & 6 \end{pmatrix}$$

$$X = \begin{pmatrix} -1 & -2 & 2 \\ 1 & -1 & 1 \\ -2 & -1 & 1 \end{pmatrix}$$

Hauptprüfung 1999 (Fortsetzung)

Vorbemerkung: $A_{R;Z}$: Rohstoff-Zwischenprodukt-Matrix
$B_{Z;E}$: Zwischenprodukt-Endprodukt-Matrix
$C_{R;Z}$: Rohstoff-Endprodukt-Matrix

5.2.1 Es gilt: $\mathbf{C_{R;E} \cdot \vec{e} = \vec{r}}$ bzw. $\mathbf{B_{Z;E} \cdot \vec{e} = \vec{z}}$

Einsetzen ergibt den **Rohstoffbedarf** $\begin{pmatrix} 18 & 12 & 9 \\ 13 & 7 & 8 \\ 25 & 18 & 10 \end{pmatrix} \cdot \begin{pmatrix} 150 \\ 100 \\ 50 \end{pmatrix} = \begin{pmatrix} 4350 \\ 3050 \\ 6050 \end{pmatrix}$

Einsetzen ergibt den **Zwischenproduktbedarf** $\begin{pmatrix} 1 & 0 & 1 \\ 3 & 2 & 2 \\ 4 & 3 & 1 \end{pmatrix} \cdot \begin{pmatrix} 150 \\ 100 \\ 50 \end{pmatrix} = \begin{pmatrix} 200 \\ 750 \\ 950 \end{pmatrix}$

5.2.2 Es gilt: $A_{R;Z} \cdot B_{Z;E} = C_{R;E}$ => $A_{R;Z} = C_{R;E} \cdot B^{-1}_{Z;E}$

Die Inverse von $B_{Z;E}$ wurde bereits in Teilaufgabe 5.1.2 berechnet:

$$B^{-1}_{Z;E} = (N - 2E)^{-1} = \frac{1}{6}\begin{pmatrix} 8 & -6 & 4 \\ -10 & 6 & -2 \\ -2 & 6 & -4 \end{pmatrix} \Rightarrow A_{R;Z} = \frac{1}{6}\begin{pmatrix} 18 & 12 & 9 \\ 13 & 7 & 8 \\ 25 & 18 & 10 \end{pmatrix} \cdot$$

$$\begin{pmatrix} 8 & -6 & 4 \\ -10 & 6 & -2 \\ -2 & 6 & -4 \end{pmatrix} = \frac{1}{6}\begin{pmatrix} 6 & 18 & 12 \\ 18 & 12 & 6 \\ 0 & 18 & 24 \end{pmatrix} = \begin{pmatrix} 1 & 3 & 2 \\ 3 & 2 & 1 \\ 0 & 3 & 4 \end{pmatrix}$$

5.2.3 Rohstoffkosten : $\vec{k}_R = (4 \quad 2 \quad 6)$

Rohstoffbedarf für die Produktion von 200 ME von Z_1, 750 ME von Z_2 und 950 ME von Z_3: $A_{R;Z} \cdot \vec{z} = \vec{r}$

$$\begin{pmatrix} 1 & 3 & 2 \\ 3 & 2 & 1 \\ 0 & 3 & 4 \end{pmatrix} \cdot \begin{pmatrix} 200 \\ 750 \\ 950 \end{pmatrix} = \begin{pmatrix} 4350 \\ 3050 \\ 6050 \end{pmatrix}$$ (Vergleiche auch 5.2.1)

Rohstoffkosten für die Produktion: $(4 \quad 2 \quad 6)\begin{pmatrix} 4350 \\ 3050 \\ 6050 \end{pmatrix} = 59\,800$

Bemerkung: $\vec{k}_R \cdot A_{R;Z} = \vec{k}_Z$ berechnet die Rohstoffkosten je Zwischenprodukt

$$(4 \quad 2 \quad 6)\begin{pmatrix} 1 & 3 & 2 \\ 3 & 2 & 1 \\ 0 & 3 & 4 \end{pmatrix} = (10 \quad 34 \quad 34)$$

Rohstoffkosten für die Produktion von 200 ME von Z_1, 750 ME von Z_2

und 950 ME von Z_3: $(10 \quad 34 \quad 34)\begin{pmatrix} 200 \\ 750 \\ 950 \end{pmatrix} = 59\,800$

11 Bohner/Ihlenburg/Ott – ISBN 3-8120-0459-3

Hauptprüfung 1998

5.1 Gegeben sind die Matrix M und die Vektoren $\vec{b}$ und $\vec{c}$ durch

$$M = \begin{pmatrix} 1 & 3 & 0 \\ 2 & 4 & -1 \\ 2 & 2 & -2 \end{pmatrix}, \quad \vec{b} = \begin{pmatrix} 1 \\ 0 \\ -2 \end{pmatrix} \quad \text{und} \quad \vec{c} = \begin{pmatrix} 1 \\ 0 \\ 2 \end{pmatrix}.$$

5.1.1 Bestimmen Sie die Lösung des inhomogenen Gleichungssystems

$$M \cdot \vec{x} = \vec{b}.$$

Zeigen Sie, dass der Vektor $\vec{c}$ eine spezielle Lösung des Systems ist.

5.1.2 Zeigen Sie durch Umformung der Matrizengleichung
$X \cdot M = (X^{-1} - E) \cdot X$, dass gilt: $X = (M + E)^{-1}$
und berechnen Sie X.

5.2 Ein Betrieb besteht aus drei Abteilungen U, V und W.
Die Abteilungen sind nach dem Leontief-Modell miteinander verflochten.
Die folgende Tabelle zeigt die Verflechtung während der vergangenen Produktionsperiode (Angaben in ME)

		Lieferung an			
		U	V	W	Markt
Lieferung von	U	10	0	6	4
	V	4	4	9	23
	W	8	8	6	8

5.2.1 Bestimmen Sie die Technologiematrix (Inputmatrix) A.

5.2.2 In der jetzigen Produktionsperiode werden in den Abteilungen 86 ME bzw. 68 ME bzw. 70 ME produziert.
Welche Marktabgabe der einzelnen Abteilungen ergibt sich daraus?

5.2.3 Die Nachfrage nach der Produktion des Betriebes steigt erheblich.
Es ist daher beabsichtigt, in der nächsten Produktionsperiode die Produktion der Abteilung U auf 182 ME und der Abteilung V auf 156 ME zu erhöhen.
Eine Marktanalyse ergibt, dass die Nachfrage nach dem Produkt der Abteilung U 55 ME betragen wird.
Wieviel muss die Abteilung W produzieren, damit diese Nachfrage genau erfüllt werden kann?
Wie viel können dann V und W an den Markt abgeben?

Hauptprüfung 1998

5.1.1 Das lineare Gleichungssystem in Matrixform $M \cdot \vec{x} = \vec{b}$

$$(M \mid \vec{b}) = \left(\begin{array}{ccc|c} 1 & 3 & 0 & 1 \\ 2 & 4 & -1 & 0 \\ 2 & 2 & -2 & -2 \end{array}\right) \sim \left(\begin{array}{ccc|c} 1 & 3 & 0 & 1 \\ 0 & -2 & -1 & -2 \\ 0 & -4 & -2 & -4 \end{array}\right) \sim \left(\begin{array}{ccc|c} 1 & 3 & 0 & 1 \\ 0 & -2 & -1 & -2 \\ 0 & 0 & 0 & 0 \end{array}\right)$$

Wahl von $x_3 = r$ ($r \in \mathbf{R}$) ergibt $\quad x_2 = 1 - \frac{1}{2}r$

Einsetzen ergibt $\quad x_1 = -2 + \frac{3}{2}r$

allgemeiner Lösungsvektor $\quad \vec{x} = \begin{pmatrix} -2+1{,}5r \\ 1-0{,}5r \\ r \end{pmatrix}$; $r \in \mathbf{R}$

oder $\quad \vec{x} = \begin{pmatrix} -2 \\ 1 \\ 0 \end{pmatrix} + t \begin{pmatrix} 3 \\ -1 \\ 2 \end{pmatrix}$; $t \in \mathbf{R}$

$\vec{c} = \begin{pmatrix} 1 \\ 0 \\ 2 \end{pmatrix}$ ist Lösung für r = 2.

oder wenn das
Einsetzen eine wahre Aussage ergibt: $\begin{pmatrix} 1 & 3 & 0 \\ 2 & 4 & -1 \\ 2 & 2 & -2 \end{pmatrix} \cdot \begin{pmatrix} 1 \\ 0 \\ 2 \end{pmatrix} = \begin{pmatrix} 1 \\ 0 \\ -2 \end{pmatrix}$ w. A.

5.1.2 Auflösen nach X: $\quad X \cdot M = (X^{-1} - E) \cdot X$

Ausmultiplizieren $\quad X \cdot M = E - X$

$X \cdot M + X = E$

Ausklammern $\quad X(M + E) = E$

$X = E \cdot (M + E)^{-1}$

falls $(M + E)^{-1}$ existiert $\quad X = (M + E)^{-1}$

$$(M+E)^{-1}: \left(\begin{array}{ccc|ccc} 2 & 3 & 0 & 1 & 0 & 0 \\ 2 & 5 & -1 & 0 & 1 & 0 \\ 2 & 2 & -1 & 0 & 0 & 1 \end{array}\right) \sim \left(\begin{array}{ccc|ccc} 2 & 3 & 0 & 1 & 0 & 0 \\ 0 & 2 & -1 & -1 & 1 & 0 \\ 0 & -1 & -1 & -1 & 0 & 1 \end{array}\right)$$

$$\sim \left(\begin{array}{ccc|ccc} 2 & 3 & 0 & 1 & 0 & 0 \\ 0 & 2 & -1 & -1 & 1 & 0 \\ 0 & 0 & -3 & -3 & 1 & 2 \end{array}\right) \sim \left(\begin{array}{ccc|ccc} 2 & 3 & 0 & 1 & 0 & 0 \\ 0 & 6 & 0 & 0 & 2 & -2 \\ 0 & 0 & -3 & -3 & 1 & 2 \end{array}\right)$$

$$\sim \left(\begin{array}{ccc|ccc} 4 & 0 & 0 & 2 & -2 & 2 \\ 0 & 6 & 0 & 0 & 2 & -2 \\ 0 & 0 & -3 & -3 & 1 & 2 \end{array}\right) \sim \left(\begin{array}{ccc|ccc} 6 & 0 & 0 & 3 & -3 & 3 \\ 0 & 6 & 0 & 0 & 2 & -2 \\ 0 & 0 & 6 & 6 & -2 & -4 \end{array}\right)$$

$$X = (M + E)^{-1} = \frac{1}{6} \begin{pmatrix} 3 & -3 & 3 \\ 0 & 2 & -2 \\ 6 & -2 & -4 \end{pmatrix}$$

Hauptprüfung 1998 (Fortsetzung)

5.1.2 Produktionsvektor $\vec{x} = \begin{pmatrix} 20 \\ 40 \\ 30 \end{pmatrix}$;

Inputmatrix $A = \begin{pmatrix} 0{,}5 & 0 & 0{,}2 \\ 0{,}2 & 0{,}1 & 0{,}3 \\ 0{,}4 & 0{,}2 & 0{,}2 \end{pmatrix} = \frac{1}{10}\begin{pmatrix} 5 & 0 & 2 \\ 2 & 1 & 3 \\ 4 & 2 & 2 \end{pmatrix}$

5.2.2 Für das Leontief-Modell gilt: $\vec{y} = (E - A)\,\vec{x}$

$$E - A = \begin{pmatrix} 0{,}5 & 0 & -0{,}2 \\ -0{,}2 & 0{,}9 & -0{,}3 \\ -0{,}4 & -0{,}2 & 0{,}8 \end{pmatrix} = \frac{1}{10}\begin{pmatrix} 5 & 0 & -2 \\ -2 & 9 & -3 \\ -4 & -2 & 8 \end{pmatrix}$$

Einsetzen von $\vec{x}$ ergibt die Marktabgabe:

$$\vec{y} = \frac{1}{10}\begin{pmatrix} 5 & 0 & -2 \\ -2 & 9 & -3 \\ -4 & -2 & 8 \end{pmatrix} \cdot \begin{pmatrix} 86 \\ 68 \\ 70 \end{pmatrix} = \begin{pmatrix} 29 \\ 23 \\ 8 \end{pmatrix}$$

5.2.3 Aus $\vec{y} = (E - A)\,\vec{x}$ folgt durch Einsetzen

$$\frac{1}{10}\begin{pmatrix} 5 & 0 & -2 \\ -2 & 9 & -3 \\ -4 & -2 & 8 \end{pmatrix} \cdot \begin{pmatrix} 182 \\ 156 \\ x_3 \end{pmatrix} = \begin{pmatrix} 55 \\ y_2 \\ y_3 \end{pmatrix}$$

ein LGS für x_3, y_2 und y_3

Gleichung I: $\frac{1}{10}(5 \cdot 182 - 2x_3) = 55 \quad \Rightarrow \mathbf{x_3 = 180}$

Einsetzen in Gleichung II $\frac{1}{10}(-2 \cdot 182 + 9 \cdot 156 - 3 \cdot 180) = y_2$
$\Rightarrow y_2 = 50$

Einsetzen in Gleichung III $\frac{1}{10}(-4 \cdot 182 - 2 \cdot 156 + 8 \cdot 180) = y_3$
$\Rightarrow y_3 = 40$

Ergebnis: V kann 50 ME und W kann 40 ME an den Markt abgeben.

Hauptprüfung 1997

5.1 Bestimmen Sie die Inverse zu der gegebenen Matrix M.

$$M = \begin{pmatrix} 8 & 0 & -2 \\ -4 & 6 & 0 \\ 0 & -3 & 8 \end{pmatrix}$$

5.2 Drei Zweige U, V und W einer Volkswirtschaft sind nach dem Leontief-Modell miteinander verflochten.
Die folgende Verflechtungstabelle zeigt die gegenseitigen Lieferungen, den Vektor $\vec{y}$ der externen Nachfrage und den Gesamtproduktionsvektor $\vec{x}$ für einen bestimmten Produktionszeitraum
(alle Angaben in Geldeinheiten GE).

		Lieferung an				
		U	V	W	$\vec{y}$	$\vec{x}$
Lieferung von	U	x_{11}	0	4	4	10
	V	4	x_{22}	0	8	20
	W	0	6	x_{33}	10	20

5.2.1 Berechnen Sie den jeweiligen Eigenbedarf x_{11}, x_{22} und x_{33}.

5.2.2 Stellen Sie die Technologiematrix (Inputmatrix) A auf, und zeigen Sie, dass gilt: $(E - A) = 0{,}1 \cdot M$.

5.2.3 Wie groß muss in einem anderen Produktionszeitraum die Gesamtproduktion sein, damit die externe Nachfrage $\vec{y} = \begin{pmatrix} 6 \\ 6 \\ 9 \end{pmatrix}$ bedient werden kann?

Stellen Sie die Verflechtungstabelle für diesen Fall auf.

5.2.4 Das Zweigwerk W produziert nun im Wert von 22 GE.
Wie groß muss die Gesamtproduktion von U sein, damit von diesem Zweig eine Nachfrage in Höhe von 6 GE befriedigt werden kann?

Hauptprüfung 1997

5.1 M^{-1}:

$$\left(\begin{array}{ccc|ccc} 8 & 0 & -2 & 1 & 0 & 0 \\ -4 & 6 & 0 & 0 & 1 & 0 \\ 0 & -3 & 8 & 0 & 0 & 1 \end{array}\right) \sim \left(\begin{array}{ccc|ccc} 8 & 0 & -2 & 1 & 0 & 0 \\ 0 & 12 & -2 & 1 & 2 & 0 \\ 0 & -3 & 8 & 0 & 0 & 1 \end{array}\right)$$

$$\sim \left(\begin{array}{ccc|ccc} 8 & 0 & -2 & 1 & 0 & 0 \\ 0 & 12 & -2 & 1 & 2 & 0 \\ 0 & 0 & 30 & 1 & 2 & 4 \end{array}\right) \sim \left(\begin{array}{ccc|ccc} 120 & 0 & 0 & 16 & 2 & 4 \\ 0 & 180 & 0 & 16 & 32 & 4 \\ 0 & 0 & 30 & 1 & 2 & 4 \end{array}\right)$$

$$\sim \left(\begin{array}{ccc|ccc} 180 & 0 & 0 & 24 & 3 & 6 \\ 0 & 180 & 0 & 16 & 32 & 4 \\ 0 & 0 & 180 & 6 & 12 & 24 \end{array}\right)$$

$$M^{-1} = \frac{1}{180}\begin{pmatrix} 24 & 3 & 6 \\ 16 & 32 & 4 \\ 6 & 12 & 24 \end{pmatrix}$$

5.2.1 **Eigenbedarf**

$$x_{11} = 10 - 4 - 4 = 2$$
$$x_{22} = 20 - 8 - 4 = 8$$
$$x_{33} = 20 - 10 - 6 = 4$$

5.2.2 Technologiematrix $A = \begin{pmatrix} 0{,}2 & 0 & 0{,}2 \\ 0{,}4 & 0{,}4 & 0 \\ 0 & 0{,}3 & 0{,}2 \end{pmatrix} = \frac{1}{10}\begin{pmatrix} 2 & 0 & 2 \\ 4 & 4 & 0 \\ 0 & 3 & 2 \end{pmatrix}$

$$E - A = \begin{pmatrix} 0{,}8 & 0 & -0{,}2 \\ -0{,}4 & 0{,}6 & 0 \\ 0 & -0{,}3 & 0{,}8 \end{pmatrix} = \frac{1}{10}\begin{pmatrix} 8 & 0 & -2 \\ -4 & 6 & 0 \\ 0 & -3 & 8 \end{pmatrix} = \frac{1}{10}M$$

5.2.3 Für das Leontief-Modell gilt: $\vec{y} = (E - A)\,\vec{x}$

Umformung nach $\vec{x}$: $\vec{x} = (E - A)^{-1}\,\vec{y}$

M^{-1} ist bekannt aus 5.1

$$(E - A)^{-1} = \left(\frac{1}{10}M\right)^{-1} = 10\,M^{-1} = 10 \cdot \frac{1}{180}\begin{pmatrix} 24 & 3 & 6 \\ 16 & 32 & 4 \\ 6 & 12 & 24 \end{pmatrix} = \frac{1}{18}\begin{pmatrix} 24 & 3 & 6 \\ 16 & 32 & 4 \\ 6 & 12 & 24 \end{pmatrix}$$

Einsetzen von $\vec{y} = \begin{pmatrix} 6 \\ 6 \\ 9 \end{pmatrix}$ ergibt die Gesamtproduktion:

$$\vec{x} = \frac{1}{18}\begin{pmatrix} 24 & 3 & 6 \\ 16 & 32 & 4 \\ 6 & 12 & 24 \end{pmatrix} \cdot \begin{pmatrix} 6 \\ 6 \\ 9 \end{pmatrix} = \begin{pmatrix} 12 \\ 18 \\ 18 \end{pmatrix}$$

Hauptprüfung 1997 (Fortsetzung)

5.2.3 **Lösungsvariante:**

Aus $\vec{y} = (E - A)\,\vec{x}$ folgt durch Einsetzen $\vec{y} = \begin{pmatrix} 6 \\ 6 \\ 9 \end{pmatrix}$ ein LGS für x_1, x_2, x_3

$$\frac{1}{10}\begin{pmatrix} 8 & 0 & -2 \\ -4 & 6 & 0 \\ 0 & -3 & 8 \end{pmatrix} \cdot \begin{pmatrix} x_1 \\ x_2 \\ x_3 \end{pmatrix} = \begin{pmatrix} 6 \\ 6 \\ 9 \end{pmatrix}$$

Auflösung in Matrixform:

$$\frac{1}{10}\left(\begin{array}{ccc|c} 8 & 0 & -2 & 6 \\ -4 & 6 & 0 & 6 \\ 0 & -3 & 8 & 9 \end{array}\right) \sim \left(\begin{array}{ccc|c} 8 & 0 & -2 & 60 \\ -4 & 6 & 0 & 60 \\ 0 & -3 & 8 & 90 \end{array}\right) \sim \left(\begin{array}{ccc|c} 8 & 0 & -2 & 60 \\ 0 & 12 & -2 & 180 \\ 0 & -3 & 8 & 90 \end{array}\right)$$

$$\sim \left(\begin{array}{ccc|c} 8 & 0 & -2 & 60 \\ 0 & 12 & -2 & 180 \\ 0 & 0 & 30 & 540 \end{array}\right)$$

Das LGS ist eindeutig lösbar mit $x_3 = 18$; $x_2 = 18$; $x_1 = 12$

Verflechtungstabelle

		Lieferung an U	V	W	$\vec{y}$	$\vec{x}$
Lieferung von	U	2,4	0	3,6	6	12
	V	4,8	7,2	0	6	18
	W	0	5,4	3,6	9	18

5.2.4 Aus $\vec{y} = (E - A)\,\vec{x}$ folgt durch Einsetzen

$$\frac{1}{10}\begin{pmatrix} 8 & 0 & -2 \\ -4 & 6 & 0 \\ 0 & -3 & 8 \end{pmatrix} \cdot \begin{pmatrix} x_1 \\ x_2 \\ 22 \end{pmatrix} = \begin{pmatrix} 6 \\ y_2 \\ y_3 \end{pmatrix}$$

ein LGS für x_3, y_2 und y_3, wobei nur x_1 gesucht ist.

Gleichung I: $\frac{1}{10}(8 \cdot x_1 - 2 \cdot 22) = 6$

$8 \cdot x_1 - 2 \cdot 22 = 60$

$\mathbf{x_1 = 13}$

Die Gesamtproduktion von U muss 13 ME betragen.

Hauptprüfung 2002

Gegeben sind die Punkte $A(2|7|-2)$, $B(5|4|1)$ und $D(-4|3t+1|-8)$.

4.1 Bestimmen Sie die Gleichung der Geraden g durch die Punkte A und B.
Bestimmen Sie t so, dass der Punkt D auf der Geraden g liegt.

4.2 Zeigen Sie, dass die Punkte $S_1(0|9|-4)$ und $S_2(9|0|5)$ Spurpunkte der Geraden g sind.
Berechnen Sie die Koordinaten des dritten Spurpunktes S_3.
Zeichnen Sie die Punkte A, B, die Spurpunkte und die Gerade in ein räumliches Koordinatensystem (x_2-Achse und x_3-Achse: 1 LE = 1 cm; x_1-Achse mit Schrägbildwinkel 45° und 1 LE = $0{,}5\sqrt{2}$ cm).

4.3 Durch die Punkte A und B ist die Strecke $\overline{AB}$ gegeben.
Bestimmen Sie die Koordinaten der Punkte P_1 und P_2 so, dass die Strecke $\overline{AB}$ durch diese Punkte in drei gleiche Teile geteilt wird.

4.4 Die Punkte A, B und $C(-4|-5|-8)$ bilden ein Dreieck. Zeichnen Sie dieses in das Koordinatensystem aus 4.2 und berechnen Sie für das Dreieck

- den Umfang
- den Innenwinkel
- den Flächeninhalt

4.5 Zeigen Sie, dass die Gerade h durch die Punkte B und C und die x_1-Achse windschief sind.

Hauptprüfung 2002

4.1 Gerade (AB): $\vec{x} = \overrightarrow{OA} + s\cdot \overrightarrow{AB} = \begin{pmatrix} 2 \\ 7 \\ -2 \end{pmatrix} + r\cdot\begin{pmatrix} 3 \\ -3 \\ 3 \end{pmatrix}$; $r \in \mathbf{R}$

Punktprobe mit D: $\begin{pmatrix} -4 \\ 3t+1 \\ -8 \end{pmatrix} = \begin{pmatrix} 2 \\ 7 \\ -2 \end{pmatrix} + r\cdot\begin{pmatrix} 3 \\ -3 \\ 3 \end{pmatrix}$ für $r = -2$ / für $r = -2$

$r = -2$ eingesetzt liefert t: $3t + 1 = 7 - 3(-2) \iff$ **t = 4**

Für t = 4 liegt D auf der Geraden.

4.2 Punktprobe mit $S_1 \in x_2x_3$-Ebene:: $\begin{pmatrix} 0 \\ 9 \\ -4 \end{pmatrix} = \begin{pmatrix} 2 \\ 7 \\ -2 \end{pmatrix} + r\cdot\begin{pmatrix} 3 \\ -3 \\ 3 \end{pmatrix}$ w. A. für $r = -\frac{2}{3}$

Punktprobe mit $S_2 \in x_1x_3$-Ebene:: $\begin{pmatrix} 9 \\ 0 \\ 5 \end{pmatrix} = \begin{pmatrix} 2 \\ 7 \\ -2 \end{pmatrix} + r\cdot\begin{pmatrix} 3 \\ -3 \\ 3 \end{pmatrix}$ w. A. für $r = \frac{7}{3}$

Schnittpunkte von g mit der x_1x_2-Ebene (Spurpunkt):

$x_3 = 0 \iff -2 + 3r = 0$ für $r = \frac{2}{3}$ $\Rightarrow S_3(4 | 5 | 0)$

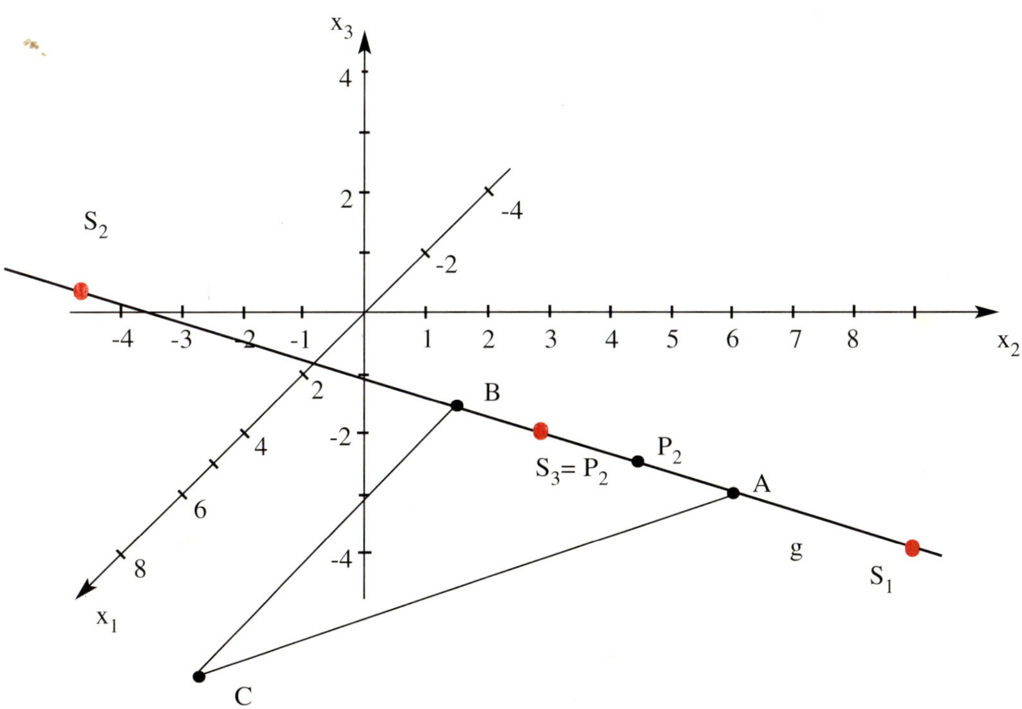

Hauptprüfung 2002 (Fortsetzung)

4.3 Für die Ortsvektoren der Teilpunkte gilt:

$$\overrightarrow{OP_1} = \overrightarrow{OA} + \tfrac{1}{3}\cdot \overrightarrow{AB} = \begin{pmatrix} 2 \\ 7 \\ -2 \end{pmatrix} + \tfrac{1}{3}\cdot\begin{pmatrix} 3 \\ -3 \\ 3 \end{pmatrix} = \begin{pmatrix} 3 \\ 6 \\ -1 \end{pmatrix} \Rightarrow P_1(3 \mid 6 \mid -1)$$

$$\overrightarrow{OP_2} = \overrightarrow{OA} + \tfrac{2}{3}\cdot \overrightarrow{AB} = \begin{pmatrix} 2 \\ 7 \\ -2 \end{pmatrix} + \tfrac{2}{3}\cdot\begin{pmatrix} 3 \\ -3 \\ 3 \end{pmatrix} = \begin{pmatrix} 4 \\ 5 \\ 0 \end{pmatrix} \Rightarrow P_2(4 \mid 5 \mid 0)$$

4.4 Länge des Vektors $\overrightarrow{AB}$: $|\overrightarrow{AB}| = \left|\begin{pmatrix} 3 \\ -3 \\ 3 \end{pmatrix}\right| = \sqrt{9+9+9} = 3\sqrt{3}$ (LE)

ebenso $|\overrightarrow{AC}| = \left|\begin{pmatrix} -6 \\ -12 \\ -6 \end{pmatrix}\right| = 6\sqrt{6}$ (LE); $|\overrightarrow{BC}| = \left|\begin{pmatrix} -9 \\ -9 \\ -9 \end{pmatrix}\right| = 9\sqrt{3}$ (LE)

Umfang des Dreiecks $U = 12\sqrt{3} + 6\sqrt{6} \approx 35{,}48$ (LE)

Innenwinkel

Wegen $\overrightarrow{AB}\cdot\overrightarrow{AC} = 0$ folgt $\overrightarrow{AB}$ und $\overrightarrow{AC}$ stehen senkrecht senkrecht => $\boldsymbol{\alpha} = 90°$

$$\cos(\boldsymbol{\beta}) = \frac{\overrightarrow{BA}\cdot\overrightarrow{BC}}{|\overrightarrow{BA}|\cdot|\overrightarrow{BC}|} = \frac{\begin{pmatrix} -3 \\ 3 \\ -3 \end{pmatrix}\begin{pmatrix} -9 \\ -9 \\ -9 \end{pmatrix}}{3\sqrt{3}\cdot 9\sqrt{3}} = \frac{1}{3} \Rightarrow \boldsymbol{\beta} \approx 70{,}53°$$

Winkelsumme im Dreieck ist 180°, $\boldsymbol{\gamma} = 90° - \boldsymbol{\beta} \approx 19{,}47°$

Fläche des Dreiecks $\mathbf{A} = \tfrac{1}{2}|\overrightarrow{AB}|\cdot|\overrightarrow{AC}| = \tfrac{1}{2}\cdot 3\sqrt{3}\cdot 6\sqrt{6} \approx 38{,}18$ FE

(Das Dreieck ist rechtwinklig.)

4.5 Gerade h = (BC): $\vec{x} = \overrightarrow{OB} + t\cdot\overrightarrow{BC} = \begin{pmatrix} 5 \\ 4 \\ 1 \end{pmatrix} + t\cdot\begin{pmatrix} 1 \\ 1 \\ 1 \end{pmatrix}$; $t \in \mathbb{R}$

Schnitt mit der x_1-Achse:

Bedingung für die Punkte der x_1-Achse: $x_2 = x_3 = 0$

Aus $x_2 = 4 + t = 0$ folgt $t = -4$

$x_3 = 1 + t = 0$ folgt $t = -1$ Widerspruch

wegen nicht parallel sind h und die x_1-Achse windschief.

oder

Gleichsetzen ergibt $\begin{pmatrix} 5 \\ 4 \\ 1 \end{pmatrix} + t\cdot\begin{pmatrix} 1 \\ 1 \\ 1 \end{pmatrix} = r\cdot\begin{pmatrix} 1 \\ 0 \\ 0 \end{pmatrix}$ <=> LGS für r, s

$$\left(\begin{array}{cc|c} 1 & -1 & 5 \\ 0 & -1 & 4 \\ 0 & -1 & 1 \end{array}\right) \sim \left(\begin{array}{cc|c} 1 & -1 & 5 \\ 0 & -1 & 4 \\ 0 & 0 & 3 \end{array}\right)$$

=> die Richtungsvektoren sind nicht parallel, das LGS ist unlösbar => die Geraden sind windschief.

Hauptprüfung 2001

Gegeben sind die Punkte A (3 | 2 | 8), B (12 | 11 | 8) und C (10 | 13 | 8) .

4.1 Zeigen Sie, dass das Dreieck A B C rechtwinklig ist und berechnen Sie die Seitenlängen des Dreiecks.
Welche besondere Lage hat dieses Dreieck im Koordinatensystem ?
Berechnen Sie die Koordinaten des Punktes D so, dass das Viereck ABCD ein Rechteck ist.

4.2 Die senkrechte Projektion der Punkte A , B , C und D (1 | 4 | 8) auf die x_1-x_2-Ebene ergibt die Punkte A' , B' , C' und D' .
Geben Sie die Koordinaten dieser Punkte an.
Die Punkte A , B , C , D und A ' , B' , C' D' sind die Eckpunkte eines Quaders.
Zeichnen Sie den Quader in ein räumliches Koordinatensystem (x_2- und x_3-Achse mit 1 LE = 1 cm; x_1-Achse mit dem Schrägbildwinkel 45 ° und 1 LE $= \frac{1}{2}\sqrt{2}$ cm) .

4.3 Schneiden sich die Raumdiagonalen durch die Punkte A und C' sowie durch die Punkte C und A' ?
Geben Sie gegebenenfalls die Koordinaten des Schnittpunktes an und berechnen Sie den Schnittwinkel dieser Raumdiagonalen.
Zeichnen Sie diese beiden Raumdiagonalen in die Zeichnung ein.

4.4 Auf der Deckfläche A BCD des Quaders ist eine Pyramide mit der Spitze S (6,5 | 7,5 | 12) aufgesetzt.
Zeichnen Sie die Pyramide in das Koordinatensystem ein und berechnen Sie das Volumen des gesamten Körpers.

4.5 Die Gerade durch S und C trifft die x_1-x_2-Ebene im Punkt T .
Berechnen Sie dessen Koordinaten.

Hauptprüfung 2001

4.1 **Dreieck ABC ist rechtwinklig**

Mit $\overrightarrow{AB} = \begin{pmatrix} 9 \\ 9 \\ 0 \end{pmatrix}$; $\overrightarrow{BC} = \begin{pmatrix} -2 \\ 2 \\ 0 \end{pmatrix}$; $\overrightarrow{AC} = \begin{pmatrix} 7 \\ 11 \\ 0 \end{pmatrix}$ folgt: $\overrightarrow{AB} \cdot \overrightarrow{BC} = \begin{pmatrix} 9 \\ 9 \\ 0 \end{pmatrix} \cdot \begin{pmatrix} -2 \\ 2 \\ 0 \end{pmatrix} = 0$

Die Seiten AB und BC stehen senkrecht aufeinander, das Dreieck ABC ist rechtwinklig bei B. Das Dreieck ABC ist **parallel zur x_1x_2-Ebene**, denn die **Eckpunkte** haben die gleiche x_3-Koordinate $x_3 = 8$

Seitenlängen: $|\overrightarrow{AB}| = \sqrt{81 + 81 + 0} = \sqrt{162}$; $|\overrightarrow{BC}| = \sqrt{8}$; $|\overrightarrow{AC}| = \sqrt{170}$

Für den Ortsvektor des Punktes D gilt: $\vec{x} = \overrightarrow{OA} + \overrightarrow{BC} = \begin{pmatrix} 3 \\ 2 \\ 8 \end{pmatrix} + \begin{pmatrix} -2 \\ 2 \\ 0 \end{pmatrix} = \begin{pmatrix} 1 \\ 4 \\ 8 \end{pmatrix}$

Punkt D (1 | 4 | 8)

4.2 Punkte A' (3 | 2 | 0), B'(12 | 11 | 0) , C'(10 | 13 | 0) und D'(1 | 4 | 0) .
Schrägbild siehe folgende Seite

4.3 Raumdiagonale durch A und C': $\vec{x} = \overrightarrow{OA} + s \cdot \overrightarrow{AC'} = \begin{pmatrix} 3 \\ 2 \\ 8 \end{pmatrix} + s \cdot \begin{pmatrix} 7 \\ 11 \\ -8 \end{pmatrix}$; $s \in \mathbf{R}$

Raumdiagonale durch C und A': $\vec{x} = \begin{pmatrix} 3 \\ 2 \\ 0 \end{pmatrix} + t \cdot \begin{pmatrix} -7 \\ -11 \\ -8 \end{pmatrix}$; $t \in \mathbf{R}$

Schnittpunkt durch Gleichsetzen $\begin{pmatrix} 3 \\ 2 \\ 8 \end{pmatrix} + s \cdot \begin{pmatrix} 7 \\ 11 \\ -8 \end{pmatrix} = \begin{pmatrix} 3 \\ 2 \\ 0 \end{pmatrix} + t \cdot \begin{pmatrix} -7 \\ -11 \\ -8 \end{pmatrix}$

$s \cdot \begin{pmatrix} 7 \\ 11 \\ -8 \end{pmatrix} + t \cdot \begin{pmatrix} 7 \\ 11 \\ 8 \end{pmatrix} = \begin{pmatrix} 0 \\ 0 \\ -8 \end{pmatrix}$ => LGS für s und t : $\left(\begin{array}{cc|c} 7 & 7 & 0 \\ 11 & 11 & 0 \\ -8 & 8 & -8 \end{array}\right) \sim \left(\begin{array}{cc|c} 7 & 7 & 0 \\ 0 & 0 & 0 \\ 0 & 2 & -1 \end{array}\right)$

LGS ist eindeutig lösbar für $t = -\frac{1}{2}$.

Einsetzen ergibt $\overrightarrow{OS} = \begin{pmatrix} 3 \\ 2 \\ 0 \end{pmatrix} - \frac{1}{2} \cdot \begin{pmatrix} -7 \\ -11 \\ -8 \end{pmatrix} = \begin{pmatrix} 6,5 \\ 7,5 \\ 4 \end{pmatrix}$ => **S(6,5| 7,5 | 4)**

4.3 **Schnittwinkel α** $\cos \alpha = \dfrac{|\vec{u} \cdot \vec{v}|}{|\vec{u}| \cdot |\vec{v}|}$

Aus $|\vec{u}| = \left|\begin{pmatrix} 7 \\ 11 \\ -8 \end{pmatrix}\right| = \sqrt{234}$; $|\vec{v}| = \left|\begin{pmatrix} -7 \\ -11 \\ -8 \end{pmatrix}\right| = \sqrt{234}$ und $\begin{pmatrix} 7 \\ 11 \\ -8 \end{pmatrix} \cdot \begin{pmatrix} -7 \\ -11 \\ -8 \end{pmatrix} = -106$

erhält man $\cos \alpha = \frac{106}{234} \approx 0,45$ => $\boldsymbol{\alpha \approx 63,06°}$

4.4 Die Grundfläche des Quaders ist ein Rechteck.
Vergleichen Sie 4.1: das Dreieck ABC ist rechtwinklig bei B.

Flächeninhalt der Grundfläche: $A_G = \overline{AB} \cdot \overline{BC} = \sqrt{162} \cdot \sqrt{8} = 36$ (FE)

Volumen des Quaders $V_Q = 36 \cdot 8 = 288$ VE

Hauptprüfung 2001 (Fortsetzung)

4.4 **Volumen der aufgesetzten Pyramide**: $V_P = \frac{1}{3} \cdot A_G \cdot h = \frac{1}{3} \cdot 36 \cdot 4 = 48$ (VE)

Mit $h = x_3(S) - x_3(ABCD) = 12 - 8 = 4$

Das Rechteck ABCD ist parallel zur x_1-x_2-Ebene.

Gesamtvolumen $\mathbf{V = V_Q + V_P = 288 + 48 = 336}$ **(VE)**

4.5 Gerade durch S und C: $\vec{x} = \begin{pmatrix} 10 \\ 13 \\ 8 \end{pmatrix} + s \cdot \begin{pmatrix} 3{,}5 \\ 5{,}5 \\ -4 \end{pmatrix}; \quad s \in \mathbf{R}$

Bedingung für den Schnittpunkt mit der x_1-x_2-Ebene : $x_3 = 0$ $\quad 8 - 4s = 0 \Rightarrow s = 2$

Einsetzen ergibt $\vec{x} = \begin{pmatrix} 10 \\ 13 \\ 8 \end{pmatrix} + 2 \cdot \begin{pmatrix} 3{,}5 \\ 5{,}5 \\ -4 \end{pmatrix} = \begin{pmatrix} 17 \\ 24 \\ 0 \end{pmatrix}$

=> **Spurpunkt** in der x_1-x_2-Ebene **T(17 | 24 | 0)**

4.2 Schrägbild

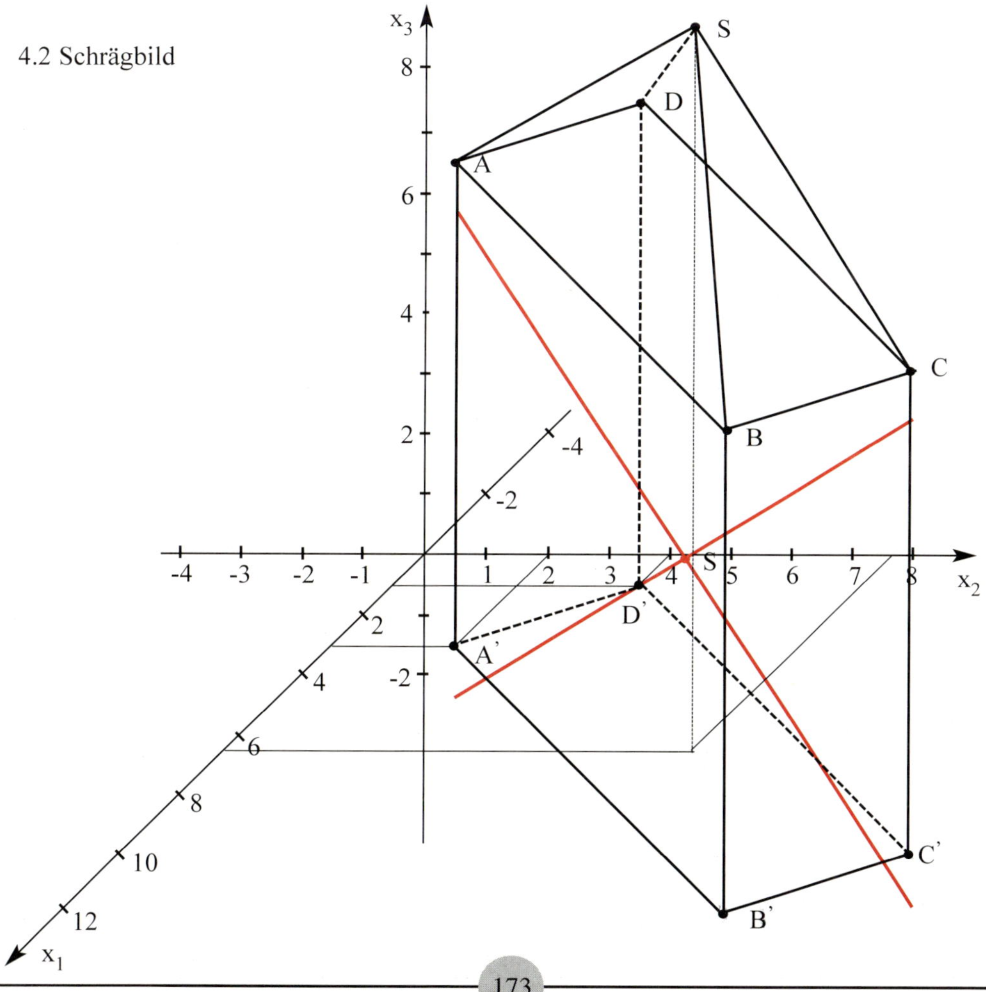

Hauptprüfung 2000

Gegeben sind die Punkte A(−4| 8| 0), B(−4| 0 | 4), C(−4| 0 | 0) und D(5| 2| 1),

sowie die Gerade g: $\vec{x} = \begin{pmatrix} -4 \\ 4 \\ 2 \end{pmatrix} + r \cdot \begin{pmatrix} 0 \\ -2 \\ 1 \end{pmatrix}$ mit $r \in \mathbf{R}$.

4.1 Berechnen Sie die Spurpunkte der Geraden g in den Koordinatenebenen.
Welche besondere Lage hat die Gerade g im Koordinatensystem?

4.2 Der Punkt E ist die senkrechte Projektion von D auf die x_1x_3-Ebene,
der Punkt F ist die senkrechte Projektion von D auf die x_1x_2-Ebene.
Bestimmen Sie die Koordinaten von E und F.

4.3 Zeichnen Sie die Punkte A, B, C, D, E und F und die Gerade g in ein dreidimensionales Koordinatensystem (x_2-Achse und x_3-Achse: 1 LE = 1 cm; x_1-Achse mit Schrägbildwinkel 45° und 1 LE = $0{,}5\sqrt{2}$ cm).

4.4 Geben Sie je eine Gleichung an für die Gerade durch die Punkte A und F und für die Gerade durch die Punkte B und E.

4.5 Zeigen Sie, dass sich die Geraden

h: $\vec{x} = \begin{pmatrix} -4 \\ 8 \\ 0 \end{pmatrix} + s \cdot \begin{pmatrix} 3 \\ -2 \\ 0 \end{pmatrix}$ und i: $\vec{x} = \begin{pmatrix} -4 \\ 0 \\ 4 \end{pmatrix} + t \cdot \begin{pmatrix} 3 \\ 0 \\ -1 \end{pmatrix}$ mit $s, t \in \mathbf{R}$

schneiden.
Berechnen Sie die Koordinaten des Schnittpunktes und den spitzen Schnittwinkel zwischen diesen Geraden.
Zeichnen Sie die Geraden h und i ein.

4.6 Zeigen Sie, dass das Dreieck ABC rechtwinklig ist.
Das Dreieck ABC bildet mit S(8| 0 | 0) als Spitze eine Pyramide.
Berechnen Sie deren Volumen.

Hauptprüfung 2000

4.1 Schnittpunkte von g mit den Koordinatenebenen (Spurpunkte)

x_1x_2-Ebene: $x_3 = 0$ <=> $2 + r = 0$ für $r = -2$ => $S_{12}(-4|8|0) = A$

x_1x_3-Ebene: $x_2 = 0$ <=> $4 - 2r = 0$ für $r = 2$ => $S_{13}(-4|0|4) = B$

x_2x_3-Ebene: $x_1 = 0$ <=> $-4 = 0$ f. A => kein Spurpunkt

g verläuft parallel zur x_2x_3-Ebene.

4.2 D(5| 2| 1) senkrecht auf die x_1x_3-Ebene: $x_2 = 0$ => E(5| 0| 1)

senkrecht auf die x_1x_2-Ebene: $x_3 = 0$ => F (5| 2| 0)

4.3

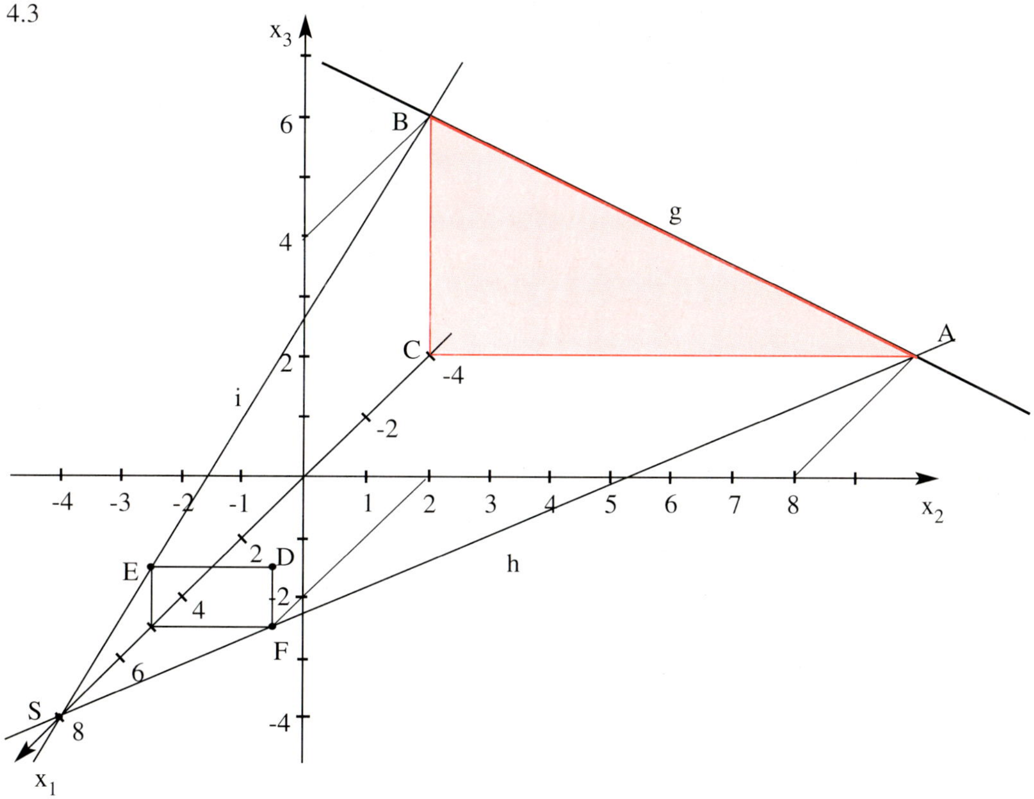

4.4 Gerade (AF): $\vec{x} = \overrightarrow{OA} + s\cdot \overrightarrow{AF} = \begin{pmatrix} -4 \\ 8 \\ 0 \end{pmatrix} + s\cdot\begin{pmatrix} 9 \\ -6 \\ 0 \end{pmatrix}$; $s \in \mathbf{R}$

Gerade (BE): $\vec{x} = \overrightarrow{OB} + t\cdot \overrightarrow{BE} = \begin{pmatrix} -4 \\ 0 \\ 4 \end{pmatrix} + t\cdot\begin{pmatrix} 9 \\ 0 \\ -3 \end{pmatrix}$; $t \in \mathbf{R}$

Hauptprüfung 2000 (Fortsetzung)

4.5 Schnittpunkt durch Gleichsetzen $\begin{pmatrix}-4\\8\\0\end{pmatrix} + s\cdot\begin{pmatrix}3\\-2\\0\end{pmatrix} = \begin{pmatrix}-4\\0\\4\end{pmatrix} + t\cdot\begin{pmatrix}3\\0\\-1\end{pmatrix}$

Sortieren $s\cdot\begin{pmatrix}3\\-2\\0\end{pmatrix} + t\cdot\begin{pmatrix}-3\\0\\1\end{pmatrix} = \begin{pmatrix}0\\-8\\4\end{pmatrix}$

LGS für s und t in Matrixform $\left(\begin{array}{cc|c}3 & -3 & 0\\-2 & 0 & -8\\0 & 1 & 4\end{array}\right)$ => $s = 4$ => $t = 4$

Probe in $3s - 3t = 0$ ergibt eine wahre Aussage.
Einsetzen von $s = 4$ (oder $t = 4$) ergibt

$\overrightarrow{OS} = \begin{pmatrix}-4\\8\\0\end{pmatrix} + 4\cdot\begin{pmatrix}3\\-2\\0\end{pmatrix} = \begin{pmatrix}8\\0\\0\end{pmatrix}$ => **S(8| 0 | 0)**

Schnittwinkel $\cos\alpha = \dfrac{|\vec{u}\cdot\vec{v}|}{|\vec{u}|\cdot|\vec{v}|}$

Aus $|\vec{u}| = \left|\begin{pmatrix}3\\-2\\0\end{pmatrix}\right| = \sqrt{13}$; $|\vec{v}| = \left|\begin{pmatrix}3\\0\\-1\end{pmatrix}\right| = \sqrt{10}$ und $\begin{pmatrix}3\\-2\\0\end{pmatrix}\cdot\begin{pmatrix}3\\0\\-1\end{pmatrix} = 9$

erhält man $\cos\alpha = \dfrac{9}{\sqrt{13}\sqrt{10}} \approx 0{,}79$ => $\alpha \approx 37{,}87°$

4.6 Dreieck ABC ist rechtwinklig, wenn $\overrightarrow{AC}$ und $\overrightarrow{BC}$ senkrecht zueinander stehen.

$\overrightarrow{AC} = \begin{pmatrix}0\\-8\\0\end{pmatrix}$; $\overrightarrow{BC} = \begin{pmatrix}0\\0\\-4\end{pmatrix}$

Mit dem Skalarprodukt $\overrightarrow{AC}\cdot\overrightarrow{BC} = \begin{pmatrix}0\\-8\\0\end{pmatrix}\cdot\begin{pmatrix}0\\0\\-4\end{pmatrix} = 0$ folgt die Behauptung.

Fläche des Dreiecks: $A = \frac{1}{2}|\overrightarrow{AC}|\cdot|\overrightarrow{BC}| = \frac{1}{2}\cdot 8\cdot 4 = 16$ (FE)

Höhe der Pyramide $h = |\overrightarrow{CS}| = \left|\begin{pmatrix}12\\0\\0\end{pmatrix}\right| = 12$ (siehe 4.3)

Volumen der Pyramide $V = \frac{1}{3}A\,h = \frac{1}{3}\cdot 16\cdot 12 = 64$ (VE)

Hauptprüfung 1999

Die Punkte A(4 | –1 | 1), B(2 | 7 | 5), C(– 1 | 3 | 6) und D(0 | –1 | 4) sind die Eckpunkte eines Vierecks.

4.1 Zeichnen Sie das Viereck ABCD in ein räumliches Koordinatensystem (x_2-Achse und x_3-Achse: 1 LE = 1 cm; x_1-Achse mit Schrägbildwinkel 45° und 1 LE = $0{,}5\sqrt{2}$ cm; x_3-Achse mit $-2 \leqslant x_3 \leqslant 10$).

4.2 Zeigen Sie rechnerisch, dass das Viereck ABCD ein Trapez ist. Bestimmen Sie das Verhältnis der Längen der beiden Grundseiten des Trapezes.

4.3 Berechnen Sie den Innenwinkel α am Eckpunkt A des Trapezes.

4.4 Geben Sie eine Gleichung der Geraden g durch die Punkte A und D an und eine Gleichung der Geraden h durch B und C. Berechnen Sie die Koordinaten des Schnittpunktes S von g und h und zeichnen Sie g, h und S in.

4.5 Berechnen Sie die Koordinaten des Mittelpunktes M von $\overline{AB}$. g' ist die Parallele zu g durch den Punkt M und h' ist die Parallele zu h durch den Punkt M. Zeichnen Sie g' und h' ein. Zeigen Sie, dass g' durch C und h' durch D geht.

4.6 Berechnen Sie die Flächeninhalte des Dreiecks ABS und des Trapezes ABCD. In welchem Verhältnis stehen die Flächeninhalte zueinander?

12 Bohner/Ihlenburg/Ott – ISBN 3-8120-0459-3

Hauptprüfung 1999

4.1

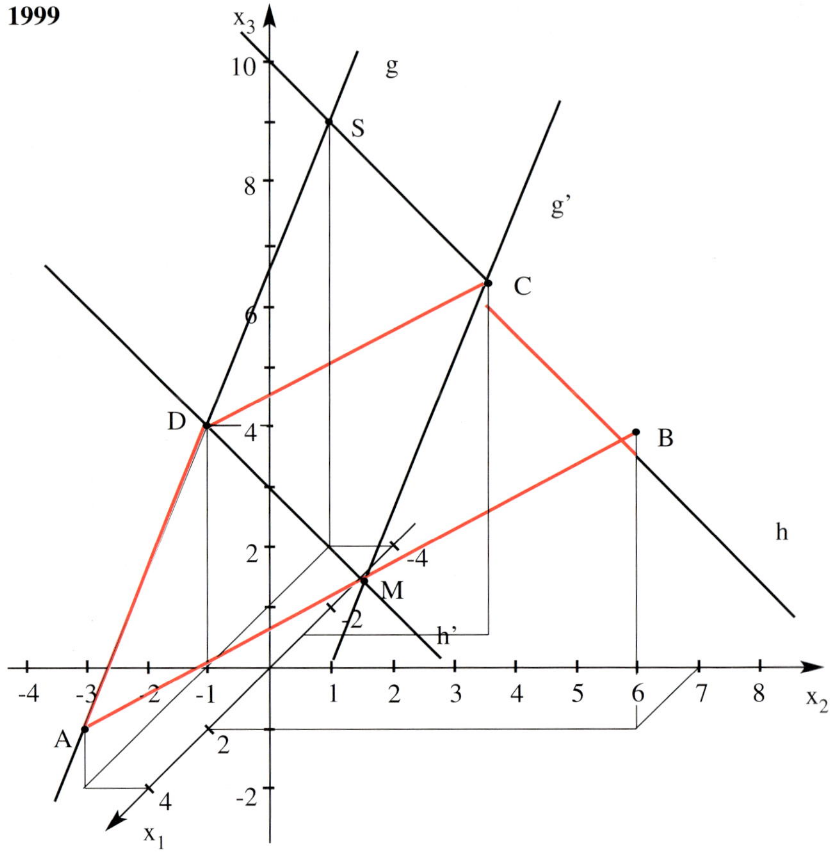

4.2 Das Viereck ABCD ist ein Trapez, wenn im Viereck ABCD zwei Seiten parallel sind.
Zu zeigen (vgl. 4.1): $\overrightarrow{AB} \,||\, \overrightarrow{DC}$

Mit $\overrightarrow{AB} = \begin{pmatrix} -2 \\ 8 \\ 4 \end{pmatrix}$ und $\overrightarrow{DC} = \begin{pmatrix} -1 \\ 4 \\ 2 \end{pmatrix}$ folgt: $\overrightarrow{AB} = 2\,\overrightarrow{DC} \Rightarrow \overrightarrow{AB} \,||\, \overrightarrow{DC}$

Das Viereck ABCD ist ein Trapez.

Bemerkung: Wenn zusätzlich $\overrightarrow{AD}$ nicht parallel $\overrightarrow{AB}$ gilt, ist das Viereck ABCD ein Trapez, aber kein Parallelogrammm.

$\overrightarrow{AD} = \begin{pmatrix} -4 \\ 0 \\ 3 \end{pmatrix}$; es gibt kein r so dass $\begin{pmatrix} -4 \\ 0 \\ 3 \end{pmatrix} = r \begin{pmatrix} -2 \\ 8 \\ 4 \end{pmatrix} \Rightarrow \overrightarrow{AD} \,||\, \overrightarrow{AB}$

Seitenlängen: $|\overrightarrow{AB}| = \sqrt{82} = 2\sqrt{21}$; $|\overrightarrow{DC}| = \sqrt{21}$

Verhältnis der Längen: $2\sqrt{21} : \sqrt{21} = 2 : 1$

Hauptprüfung 1999 (Fortsetzung)

4.3 **Innenwinkel α (Winkel zwischen den Vektoren** $\overrightarrow{AB}$ und $\overrightarrow{AD}$):

$$\cos\alpha = \frac{|\overrightarrow{AB}\cdot\overrightarrow{AD}|}{|\overrightarrow{AB}|\cdot|\overrightarrow{AD}|}$$

Mit $|\overrightarrow{AB}| = \left|\begin{pmatrix}-2\\8\\4\end{pmatrix}\right| = 2\sqrt{21}$; $|\overrightarrow{AD}| = \left|\begin{pmatrix}-4\\0\\3\end{pmatrix}\right| = 5$ und $\begin{pmatrix}-2\\8\\4\end{pmatrix}\cdot\begin{pmatrix}-4\\0\\3\end{pmatrix} = 20$

erhält man $\cos\alpha = \frac{20}{2\sqrt{21}\cdot 5} = \frac{2}{\sqrt{21}} \approx 0{,}436 \Rightarrow \boldsymbol{\alpha \approx 64{,}12^\circ}$

4.4 Gerade g = (AD): $\vec{x} = \overrightarrow{OA} + r\cdot\overrightarrow{AD} = \begin{pmatrix}4\\-1\\1\end{pmatrix} + r\cdot\begin{pmatrix}-4\\0\\3\end{pmatrix}$; $r \in \mathbb{R}$

Gerade h = (BC): $\vec{x} = \overrightarrow{OB} + t\cdot\overrightarrow{BC} = \begin{pmatrix}2\\7\\5\end{pmatrix} + t\cdot\begin{pmatrix}-3\\-4\\1\end{pmatrix}$; $t \in \mathbb{R}$

Schnittpunkt durch Gleichsetzen

$$\begin{pmatrix}4\\-1\\1\end{pmatrix} + r\cdot\begin{pmatrix}-4\\0\\3\end{pmatrix} = \begin{pmatrix}2\\7\\5\end{pmatrix} + t\cdot\begin{pmatrix}-3\\-4\\1\end{pmatrix} \iff r\cdot\begin{pmatrix}-4\\0\\3\end{pmatrix} + t\cdot\begin{pmatrix}3\\4\\-1\end{pmatrix} = \begin{pmatrix}-2\\8\\4\end{pmatrix}$$

LGS für s und t in Matrixform $\left(\begin{array}{cc|c}-4 & 3 & -2\\ 0 & 4 & 8\\ 3 & -1 & 4\end{array}\right) \sim \left(\begin{array}{cc|c}-4 & 3 & -2\\ 0 & 4 & 8\\ 0 & 5 & 10\end{array}\right) \sim \left(\begin{array}{cc|c}-4 & 3 & -2\\ 0 & 4 & 8\\ 0 & 0 & 0\end{array}\right)$

LGS ist eindeutig lösbar mit t = 2 (bzw. r = 2)

Einsetzen von t = 2 ergibt **S(– 4| –1 | 7)**.

4.5 Mittelpunkt M von $\overline{AB}$: $\overrightarrow{OM} = \frac{1}{2}(\overrightarrow{OA} + \overrightarrow{OB})$

oder $\overrightarrow{OM} = \overrightarrow{OA} + \frac{1}{2}\overrightarrow{AB} = \begin{pmatrix}4\\-1\\1\end{pmatrix} + \frac{1}{2}\begin{pmatrix}-2\\8\\4\end{pmatrix} = \begin{pmatrix}3\\3\\3\end{pmatrix} \Rightarrow$ **M(3| 3 |3)**

g': $\vec{x} = \begin{pmatrix}3\\3\\3\end{pmatrix} + r\cdot\begin{pmatrix}-4\\0\\3\end{pmatrix}$; $r \in \mathbb{R}$;   h': $\vec{x} = \begin{pmatrix}3\\3\\3\end{pmatrix} + t\cdot\begin{pmatrix}-3\\-4\\1\end{pmatrix}$; $t \in \mathbb{R}$

Punktprobe mit C in g': $\begin{pmatrix}-1\\3\\6\end{pmatrix} = \begin{pmatrix}3\\3\\3\end{pmatrix} + r\cdot\begin{pmatrix}-4\\0\\3\end{pmatrix}$

Alle drei Gleichungen sind erfüllt für r = 1 => C liegt auf g'.

Punktprobe mit D in h': 0 = 3 – 3t; –1 = 3 – 4t; 4 = 3 + t

Alle drei Gleichungen sind erfüllt für t = 1 => D liegt auf h'.

Hauptprüfung 1999 (2. Fortsetzung)

4.6 Das Dreieck ABS wird von den Vektoren $\overrightarrow{AB}$ und $\overrightarrow{AS}$ aufgespannt.
Mit $\overrightarrow{AS} = 2\,\overrightarrow{AD}$ (vgl. 4.4. s = 2) und $\sin\alpha = \sin 64{,}12° \approx 0{,}8997$ (vgl. 4.2) folgt:

Flächeninhalt des Dreiecks: $A_\Delta = \frac{1}{2}|\overrightarrow{AB}| \cdot |2 \cdot \overrightarrow{AD}| \sin\boldsymbol{\alpha}$

$= \frac{1}{2} \cdot 2\sqrt{21} \cdot 2 \cdot 5 \cdot 0{,}8997 \approx 41{,}23$ FE

Flächeninhalt des Trapezes $A_{Trapez} = m \cdot h$

Mittellinie $m = \frac{1}{2}(|\overrightarrow{AB}| + |\overrightarrow{DC}|)$

$= \frac{1}{2}(2\sqrt{21} + \sqrt{21}) = \frac{3}{2}\sqrt{21}$

Höhe h aus $\sin\boldsymbol{\alpha} = \frac{h}{|\overrightarrow{AD}|} \Rightarrow h = \sin\boldsymbol{\alpha} \cdot |\overrightarrow{AD}|$

Einsetzen ergibt:. $h = 0{,}8997 \cdot 5 \approx 4{,}4985$

Flächeninhalt des Trapezes $A_{Trapez} = m \cdot h \approx \frac{3}{2}\sqrt{21} \cdot 4{,}4985$

$A_{Trapez} \approx 30{,}92$ FE

Verhältnis der Flächeninhalte $A_{Trapez} : A_\Delta = 30{,}92 \text{ FE} : 41{,}23 \text{ FE} = 3 : 4$

Lösungsvariante mit dem Strahlensatz:

Wegen $\frac{|\overrightarrow{AB}|}{|\overrightarrow{DC}|} = 2:1 \Rightarrow |\overrightarrow{DC}| = \frac{1}{2}|\overrightarrow{AB}|$

gilt nach dem Strahlensatz:

$\frac{|\overrightarrow{AS}|}{|\overrightarrow{AD}|} = 2:1$ (vgl. oben)

und $h_{ABS} : h_{DCS} = 2:1 \Rightarrow h_{DCS} = \frac{1}{2} h_{ABS}$

$\Rightarrow A_{\Delta\ DCS} = \frac{1}{4} A_{\Delta\ ABS}$

$\Rightarrow A_{Trapez} = \frac{3}{4} A_{\Delta\ ABS}$

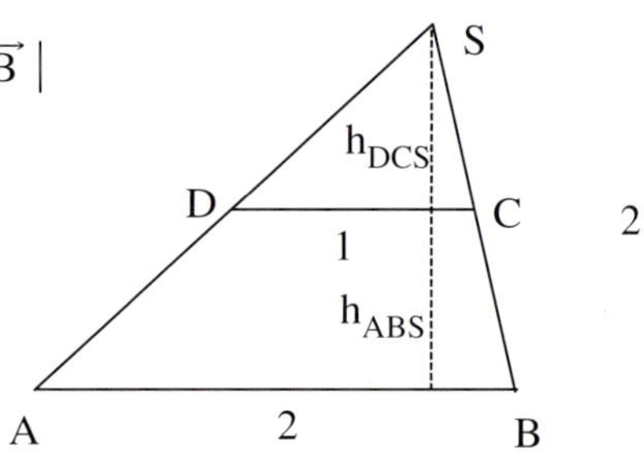

Lösungsvariante mit kongruenten Dreiecken:

Es gilt: $\overrightarrow{AB} \parallel \overrightarrow{DC}$ und $\overrightarrow{AB} = 2\,\overrightarrow{DC}$; $\overline{DM} \parallel \overline{CB}$ und $\overline{CM} \parallel \overline{AD}$

Daraus folgt Δ DCS $\cong \Delta$ AMD $\cong \Delta$ CDM $\cong \Delta$ MBC

4 kongruente Dreiecke;

Das Trapez setzt sich aus drei Dreiecken zusammen.

$\Rightarrow A_{Trapez} = \frac{3}{4} A_{\Delta ABS}$

Hauptprüfung 1998

Gegeben sind die Punkte A(6| 3| 5), B(10| 9 | 5), C(7| 10 | 5) und D(3| 4| 5).

4.1 Zeigen Sie, dass die Punkte A, B, C und D ein Parallelogramm, aber kein Rechteck bilden.

4.2 Die senkrechten Parallelprojektionen der Punkte A, B, C und D auf die x_1x_2-Ebene sind die Punkte A_1, B_1, C_1 und D_1.
Geben Sie die Koordinaten dieser vier Punkte an.

Zeichnen Sie alle 8 Punkte in ein räumliches Koordinatensystem (x_2-Achse und x_3-Achse: 1 LE = 1 cm; x_1-Achse mit Schrägbildwinkel 45° und 1 LE = $0{,}5\sqrt{2}$ cm).

Zeichnen Sie auch die Parallelogramme ABCD und $A_1B_1C_1D_1$ sowie die Strecken $\overline{AA_1}$, $\overline{BB_1}$, $\overline{CC_1}$ und $\overline{DD_1}$, so dass das Kantenmodell eines Körpers entsteht.

4.3 Die Raumdiagonale g geht durch A_1 und C; die Raumdiagonale h geht durch B_1 und D.
Zeigen Sie, dass sich g und h schneiden.
Berechnen Sie die Koordinaten des Schnittpunktes Q und den spitzen Schnittwinkel.
Berechnen Sie, in welchem Verhältnis der Punkt Q die Strecke $\overline{A_1C}$ teilt.

4.4 Prüfen Sie rechnerisch, ob Q auch auf der Raumdiagonalen durch A und C_1 liegt.

4.5 Berechnen Sie den Rauminhalt des in 4.2 gezeichneten Körpers.

Hauptprüfung 1998

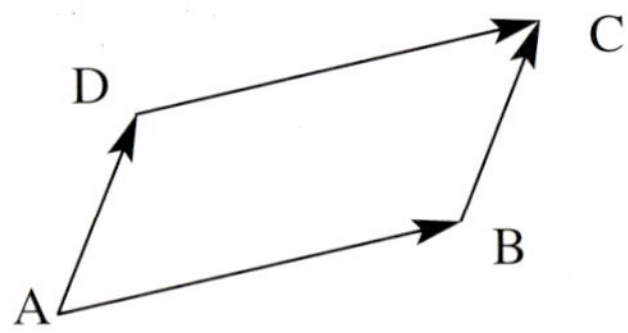

4.1 Das Viereck ABCD ist ein Parallelogramm, wenn gilt: $\overrightarrow{AB} = \overrightarrow{DC}$ und $\overrightarrow{AD} = \overrightarrow{BC}$

Mit $\overrightarrow{AB} = \begin{pmatrix} 4 \\ 6 \\ 0 \end{pmatrix}$; $\overrightarrow{DC} = \begin{pmatrix} 4 \\ 6 \\ 0 \end{pmatrix}$; $\overrightarrow{AD} = \begin{pmatrix} -3 \\ 1 \\ 0 \end{pmatrix}$; $\overrightarrow{BC} = \begin{pmatrix} -3 \\ 1 \\ 0 \end{pmatrix}$

folgt $\overrightarrow{AB} = \overrightarrow{DC}$ und $\overrightarrow{AD} = \overrightarrow{BC}$

=> Das Viereck ABCD ist ein Parallelogramm.

Annahme: $\overrightarrow{AB} \perp \overrightarrow{AD} \iff \overrightarrow{AB} \cdot \overrightarrow{AD} = 0$

(2 Seiten stehen senkrecht aufeinander)

$\begin{pmatrix} 4 \\ 6 \\ 0 \end{pmatrix}\begin{pmatrix} -3 \\ 1 \\ 0 \end{pmatrix} = -12 + 6 = -6 \neq 0$ => Das Viereck ABCD ist **kein** Rechteck.

4.2 Senkrechte Parallelprojektion auf die x_1x_2-Ebene : $x_3 = 0$

$A_1(6|3|0)$, $B_1(10|9|0)$, $C_1(7|10|0)$; $D_1(3|4|0)$.

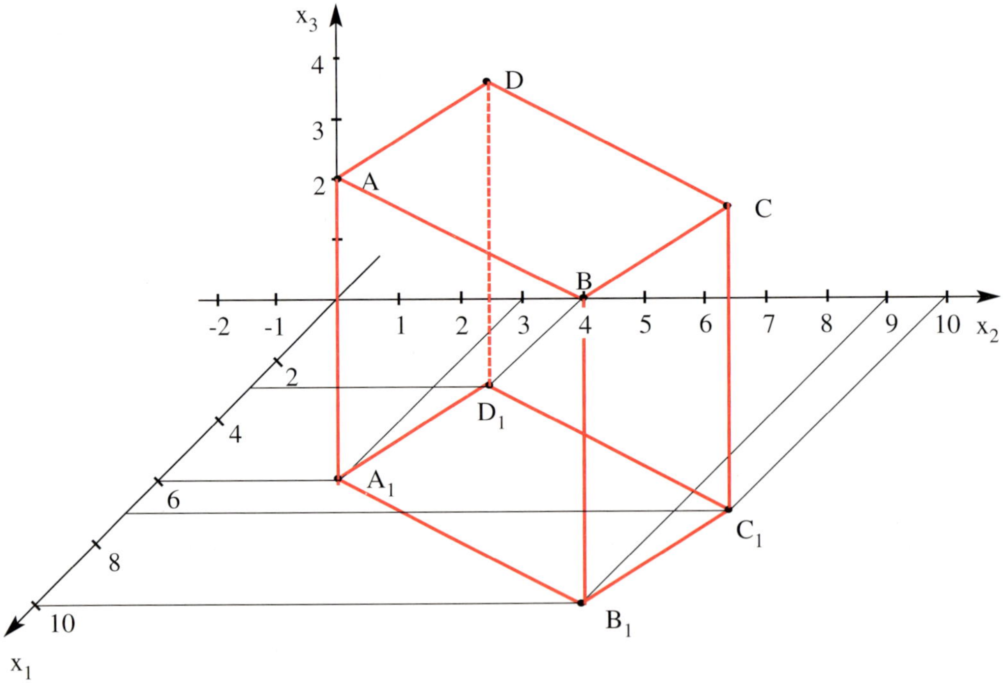

4.3 Raumdiagonale $g = (A_1C)$: $\vec{x} = \overrightarrow{OA_1} + r \cdot \overrightarrow{A_1C} = \begin{pmatrix} 6 \\ 3 \\ 0 \end{pmatrix} + r \cdot \begin{pmatrix} 1 \\ 7 \\ 5 \end{pmatrix}$; $r \in \mathbf{R}$

Hauptprüfung 1998 (Fortsetzung)

4.3 Raumdiagonale h = (B_1D): $\vec{x} = \overrightarrow{OB_1} + s\cdot\overrightarrow{B_1D} = \begin{pmatrix}10\\9\\0\end{pmatrix} + s\cdot\begin{pmatrix}-7\\-5\\5\end{pmatrix}$; $s \in \mathbb{R}$

Schnittpunkt durch Gleichsetzen

$$\begin{pmatrix}6\\3\\0\end{pmatrix} + r\cdot\begin{pmatrix}1\\7\\5\end{pmatrix} = \begin{pmatrix}10\\9\\0\end{pmatrix} + s\cdot\begin{pmatrix}-7\\-5\\5\end{pmatrix} \Leftrightarrow r\cdot\begin{pmatrix}1\\7\\5\end{pmatrix} + s\cdot\begin{pmatrix}7\\5\\-5\end{pmatrix} = \begin{pmatrix}4\\6\\0\end{pmatrix}$$

LGS für r und s in Matrixform $\left(\begin{array}{cc|c}1 & 7 & 4\\7 & 5 & 6\\5 & -5 & 0\end{array}\right) \sim \left(\begin{array}{cc|c}1 & 7 & 4\\0 & 44 & 22\\0 & 40 & 20\end{array}\right) \sim \left(\begin{array}{cc|c}1 & 7 & 4\\0 & 44 & 22\\0 & 0 & 0\end{array}\right)$

LGS ist eindeutig lösbar mit s = 0,5 (bzw. r = 0,5)

Einsetzen von s = 0,5 ergibt den **Schnittpunkt** **Q(6,5| 6,5 | 2,5)**.

Schnittwinkel α (Winkel zwischen den Vektoren $\overrightarrow{A_1C}$ und $\overrightarrow{B_1D}$):

$$\cos\alpha = \frac{|\overrightarrow{A_1C}\cdot\overrightarrow{B_1D}|}{|\overrightarrow{A_1C}|\cdot|\overrightarrow{B_1D}|}$$

Mit $|\overrightarrow{A_1C}| = \left|\begin{pmatrix}1\\7\\5\end{pmatrix}\right| = \sqrt{75}$; $|\overrightarrow{B_1D}| = \left|\begin{pmatrix}-7\\-5\\5\end{pmatrix}\right| = \sqrt{99}$ und $\begin{pmatrix}1\\7\\5\end{pmatrix}\cdot\begin{pmatrix}-7\\-5\\5\end{pmatrix} = -17$

erhält man $\cos\alpha = \left|\frac{-17}{\sqrt{75}\cdot\sqrt{99}}\right| \approx 0{,}197 \Rightarrow \alpha \approx 78{,}62°$

Teilverhältnis: $\overrightarrow{A_1Q} = k\cdot\overrightarrow{A_1C}$ $\begin{pmatrix}0,5\\3,5\\2,5\end{pmatrix} = k\cdot\begin{pmatrix}1\\7\\5\end{pmatrix} \Rightarrow k = 0{,}5$

$\overrightarrow{A_1Q} : \overrightarrow{QC} = 1 : 1$ (Q halbiert die Strecke A_1C)

4.4 Raumdiagonale (AC_1): $\vec{x} = \overrightarrow{OA} + r\cdot\overrightarrow{AC_1} = \begin{pmatrix}6\\3\\5\end{pmatrix} + u\cdot\begin{pmatrix}1\\7\\-5\end{pmatrix}$; $u \in \mathbb{R}$

Punktprobe mit Q: $\begin{pmatrix}6,5\\6,5\\2,5\end{pmatrix} = \begin{pmatrix}6\\3\\5\end{pmatrix} + u\cdot\begin{pmatrix}1\\7\\-5\end{pmatrix}$ für $u = \frac{1}{2} \Rightarrow$ Q liegt auf (AC_1)

4.5 Für A, B, C und D gilt: $x_3 = 5$ =>

Der Körper ist ein senkrechtes Prisma mit $V = G\cdot h$ mit h = 5 und Grundfläche G.

G wird aufgespannt von $\overrightarrow{AB}$ und $\overrightarrow{AD}$ => $G = |\overrightarrow{AB}|\cdot|\overrightarrow{AD}|\sin\alpha$

Mit $|\overrightarrow{AB}| = \sqrt{52}$; $|\overrightarrow{AD}| = \sqrt{10}$ (vgl. 4.1) und

$\cos\alpha = \frac{|\overrightarrow{AB}\cdot\overrightarrow{AD}|}{|\overrightarrow{AB}|\cdot|\overrightarrow{AD}|} = \left|\frac{-6}{\sqrt{520}}\right| \approx 0{,}2631 \Rightarrow \alpha \approx 74{,}74°$ erhält man

Flächeninhalt : $G = \sqrt{52}\cdot\sqrt{10}\cdot\sin 74{,}74° = 22$ FE

Volumen $V = G\cdot h = 22\cdot 5 = 110$ VE

Hauptprüfung 1997

Gegeben sind die Punkte $A(1|2|0)$, $B(8|8|0)$, $C(3|10|0)$ und $S(2|6|8)$.

4.1 Das Dreieck ABC und der Punkt S bilden eine Pyramide.
Zeichnen Sie die Pyramide in ein räumliches Koordinatensystem (x_2-Achse und x_3-Achse: 1 LE = 1 cm; x_1-Achse mit Schrägbildwinkel 45° und 1 LE = $0{,}5\sqrt{2}$ cm).

Berechnen Sie die Vektoren $\overrightarrow{AB}$ und $\overrightarrow{AS}$.

4.2 Geben Sie eine Gleichung der Geraden g an, die durch die Punkte B und S geht.

4.3 Die senkrechte Parallelprojektion der Geraden g auf die x_1x_2-Ebene sei g_1, die des Punktes S sei S_1.
Geben Sie eine Gleichung von g_1 und die Koordinaten von S_1 an, und zeichnen Sie g_1 und S_1 in das Koordinatensystem ein.

4.4 Zeigen Sie rechnerisch, dass S_1 die Mitte der Seite $\overline{AC}$ des Dreiecks ABC ist.

4.5 Weisen Sie rechnerisch nach, dass das Dreieck BS_1S rechtwinklig ist, und berechnen Sie den Winkel φ zwischen $\overrightarrow{BS}$ und $\overrightarrow{BS_1}$.

4.6 Berechnen Sie den Inhalt des Dreiecks ABS.

4.7 Die Grundfläche der Pyramide soll durch Spiegelung des Punktes B am Punkt S_1 in ein Parallelogramm ABCD umgewandelt werden.
Berechnen Sie die Koordinaten des Punktes D.

Hauptprüfung 1997

4.1

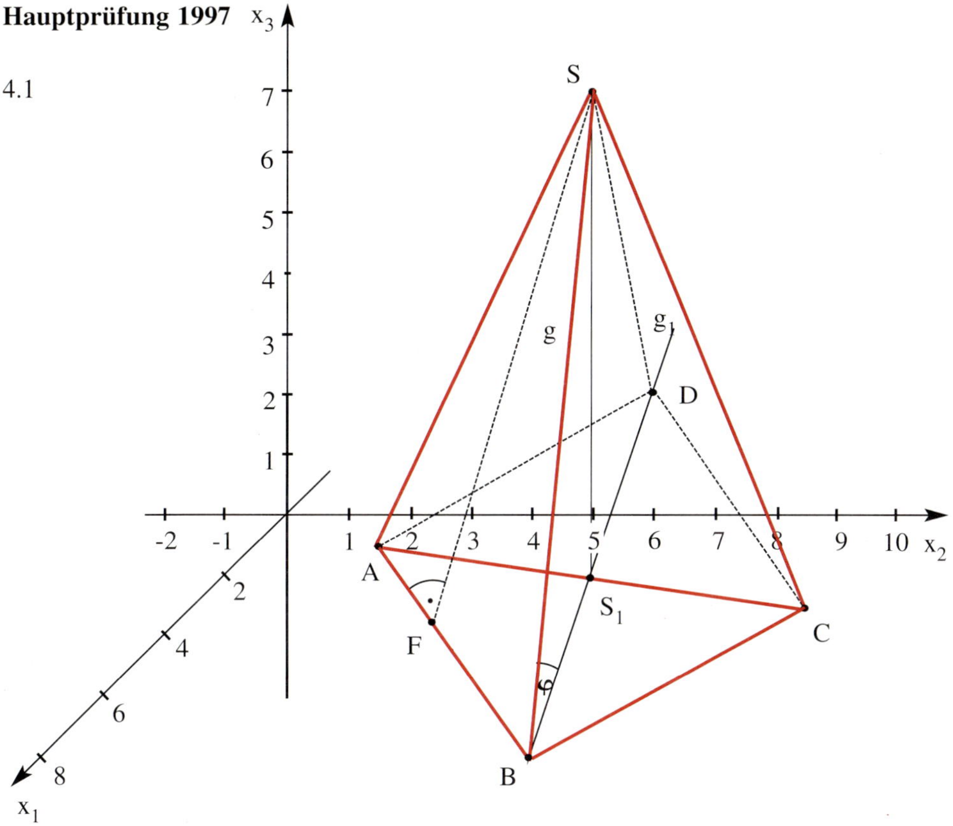

$\overrightarrow{AB} = \begin{pmatrix} 7 \\ 6 \\ 0 \end{pmatrix}$; $\overrightarrow{AS} = \begin{pmatrix} 1 \\ 4 \\ 8 \end{pmatrix}$

4.2 Gerade g = (BS): $\vec{x} = \overrightarrow{OB} + r \cdot \overrightarrow{BS} = \begin{pmatrix} 8 \\ 8 \\ 0 \end{pmatrix} + r \cdot \begin{pmatrix} -6 \\ -2 \\ 8 \end{pmatrix}$; $r \in \mathbf{R}$

4.3 Senkrechte Parallelprojektion auf die x_1x_2-Ebene : $x_3 = 0$

$g_1 = (BS_1)$: $\vec{x} = \overrightarrow{OB} + t \cdot \overrightarrow{BS}_1 = \begin{pmatrix} 8 \\ 8 \\ 0 \end{pmatrix} + t \cdot \begin{pmatrix} -6 \\ -2 \\ 0 \end{pmatrix}$; $t \in \mathbf{R}$ und $\mathbf{S_1(2|\,6|\,0)}$

4.4 Mittelpunkt M von $\overline{AC}$: $\overrightarrow{OM} = \frac{1}{2}(\overrightarrow{OA} + \overrightarrow{OC})$

oder $\overrightarrow{OM} = \overrightarrow{OA} + \frac{1}{2}\overrightarrow{AC} = \begin{pmatrix} 1 \\ 2 \\ 0 \end{pmatrix} + \frac{1}{2}\begin{pmatrix} 2 \\ 8 \\ 0 \end{pmatrix} = \begin{pmatrix} 2 \\ 6 \\ 0 \end{pmatrix}$ => $\mathbf{M(2|\,6\,|\,0) = S_1}$

4.5 $\overrightarrow{BS} = \begin{pmatrix} -6 \\ -2 \\ 8 \end{pmatrix}$; $\overrightarrow{BS}_1 = \begin{pmatrix} -6 \\ -2 \\ 0 \end{pmatrix}$; $\overrightarrow{SS}_1 = \begin{pmatrix} 0 \\ 0 \\ -8 \end{pmatrix}$

13 Bohner/Ihlenburg/Ott – ISBN 3-8120-0459-3

Hauptprüfung 1997 (Fortsetzung)

4.5 Wegen $\overrightarrow{BS}_1 \cdot \overrightarrow{SS}_1 = \begin{pmatrix} -6 \\ -2 \\ 0 \end{pmatrix} \cdot \begin{pmatrix} 0 \\ 0 \\ -8 \end{pmatrix} = 0$ folgt: $\overrightarrow{BS}_1 \perp \overrightarrow{SS}_1$

Das Dreieck ist rechtwinklig bei S_1.

Schnittwinkel α : $\quad$ **cos α =** $\dfrac{|\overrightarrow{BS} \cdot \overrightarrow{BS_1}|}{|\overrightarrow{BS}| \cdot |\overrightarrow{BS_1}|}$

(Winkel zwischen den Vektoren $\overrightarrow{BS}$ und $\overrightarrow{BS_1}$)

Mit $|\overrightarrow{BS}| = \left|\begin{pmatrix} -6 \\ -2 \\ 8 \end{pmatrix}\right| = \sqrt{104}$; $|\overrightarrow{BS_1}| = \left|\begin{pmatrix} -6 \\ -2 \\ 0 \end{pmatrix}\right| = \sqrt{40}$ und $\begin{pmatrix} -6 \\ -2 \\ 8 \end{pmatrix} \cdot \begin{pmatrix} -6 \\ -2 \\ 0 \end{pmatrix} = 40$

erhält man $\cos\alpha = \left|\dfrac{40}{\sqrt{104} \cdot \sqrt{40}}\right| \approx 0{,}620 \Rightarrow$ **α ≈ 51,67°**

4.6 Gerade (AB): $\vec{x} = \overrightarrow{OA} + r \cdot \overrightarrow{AB} = \begin{pmatrix} 1 \\ 2 \\ 0 \end{pmatrix} + k \cdot \begin{pmatrix} 7 \\ 6 \\ 0 \end{pmatrix}$; $k \in \mathbf{R}$

Der Lotfußpunkt F liegt auf (AB), also $F(1 + 7k \mid 2 + 6k \mid 0)$

Es muss gelten: $\quad |\overrightarrow{AB}| \cdot |\overrightarrow{SF}| = 0$

$|\overrightarrow{SF}| = h$ ist die Höhe im Dreieck ABS; $\overline{AB}$ ist die Grundseite.

Mit $\quad \overrightarrow{SF} = \begin{pmatrix} 1+7k-2 \\ 2+6k-6 \\ 0-8 \end{pmatrix} = \begin{pmatrix} 7k-1 \\ 6k-4 \\ -8 \end{pmatrix}$

ergibt einsetzen $\quad \begin{pmatrix} 7 \\ 6 \\ 0 \end{pmatrix} \begin{pmatrix} 7k-1 \\ 6k-4 \\ -8 \end{pmatrix} = 49k-7+36k-24 = 85k - 31$

Bedingung für k: $\quad 85k - 31 = 0 \Leftrightarrow k = \frac{31}{85}$

Einsetzen ergibt: $|\overrightarrow{SF}| = \left|\frac{1}{85}\begin{pmatrix} 132 \\ -154 \\ -680 \end{pmatrix}\right| = \dfrac{\sqrt{503540}}{85} \approx 8{,}35$

Mit $|\overrightarrow{AB}| = \sqrt{49 + 36 + 0} = \sqrt{85}$ erhält man den

Flächeninhalt $\quad A_\Delta = \frac{1}{2}|\overrightarrow{AB}| \cdot |\overrightarrow{SF}| \approx \frac{1}{2} \cdot 8{,}35 \cdot \sqrt{85} = 38{,}48$ FE

Lösungsalternative zur Berechnung von $\overrightarrow{SF}$:

1. $\overrightarrow{AF} = \dfrac{\overrightarrow{AS} \cdot \overrightarrow{AB}}{(\overrightarrow{AB})^2} \cdot \overrightarrow{AB} = \frac{31}{85}\begin{pmatrix} 7 \\ 6 \\ 0 \end{pmatrix}$ und 2. $\overrightarrow{SF} = \overrightarrow{SA} + \overrightarrow{AF} = \frac{1}{85}\begin{pmatrix} 132 \\ -154 \\ -680 \end{pmatrix}$

4.7 Für den Spiegelpunkt D von B gilt: $\quad \overrightarrow{OD} = \overrightarrow{OB} + 2\overrightarrow{BS}_1$

$$\overrightarrow{OD} = \begin{pmatrix} 8 \\ 8 \\ 0 \end{pmatrix} + 2\begin{pmatrix} -6 \\ -2 \\ 0 \end{pmatrix} = \begin{pmatrix} -4 \\ 4 \\ 0 \end{pmatrix}$$

Koordinaten von D: $\quad$ **D** $(-4 \mid 4 \mid 0)$

Hauptprüfung 2002

Ein Verlag untersucht vier verschiedene Buchtitel seines Sortiments auf fehlerhafte Seiten und hält das Ergeb nis in einer Tabelle fest:

Buchtitel	A	B	C	D
Seiten insgesamt	180	250	50	480
Seiten fehlerhaft	3	5	2	8

6.1 Berechnen Sie für jeden Buchtitel die relative Häufigkeit dafür, dass eine zufällig aufgeschlagene Seite fehlerfrei ist.

6.2 Der Verlag behauptet, dass statistisch im Durchschnitt weniger als 1 von 50 Buchseiten fehlerhaft sei. Untersuchen Sie, ob diese Aussage zutrifft

- auf jeden einzelnen der Buchtitel,
- auf die vier Buchtitel insgesamt.

6.3 Bei einem Exemplar des Buchtitels C werden nacheinander zufällig drei verschiedene Seiten aufgeschlagen und auf Fehlerhaftigkeit untersucht. Erstellen Sie ein geeignetes Baumdiagramm und berechnen Sie die Wahrscheinlichkeit der folgenden Ereignisse:

E_1: Alle drei Seiten sind einwandfrei.
E_2: Genau eine Seite enthält Fehler.
E_3: Mindestens eine Seite enthält Fehler.
E_4: Höchstens eine Seite enthält Fehler.

6.4 Ein Buchhändler enthält eine Lieferung des Verlages über 10 Exemplare Titel A, 5 Exemplare Titel B, 15 Exemplare Titel C und 20 Exemplare Titel D. Er greift aus der Sendung willkürlich 1 Buch heraus und schlägt zufällig eine Seite auf. Erstellen Sie ein geeignetes Baumdiagramm und berechnen Sie die Wahrscheinlichkeit der folgenden Ereignisse:

E_5: Das herausgegriffene Buch hat den Titel A.
E_6: Das gegriffene Buch hat den Titel A und die Seite ist fehlerhaft.
E_7: Das gegriffene Buch hat über 200 Seiten und die Seite ist fehlerfrei.
E_8: Die aufgeschlagene Seite ist fehlerhaft.

Hauptprüfung 2002

6.1 relative Häufigkeiten $h(A) = \frac{177}{180} \approx 0{,}98;\ h(B) = \frac{245}{250} \approx 0{,}98;$

$h(C) = \frac{48}{50} \approx 0{,}96;\ h(D) = \frac{472}{480} \approx 0{,}98$

6.2 Einzeln: Nur bei Titel C (2 fehlerhaft von 50) trifft die Behauptung **nicht** zu.

Insgesamt: 960 Seiten; 18 fehlerhaft => $h = \frac{18}{960} \approx 0{,}0187 < \frac{1}{50} = 0{,}02$, also **ja**

6.3 E: einwandfrei

F: fehlerhaft

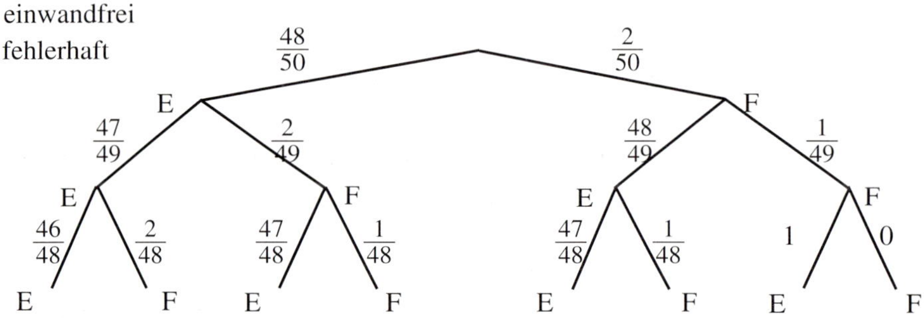

Ziehen ohne Zurücklegen: $P(E_1) = \frac{48}{50}\cdot\frac{47}{49}\cdot\frac{46}{48} = \frac{1081}{1225} \approx 0{,}882$

$P(E_2) = \frac{48}{50}\cdot\frac{47}{49}\cdot\frac{2}{48}\cdot 3 = \frac{141}{1225} \approx 0{,}115$

$P(E_3) = 1 - P(E_1) = \frac{144}{1225} \approx 0{,}118$

$E_1 \cap E_2 = \varnothing$ $P(E_4) = P(E_1) + P(E_2) = \frac{1222}{1225} \approx 0{,}998$

6.4

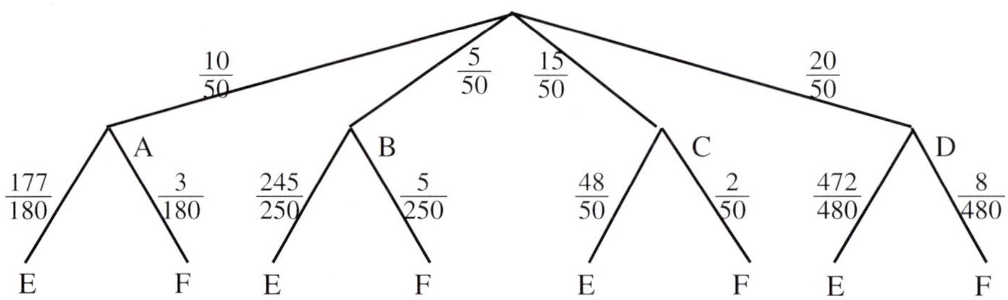

Ziehen mit Zurücklegen:

E_5: Titel A: $P(E_5) = \frac{10}{50} = 0{,}2$

E_6: A und fehlerhaft $P(E_6) = \frac{10}{50}\cdot\frac{3}{180} = \frac{1}{300} \approx 0{,}0033$

E_7:B und einwandfrei (E) **oder** D und E $P(E_7) = \frac{5}{50}\cdot\frac{245}{250} + \frac{20}{50}\cdot\frac{472}{480} = \frac{737}{1500} \approx 0{,}4913$

E_8: (A und F) oder (B und F) oder (C und F) oder (D und F)

$P(E_8) = \frac{10}{50}\cdot\frac{3}{180} + \frac{5}{50}\cdot\frac{5}{250} + \frac{15}{50}\cdot\frac{2}{50} + \frac{20}{50}\cdot\frac{8}{480} = \frac{3}{125} = 0{,}024$

Hauptprüfung 2001

Ein Gartenfachmarkt verpackt insgesamt 30 000 rot-, 22500 gelb- und 22500 blaublühende Blumenzwiebeln bunt gemischt in Päckchen mit je 3 Zwiebeln.

6.1 Ermitteln Sie die relative Häufigkeit der Ereignisse
E_1: Eine zufällig gewählte Zwiebel ist rotblühend.
E_2: Eine zufällig gewählte Zwiebel ist gelbblühend.
E_3: Eine zufällig gewählte Zwiebel ist lilablühend.
Diese relativen Häufigkeiten werden im Weiteren als Wahrscheinlichkeiten der Ereignisse E_1, E_2 und E_3 verwendet.

6.2 Ein Kunde kauft ein Päckchen.
Zeichnen Sie ein geeignetes Baumdiagramm und berechnen Sie damit die Wahrscheinlichkeit folgender Ereignisse :
A : Alle drei Zwiebeln sind rotblühend.
B : Mindestens eine Zwiebel ist rotblühend.
C : Keine Zwiebel ist lilablühend.
D : Das Päckchen enthält alle drei Blütenfarben.

6.3 Ein anderer Kunde kauft zwei Päckchen.
Mit welcher Wahrscheinlichkeit sind alle Zwiebeln rotblühend ?

6.4 Eine Sendung von 50 Päckchen enthält fünf Päckchen, in denen sich irrtümlich Zwiebeln einer anderen Sorte befinden. Ein Kunde kauft drei Päckchen.
Zeichnen Sie ein geeignetes Baumdiagramm und berechnen Sie die Wahrscheinlichkeit folgender Ereignisse :
E : Keines der drei Päckchen enthält falsche Zwiebeln.
F : Genau eines der Päckchen enthält falsche Zwiebeln.

6.5 Der Anteil der rotblühenden Zwiebeln in den Päckchen soll im nächsten Jahr vergrößert werden.
Wieviel Prozent aller Zwiebeln müssen rotblühend sein, damit die Wahrscheinlichkeit, dass in einem gekauften Päckchen alle drei Zwiebeln rotblühend sind, 0,2 beträgt ?

Hauptprüfung 2001

6.1 n= 75 000

relative Häufigkeit der Ereignisse: $h(r) = \frac{30\,000}{75\,000} = 0{,}4$; $h(g) = 0{,}3$; $h(l) = 0{,}3$

$P(E_1) = 0{,}4$; $P(E_2) = 0{,}3$; $P(E_3) = 0{,}3$

6.2 **Baumdiagramm**

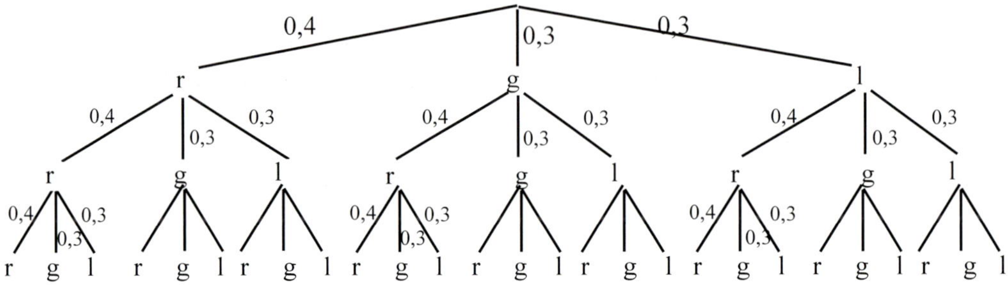

Wahrscheinlichkeiten : (Ziehen mit Zurücklegen)

$P(A) = 0{,}4^3 = 0{,}064$

$P(B) = 1 - 0{,}6^3 = 0{,}784$ (Gegenereignis von"keine Zwiebel ist rotblühend")

$P(C) = 0{,}7^3 = 0{,}343$ (P(nicht lilablühend) = 0,4 + 0,3)

$P(D) = 6 \cdot 0{,}4 \cdot 0{,}3 \cdot 0{,}3 = 0{,}216$ (Pfadregel)

6.3 $P(\text{6mal rot}) = P(A) \cdot P(A) = 0{,}4^6 = 0{,}0041$

6.4 Baumdiagramm: e: einwandfrei; f: falsch

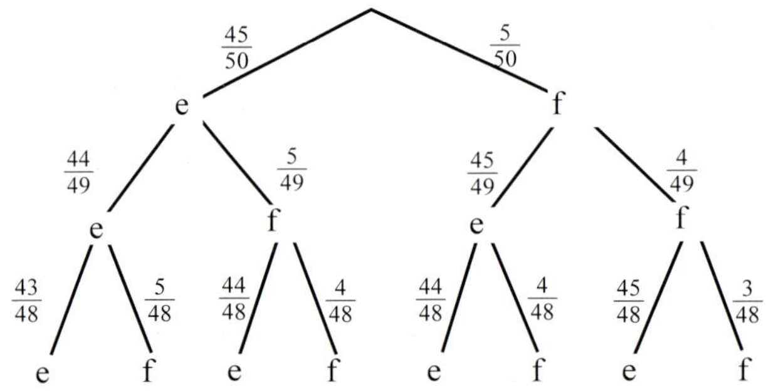

$$P(E) = \frac{45}{50} \cdot \frac{44}{49} \cdot \frac{43}{48} = \frac{1419}{1960} = 0{,}724$$

$$P(F) = \frac{45}{50} \cdot \frac{44}{49} \cdot \frac{5}{48} + \frac{45}{50} \cdot \frac{5}{49} \cdot \frac{44}{48} + \frac{5}{50} \cdot \frac{45}{49} \cdot \frac{44}{48} = \frac{99}{392} = 0{,}253$$

6.5 Ansatz: $h(r) = a$

Bedingung für a: $a \cdot a \cdot a = 0{,}2 \Rightarrow a^3 = 0{,}2 \Leftrightarrow a = \sqrt[3]{0{,}2} = 0{,}585$

Ergebnis: 58,5 % aller Zwiebeln müssen rotblühend sein.

Hauptprüfung 2000

Ein Buchstabenspiel enthält 7 Kärtchen, auf denen die Buchstaben
E, I, S, M, E, E, R stehen.

6.1 Drei Kärtchen mit E, I und S werden in Urne 1 , die anderen vier Kärtchen mit M, E, E und R werden in Urne 2 gelegt. Aus Urne 1 werden nacheinander alle drei Kärtchen gezogen und in der Reihenfolge der Ziehung nebeneinander gelegt; dann werden die vier Kärtchen aus Urne 2 gezogen und in der gleichen Weise dahinter gelegt. Berechnen Sie die Wahrscheinlichkeiten folgender Ereignisse:

E_1: Die vorderen drei Kärtchen zeigen das Wort "E I S "

$E_{2:}$ Die hinteren vier Kärtchen zeigen das Wort "M E E R"

E_3: Insgesamt ist das Wort " E I S M E E R " zu sehen.

6.2 Beim nächsten Experiment wird zuerst zufällig eine der Urnen (1 bzw. 2) gewählt und dann aus der gewählten Urne ein Kärtchen gezogen. Erstellen Sie ein geeignetes Baumdiagramm und berechnen Sie die Wahrscheinlichkeiten folgender Ereignisse:

E_4: Es wird ein Kärtchen mit " E " gezogen.

E_5: Es wird einer der Konsonanten "S" , "M" oder "R" gezogen.

6.3 Nun werden alle 7 Kärtchen in eine Urne zusammengelegt. Man zieht fünfmal hintereinander ein Kärtchen, notiert den Buchstaben und legt das Kärtchen in die Urne zurück.
Berechnen Sie die Wahrscheinlichkeiten folgender Ereignisse:.

E_6 : In der Reihenfolge der Ziehung notiert ergeben die Buchstaben das Wort " R E I S E ".

E_7: Die entsprechend notierten Buchstaben bilden das Wort "REMIS".

E_8: Das notierte Wort enthält mindestens ein "E".

6.4 Bei einer Stichprobe werden in einem Wörterbuch 500 Wörter mit jeweils 6 Buchstaben auf die Anzahl der enthaltenen Vokale (A, E, I, 0, U) untersucht. Nachfolgende Tabelle zeigt das Ergebnis:

Vokale pro Wort	0	1	2	3	4	5	6
Häufigkeit	0	75	175	190	50	10	0

6.4.1 Berechnen Sie die relativen Häufigkeiten für die Anzahl der Vokale je Wort.

6.4.2 Wieviele Vokale enthält ein Wort durchschnittlich?

6.4.3 Wieviele Wörter mit 3 Vokalen müssten dazukommen, damit der Durchschnitt bei genau 2,5 Vokalen je Wort liegt?

Hauptprüfung 2000

6.1 Ziehen ohne Zurücklegen: $P(E_1) = \frac{1}{3} \cdot \frac{1}{2} \cdot 1 = \frac{1}{6} \approx 0{,}17$

$P(E_2) = \frac{1}{4} \cdot \frac{2}{3} \cdot \frac{1}{2} \cdot 1 = \frac{1}{12} \approx 0{,}08$

$P(E_3) = \frac{1}{3} \cdot \frac{1}{2} \cdot 1 \cdot \frac{1}{4} \cdot \frac{2}{3} \cdot \frac{1}{2} \cdot 1 = \frac{1}{72} \approx 0{,}014$

Alternative mit Hilfe von $P(E_1)$ und $P(E_2)$

$E_3 = E_1 \cap E_2$: $P(E_3) = P(E_1) \cdot P(E_2) = \frac{1}{6} \cdot \frac{1}{12} = \frac{1}{72}$

6.2 Baumdiagramm

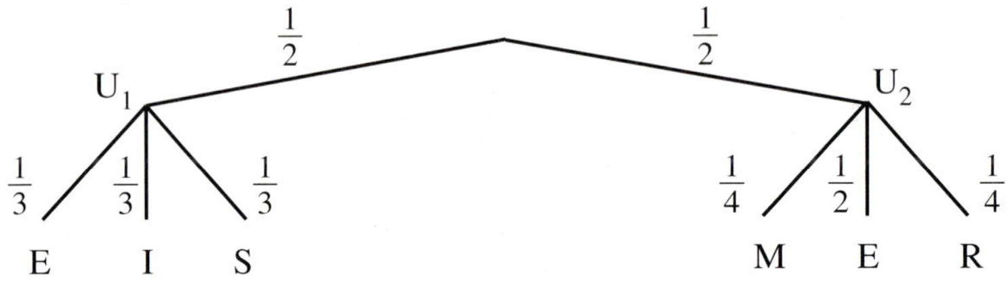

$P(E_4) = \frac{1}{2} \cdot \frac{1}{3} + \frac{1}{2} \cdot \frac{1}{2} = \frac{5}{12} \approx 0{,}42$

$P(E_5) = \frac{1}{2} \cdot \frac{1}{3} + \frac{1}{2} \cdot \frac{1}{4} + \frac{1}{2} \cdot \frac{1}{4} = \frac{5}{12} \approx 0{,}42$

6.3 Ziehen mit Zurücklegen:

$P(E_6) = \frac{1}{7} \cdot \frac{3}{7} \cdot \frac{1}{7} \cdot \frac{1}{7} \cdot \frac{3}{7} = \frac{9}{16807} \approx 0{,}00054 \triangleq 0{,}054\%$

$P(E_7) = \frac{1}{7} \cdot \frac{3}{7} \cdot \frac{1}{7} \cdot \frac{1}{7} \cdot \frac{1}{7} = \frac{3}{16807} \approx 0{,}00018 \triangleq 0{,}018\%$

Gegenereignis von E_8: kein "E"

$P(E_8) = 1 - P(\text{kein "E"}) = 1 - (\frac{4}{7})^5 = \frac{15783}{16807} \triangleq 93{,}9\%$

6.4.1 Anzahl der Wörter: $n = 500$; $h(x) = \frac{H(x)}{n}$

Vokale pro Wort	0	1	2	3	4	5	6
Absolute Häufigkeit	0	75	175	190	50	10	0
Relative Häufigkeit	0	0,15	0,35	0,38	0,10	0,02	0

6.4.2 $\bar{n} = \frac{75 \cdot 1 + 175 \cdot 2 + 190 \cdot 3 + 50 \cdot 4 + 10 \cdot 5}{500} = \frac{1245}{500} = \mathbf{2{,}49}$

6.4.3 Anzahl der zusätzlichen Wörter mit 3 Vokalen sei x.

Durchschnitt = 2,5 $\frac{1245 + x \cdot 3}{500 + x} = 2{,}5$

$1245 + 3x = 1250 + 2{,}5x$

Anzahl der zusätzlichen Wörter: $x = 10$

Hauptprüfung 1999

Ein Händler bezieht bei drei verschiedenen Lieferanten L_1, L_2 und L_3 Sicherungen, die teilweise von Anfang an unbrauchbar sind. Liefermenge, Ausschussquote und Einkaufspreis ergeben sich aus nachfolgender Tabelle:

Lieferant	L_1	L_2	L_3
Liefermenge (Stück)	4000	12000	4000
Ausschussquote (%)	8	5	6
Einkaufspreis (DM/Stück)	1,15	1,20	1,18

Alle Sicherungen werden vor dem Weiterverkauf geprüft; unbrauchbare Sicherungen werden aussortiert.

6.1 In einer Schachtel des Lieferanten L_1 mit 50 Sicherungen befinden sich vier unbrauchbare. Aus dieser Schachtel werden nacheinander zwei Sicherungen zur Prüfung herausgenommen.
Berechnen Sie die Wahrscheinlichkeit der folgenden Ereignisse:
A: Beide Sicherungen sind brauchbar.
B: Nur die zuletzt entnommene Sicherung ist unbrauchbar.
C: Mindestens eine Sicherung ist brauchbar.
D: Höchstens eine Sicherung ist unbrauchbar.

6.2 Die Sicherungen von allen 3 Lieferanten werden vermischt.
Dann wird eine Sicherung zur Prüfung entnommen.
Erstellen Sie ein geeignetes Baumdiagramm, und berechnen Sie die Wahrscheinlichkeit folgender Ereignisse:
E: Die Sicherung stammt vom Lieferanten L_1.
F: Die Sicherung stammt von L_1 und ist unbrauchbar.
G: Die Sicherung stammt nicht von L_1 und ist brauchbar.
H: Die Sicherung ist unbrauchbar.

6.3 Wie viele brauchbare Sicherungen bleiben dem Händler aus der Gesamtlieferung zum Verkauf?

Wie hoch muss der Verkaufspreis für eine Sicherung sein, wenn der Händler an der gesamten Lieferung 9250 Euro verdienen will?

Hauptprüfung 1999

Bezeichnung: u für unbrauchbar; b für brauchbar

6.1 $P(A) = \frac{46}{50} \cdot \frac{45}{49} \approx 0{,}845$ (Ziehung ohne Zrücklegen)

$P(B) = \frac{46}{50} \cdot \frac{4}{49} \approx 0{,}075$ (brauchbar – unbrauchbar)

Ereignis C: bu; ub; bb Gegenereignis $\overline{C}$: uu

$P(\overline{C}) = \frac{4}{50} \cdot \frac{3}{49}$

$P(C) = 1 - P(\overline{C}) = 1 - \frac{4}{50} \cdot \frac{3}{49} \approx 0{,}995$

Ereignis D: ub; bu; bb somit D = C

$P(D) = P(C) \approx 0{,}995$

6.2 Gesamtzahl n = 4000 + 12 000 + 4 000 = 20 000

$P(L_1) = 0{,}2 = P(L_3)$; $P(L_2) = \frac{12\,000}{20\,000} = 0{,}6$;

Baumdiagramm

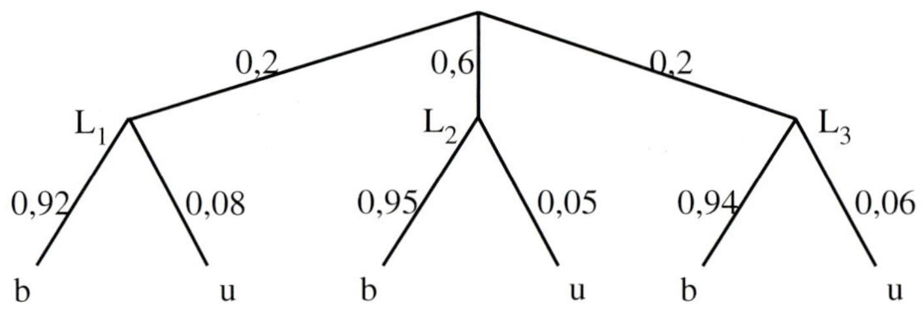

$P(E) = 0{,}2$

$P(F) = 0{,}2 \cdot 0{,}08 = 0{,}016$

$P(G) = 0{,}6 \cdot 0{,}95 + 0{,}2 \cdot 0{,}94 = 0{,}758$

$P(H) = 0{,}2 \cdot 0{,}08 + 0{,}6 \cdot 0{,}05 + 0{,}2 \cdot 0{,}06 = 0{,}058$

6.3 Anzahl a der brauchbaren Sicherungen:

$a = 4000 \cdot 0{,}92 + 12000 \cdot 0{,}95 + 4000 \cdot 0{,}94 = 18840$

Einkaufspreis e für 20 000 Sicherungen :

$e = 4000 \cdot 1{,}15 + 12000 \cdot 1{,}20 + 4000 \cdot 1{,}18 = 23720$

erwünschter Gewinn g: $g = 9250$

Erlös v: $v = e + g = 32970$

Stückpreis $p = \frac{v}{a}$: $p = \frac{32970}{18840} = 1{,}75$

Ergebnis: Der Verkaufspreis für ein Stück beträgt 1,75 Euro.

Hauptprüfung 1998

Ein mechanisches Glücksrad hat 16 gleich große Sektoren: 9 rote, 3 blaue und 4 schwarze. Zeigt der feste Markierungspfeil nach dem Stillstand des Rades auf ein rotes oder blaues Feld, so hat der Spieler gewonnen, andernfalls verloren. Ein Spiel besteht immer aus 2 Runden.

6.1 Berechnen Sie die Wahrscheinlichkeiten der folgenden Ereignisse:
A: Der Spieler verliert beide Runden.
B: Er gewinnt mindestens eine Runde.
C: Er gewinnt höchstens eine Runde.
D: Er gewinnt genau eine Runde.
E: Er gewinnt in 10 Spielen nacheinander alle 20 Runden.

Der Gewinn bei rot beträgt 1 Euro, bei blau 2 Euro.

6.2 Erstellen Sie ein geeignetes Baumdiagramm für ein Spiel von zwei Runden, und ordnen Sie jedem Spielausgang den ausgezahlten Gewinnbetrag zu.

6.3 Ermitteln Sie die Wahrscheinlichkeiten der folgenden Ereignisse:
F: Es werden 0 Euro gewonnen.
G: Es werden 4 Euro gewonnen.
H: Es werden 3 Euro gewonnen.
I: Es werden 2 Euro gewonnen.
K: Es wird 1 Euro gewonnen.

Der Glücksradbetreiber hat notiert, in wieviel Spielen er welchen Betrag ausbezahlen musste. Das Ergebnis sah so aus:

Gewinn in Euro	0	1	2	3	4
Anzahl d. Spiele	3	16	19	10	2

6.4 Ermitteln Sie den tatsächlichen durchschnittlichen Gewinnbetrag je Spiel.

6.5 Welcher Gewinnbetrag je Spiel ist statistisch zu erwarten?

6.6 Der Spieleinsatz beträgt 3 Euro je Spiel von zwei Runden. Wieviele Spiele sind erforderlich, damit der Betreiber 100 Euro Überschuß erwarten kann?

Hauptprüfung 1998

6.1 P(Gewinn) = $\frac{9+3}{16} = \frac{3}{4}$; P(verloren) = $\frac{1}{4}$; Ziehen mit Zurücklegen

$P(A) = \frac{1}{4} \cdot \frac{1}{4} = \frac{1}{16}$

Das Gegenereignis von B ist A: $P(B) = 1 - P(A) = \frac{15}{16}$

$\overline{C}$: Er gewinnt die erste **und** die zweite Runde, ist das Gegenereignis von C.

$P(\overline{C}) = \frac{3}{4} \cdot \frac{3}{4} = \frac{9}{16}$ => $P(C) = 1 - P(\overline{C}) = 1 - \frac{9}{16} = \frac{7}{16}$

$P(D) = \frac{3}{4} \cdot \frac{1}{4} + \frac{1}{4} \cdot \frac{3}{4} = 2 \cdot \frac{3}{4} \cdot \frac{1}{4} = \frac{3}{8}$

$P(E) = (\frac{3}{4} \cdot \frac{3}{4})^{10} \approx 0{,}00317$

6.2 **Baumdiagramm**

1. Runde

2. Runde

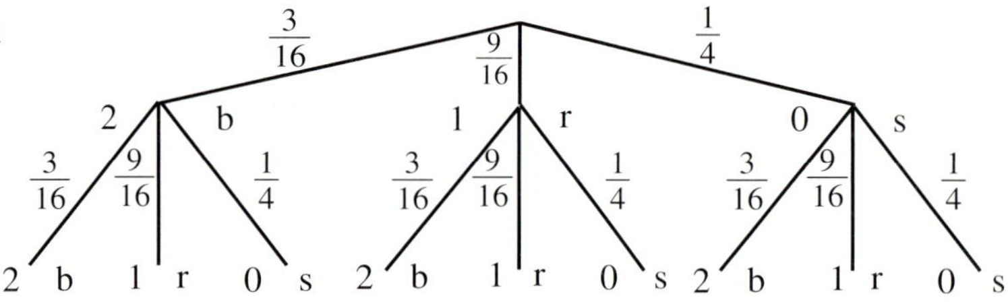

Gewinn in Euro: 4 3 2 3 2 1 2 1 0

6.3 $P(F) = \frac{1}{4} \cdot \frac{1}{4} = \frac{1}{16}$ $P(G) = \frac{3}{16} \cdot \frac{3}{16} = \frac{9}{256}$

$P(H) = \frac{3}{16} \cdot \frac{9}{16} \cdot 2 = \frac{27}{128}$ $P(I) = \frac{3}{16} \cdot \frac{1}{4} \cdot 2 + \frac{9}{16} \cdot \frac{9}{16} = \frac{105}{256}$

$P(K) = \frac{9}{16} \cdot \frac{1}{4} \cdot 2 = \frac{9}{32}$

Bemerkung: Die Summe der Wahrscheinlichkeiten ergibt 1.

6.4 Bezogen auf 50 Spiele

$$\overline{g} = \frac{3 \cdot 0 + 16 \cdot 1 + 19 \cdot 2 + 10 \cdot 3 + 2 \cdot 4}{50} = \frac{92}{50} = 1{,}84$$

Der durchschnittliche Gewinnbetrag je Spiel beträgt 1,84 Euro.

6.5 Bezogen auf „unendlich" viele Spiele

Gewinn je Runde: $\frac{3}{16} \cdot 2 + \frac{9}{16} \cdot 1 = \frac{15}{16} = 0{,}9375$ (Euro)

Gewinn je Spiel: $2 \cdot \frac{15}{16} = \frac{15}{8} = 1{,}875$ (Euro)

Der statistische Gewinnbetrag je Spiel ist 1,875 Euro

6.6 Überschuss je Spiel (statistisch) 3 – 1,875 = 1,125 (Euro)

erforderliche Anzahl von Spielen: $\frac{100}{1{,}125} = 88{,}8$

Es sind mindestens 89 Spiele erforderlich.

Hauptprüfung 1997

6.1 In einer Gartenanlage sind alle Gärten einheitlich mit 6 Obstbäumen bepflanzt. Die Bäume wurden auf Krankheiten untersucht. Die Untersuchung erbrachte folgendes Ergebnis:

n	0	1	2	3	4	5	6
a(n)	1	3	6	7	5	2	1

Dabei ist a(n) die Anzahl der Gärten, in denen man n geschädigte Bäume gezählt hat.

6.1.1 Berechnen Sie für $n \in \{0; 1; 2; 3; 4; 5; 6\}$ die relative Häufigkeit h(n), mit der man n geschädigte Bäume gefunden hat.

6.1.2 Wieviel Prozent der Obstbäume in der gesamten Anlage sind geschädigt?

6.2 In einem größeren Obstanbaugebiet hat man festgestellt, dass ein Baum mit 48 % statistischer Wahrscheinlichkeit geschädigt ist.
Für eine Schnittvorführung durch einen Baumwart werden drei Bäume zufällig ausgewählt.
Zeichnen Sie ein geeignetes Baumdiagramm, und berechnen Sie die statistische Wahrscheinlichkeit der folgenden Ereignisse:

A: Alle drei Bäume sind gesund.

B: Es sind alle drei Bäume krank oder aber alle drei gesund.

C: Höchstens 2 Bäume sind krank.

D: Mindestens 2 Bäume sind gesund.

6.3 Ein Kleingarten enthält 5 gesunde und 4 mit Mehltau befallene Beerensträucher.

6.3.1 An 3 zufällig ausgewählten,Sträuchern soll der Schnitt von Beerensträucher gezeigt werden.
Zeichnen Sie ein geeignetes Baumdiagramm, und berechnen Sie die statistische Wahrscheinlichkeit der folgenden Ereignisse:
E: Alle 3 Sträucher sind gesund.
F: Unter den 3 Sträuchern ist mindestens ein kranker.
G: Keiner der 3 Sträucher ist gesund.

6.3.2 Wie groß ist die Wahrscheinlichkeit, bei zufälliger Auswahl von 5 Sträuchern genau an die 5 gesunden Sträucher zu geraten?

Hauptprüfung 1997

6.1.1 Es gibt 25 Gärten.

n	0	1	2	3	4	5	6
a(n)	1	3	6	7	5	2	1
h(n)	0,04	0,12	0,24	0,28	0,20	0,08	0,04

z. B.: 6 Gärten von 25 Gärten mit jeweils 2 kranken Bäumen: $h(2) = \frac{6}{25} = 0{,}24$

6.1.2 Anzahl der Bäume: $25 \cdot 6 = 150$

Anteil der kranken Bäume: $\frac{3 \cdot 1 + 6 \cdot 2 + 7 \cdot 3 + 5 \cdot 4 + 2 \cdot 5 + 1 \cdot 6}{150} = \frac{72}{150} = 0{,}48$

Prozentualer Anteil 48%

6.2. Baumdiagramm: K: krank , G: gesund; Ziehen **mit** Zurücklegen

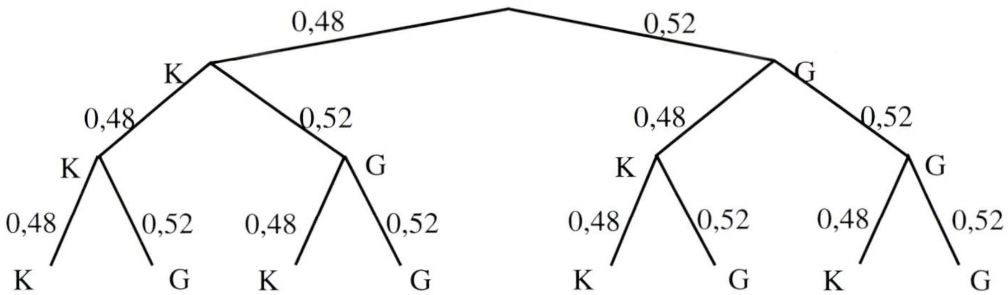

$P(A) = 0{,}52^3 \approx 0{,}1406$

$P(B) = 0{,}52^3 + 0{,}48^3 \approx 0{,}2512$

$\overline{C}$ sei das Gegenereignis von C: $\overline{C}$: alle drei Bäume sind krank

$P(C) = 1 - P(\overline{C}) = 1 - 0{,}48^3 \approx 0{,}8894$

Ereignisse von D: zwei, drei Bäume sind gesund

$P(D) = 0{,}52^3 + 3 \cdot 0{,}52^2 \cdot 0{,}48 \approx 0{,}5300$

6.3.1 Ziehen **ohne** Zurücklegen

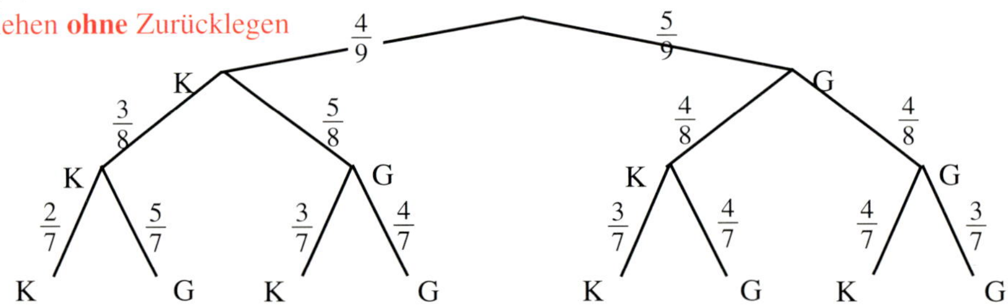

$P(E) = \frac{5}{9} \cdot \frac{4}{8} \cdot \frac{3}{7} \approx 0{,}11900$

Gegenereignis von F ist E: $P(F) = 1 - P(E) = 0{,}8810$;

$P(G) = \frac{4}{9} \cdot \frac{3}{8} \cdot \frac{2}{7} \approx 0{,}0476$

6.3.2 $P = \frac{\text{Anzahl der günstigen Ereignisse}}{\text{Anazhl der möglichen Ereignisse}} = \frac{5 \cdot 4 \cdot 3 \cdot 2 \cdot 1}{9 \cdot 8 \cdot 7 \cdot 6 \cdot 5} \approx 0{,}00794 = 0{,}794\ \%$

Alternative: Anzahl der Möglichkeiten 5 aus 9 zu wählen: $\binom{9}{5}$: $P = \frac{1}{\binom{9}{5}}$